室内装饰工程系列问答

室内表现200问

高诗墨　编著

机 械 工 业 出 版 社

本书主要是针对室内设计表现中常见的一些问题，以及与室内设计表现相关的表现方式问题，通过“一问一答”的形式，对室内设计表现进行了全方位透彻的回答。本书包括室内设计表现的基本概念、装饰制图基础、室内表现美术基础、施工图表现、电脑效果图表现、快速表现六部分内容。

本书可作为室内设计从业人员的工具书，也可供大专院校相关专业的学生参考。

图书在版编目（CIP）数据

室内表现200问/高诗墨编著．—北京：机械工业出版社，2008.10

（室内装饰工程系列问答）

ISBN 978-7-111-25333-4

Ⅰ.室…　Ⅱ.高…　Ⅲ.室内设计—问答　Ⅳ.TU238-44

中国版本图书馆CIP数据核字(2008)第157209号

机械工业出版社(北京市百万庄大街22号　邮政编码100037)

策划编辑：王晓阳　责任编辑：姚　兰　版式设计：霍永明

责任校对：王　欣　封面设计：张　静　责任印制：邓　博

北京双青印刷厂印刷

2009年1月第1版第1次印刷

140mm×203mm・9.125印张・241千字

标准书号：ISBN 978-7-111-25333-4

定价：22.00元

凡购本书，如有缺页、倒页、脱页，由本社发行部调换

销售服务热线电话：(010)68326294

购书热线电话：(010)88379639　88379641　88379643

编辑热线电话：(010)88379010

前　言

随着社会经济的持续发展和人民生活水平的不断提高，近年来我国的装饰行业也有了突飞猛进的发展。当前，人们除了对装饰本身的关注以外，更关注装饰结果给人们带来的美的享受，这也使得装饰行业对从业人员的需求大幅度地增加。因此，社会上各种与此相关的职业培训也如雨后春笋般地涌现。但是，目前职业培训固有的弊病和特点必然导致大多数学员并不能在培训期间真正地掌握工作所需要的相关知识，学员往往需要通过在工作中的历练，进一步补充相关的经验后才能满足行业的需求。本套丛书正是从此需求出发，总结实践经验编写出来的。

本套丛书包括“设计”、“施工”、“陈设”、“监理”和“表现”5个分册，收录了装饰行业实际工作中所遇到的各种问题。问题的解答力求完整并符合实际，能真正起到帮助设计及施工人员解决实际工作中遇到的各种常见问题的作用。

本套丛书以一种崭新的、开放性的方式解决以往书籍的知识更新问题。任何知识都会随着时间的推移和科技的进步而不断地更新，为了解决这个问题，使读者终身受益，购买本书的读者会得“G大调论坛”贵宾会员的资格并在“G大调论坛”相应栏目里了解到本书中所遇到的问题的适时更新的内容，并享受解答咨询实际工作中所遇到的其他问题的权限以及其他只有贵宾会员才能够享有的权利。

本书主要是针对室内设计表现中常见的一些问题，以及与室内设计表现相关的表现方式问题，通过“一问一答”的形式，对室内设计表现进行了全方位透彻的回答。本书包括室内设计表现的基本概念、装饰制图基础、室内表现美术基础、施工图表现、电脑效果图表现、快速表现六部分内容。

本书可作为室内设计从业人员的工具书，也可供大专院校相关专业的学生参考。

由于编者的水平有限，书中的疏漏之处在所难免，如果您发现本书中的问题可以登录“G 大调论坛”网站在相关的栏目中提出，编者会给您一个明确的答复。

本书在编写的过程中得到了“G 大调论坛”（www. gaoshimo. com）的大力支持，部分问题来源于“G 大调论坛”中会员在实际中遇到的问题以及解答，在此表示特别的感谢。同时编者对提供资料的同志和相关人员表示感谢！

高诗墨

目　　录

第1章

室内设计表现的基本概念

1. 什么是室内设计表现？

室内设计的内容最终要以适当的方式呈现在用户或者施工人员的面前，这种表达设计的理念、思路、内容和施工方法的方式称为室内设计表现。

表现的方式是多种多样的，可以是语言上的沟通，也可以以文字、图形的方式或者文字和图形结合的方式来沟通。室内设计表现的基本目的就是为了让用户和施工人员透彻地了解设计师的设计思路、理念、内容以及施工方法。

例如，给用户设计了一面电视墙，通过室内设计的表现，需要告诉用户和施工人员以下几方面的内容：

1）这面电视墙的具体样式。

2）电视墙的设计思路和设计理念。

3）制作电视墙所用的装饰材料。

4）制作电视墙的施工方法和施工需要注意的事项。

为了表达这些内容，通常会采取以下的表达方式：

（1）用语言跟客户和施工人员沟通　“根据你家的具体情况，我认为可以从地面做到顶棚，宽度为1.8m比较合适，表面材料用磨砂玻璃，玻璃分成300mm×300mm的小块排列成整面墙，然后在每个玻璃的四个角用广告钉固定在后面的背板上，这种方式主要是为了和你家的周围的环境相协调，和室内的其他装饰形成完整的风格上的统一。”

通过上面的语言描述，无论是用户和施工人员都会通过自己的简单的想象来了解电视墙的基本的情况。语言沟通是室内设计人员很重要的表现方式之一。

在沟通时，可以辅助设计师语言上的表达，现场用笔简单地勾勒出一个单线条的草图，让用户或者施工人员更加清楚地了解设计师的设计意图。

（2）可以给用户和施工人员画一张或几张图样　首先让别人从感官上很直观地了解设计师的设计意图和设计内容，包括施工方法。然后再辅以语言上的沟通，使设计师的表现更加完美。

电视墙的图样可以是以正投影的方式用线条画出的立面图（通常所指的施工图），也可以是形象的三维图样（即效果图）。这些图样可以是手工绘制的，也可以是电脑绘制的。

图样的多少和图样的详细程度没有什么严格的标准，除非有特别的规定。一般以能够表达清楚设计师的意图为准。

室内设计表现是室内设计的重要组成部分，设计师的思维创意最后要在表现当中体现，它也是与业主沟通的重要途径。

2. 室内设计表现的原则是什么？

（1）真实表达室内设计的内容　室内表现的内容必须符合所设计的对象的真实状况和设计师的真实思路。前者体现在表现的基础所设计的对象，结构、尺寸必须在客观的基础上进行绘制；后者体现在室内设计的表现必须真实地反映设计师的思路、理念，包括装饰造型、材料、质感、灯光、色彩、室内家具和配饰等必须和设计师的设计达到最大程度上的吻合。

现在的室内表现工具比较多样化，除了传统的手绘方法以外，还有丰富的电脑软件工具可以使用。每种表现工具都有自己的特性，绘图人员必须充分了解各种工具表现的优缺点，扬长避短，尽可能地真实的反映设计师的设计意图。

比如利用电脑软件进行效果图的绘制。电脑效果图的绘制有它的双重表现特性：一方面是表达设计师的设计意图和设计效果，另一方面效果图本身也是一件艺术品，有它自己审评的标准。所以在利用电脑表现室内设计的内容时，一定要两者兼顾，在正确表达设计师的设计内容的基础上再去寻求表现效果的完美性。现在室内设计表现方面的一个通病就是过于追求效果图的图面效果，有些人甚至认为效果图不过是吸引客户上钩的工具而已，其结果往往造成与客户之间的纠纷。

（2）科学地表现室内设计的内容　和绘画艺术创作有所区别，室内设计表现的方法必须建立在真实的基础之上，利用绘画中的印象派画法去表达室内设计是不可以的。

以手绘效果图为例，其科学性体现在以下几方面：

1）绘制过程的科学性。绘制的过程必须遵守透视规律，并应遵守相应行业的规范。

2）色彩表现的科学性。色彩（或者颜料）的混合是有科学规律的，为了正确的表达效果图的色彩，绘图人员必须了解这些规律，才能很好地驾驭色彩的表现。

3）气氛表达的科学性。气氛的表达主要是通过色彩和灯光效果表现出来的，灯光的表现应该遵守实际环境当中光影投射的科学规律。

4）科学地使用各种工具。效果表现是通过工具来实现的。随着科技的发展，将会不断地出现新的工具，表达人员必须熟练地、科学地使用各种表现工具才能做到表达准确。

（3）艺术性　室内设计的目的之一是向用户或大众传达一种建立在功能基础之上的美。当然美的东西需要美的形式去表达，这就要求室内设计表现得结果必须符合美的规律。

一件好的表现图来自于两个方面：一方面是好的室内设计内容给了表现者一个美的基础；另一方面来自于表现者对美的理解和对表现美的手段的驾驭能力，两者相比，前者为重。

既然表现是传达美德一种重要的方法，那么它就应该属于艺术的范畴，它就具有艺术性。这就不难理解为什么好的表现图可以被作为一件艺术品来装饰室内空间了。

绘画方面的素描、色彩训练，构图知识，质感、光感的表现，空间气氛的构造，点、线、面构成规律的运用，视觉图形的感受等方法与技巧必然大大地增强表现图的艺术感染力。在真实的前提下合理适度地夸张、概括与取舍也是必要的。

简言之，我们不能夸大室内表现的艺术性，任何表现图样都属于施工图的一种，在作艺术表现的同时不能忽略它的真实性和科学性，没有基础（功能）的室内表现是没有任何意义的。

（4）室内设计表现得功能性　室内设计表现的最终目的是向用户或者施工人员传达一种信息，这种信息就是告诉用户或施工人员设计师设计的思路和内容，以及相应的施工方法，这是室内设计表现的功能和本质所在，任何形式的表现都要为这个功能服务。

3. 室内设计表现的具体方式有哪些？

除了以语言的方式进行沟通以外，室内设计的表达方式一般有以下几种：

（1）平面施工图　这是室内表现里最基本的，也是最重要的一种表达方式，一般包括平面图、立面图、节点图和施工详图等。根据所表达的内容的专业的不同可以有很多更具体的做法，例如平面布置图、电气平面图、给排水平面图等。绘制施工图的主要目的是要让施工人员（也包括用户）清楚地了解装饰空间和部件的定位尺寸、结构原理、装饰材料、施工方法等信息。通常是以线条图案配以文字说明，并要求按一定的比例绘制，以便施工人员能够准确地把握施工尺寸。

绘制的方法有用手工绘制或者用电脑软件进行绘制。无论以哪种形式绘制，都要求符合国家以及相应部门制定的标准和规范。

（2）施工效果图　通常也称为表现图，是一种以轴侧图（或者叫作三维形式）的构图方式展现给用户或施工人员的模拟真实环境效果的一种形象的施工用图样。在效果图面前，人们可以直接看到装饰后的效果情况，包括装饰结构的外形、材质、灯光、环境气氛、空间结构以及配饰的情况等，这些内容都以立体的方式展现在人们的面前，这种表现图对于那些非专业的人员更易于接受，所以是现在比较流行的一种施工图的表达方式。施工效果图一般不能单独作为施工用图样，对于施工人员只起到一个参考的作用，施工中的各种依据仍然要依靠平面施工图样。效果图多用于交流和方案的审定。

效果图的绘制方法也有手绘和电脑绘制两种方式。两种方式各有它们的优缺点，而采取哪种方式完全取决于表现者的能力和喜好。

（3）三维动画　利用三维的软件系统在电脑中构建真实的三位模型，在通过相应的工具把整个空间和装饰效果的展示制作成一段短片，供人观看和浏览。其总体效果比效果图更全面，几乎能使用户在各个角度观看空间结构和装饰效果，但在其细节表现上不如效果图真实和清楚。这种表现方式造价高，费工费时，一般的小的装饰工程很少采用这种方法来表现，通常只有在大的投标过程当中使用。

（4）其他方式　有很多时候室内设计的表现不仅是单纯的使用一种方式，比如在现场的时候，设计师经常采用画草图的方式向施工人员展示装饰构造的做法，并配以语言的沟通等，而这种图形无需像画效果图那样仔细，只要求能正确地传达信息即可，机动灵活。

第2章

装饰制图基础

1. 什么是投影?

投影就是生活中常见的在灯光或阳光下一个物体在其他物体的表面所产生的影子。

如图 2-1 所示，这是一个模拟的建筑物，在阳光下在地面上所产生的影子，这是一种典型的投影想象。

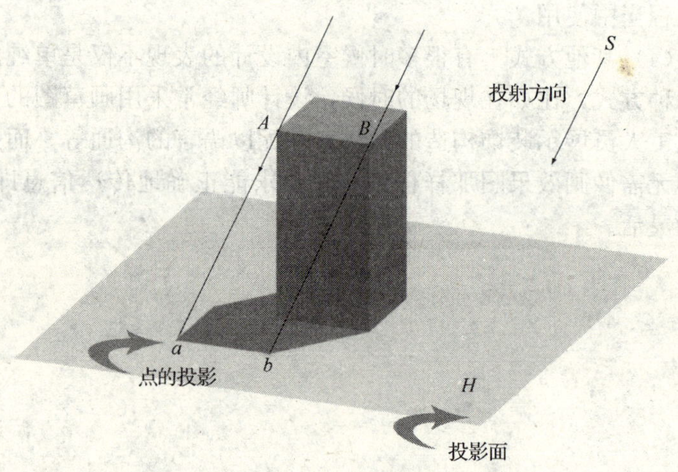

图 2-1　投影图

投影法就是，用想象中的光源将物体的影子按着一定的角度投射在特定的便于研究的表面上，取出能够代表物体特征的点、线或面来表达和研究物体的一种方法。投影法是在平面上表达空间物体的基本方法，是绘制工程图样的基础。

根据投影法所得到的图形称为投影图。我们称光线为投射线（投射方向），选定的平面为投影面，影子为物体在投影面上的投影。如图 2-1 所示，通过物体一点 A 和 B，作与投射方向 S 平行的投射线，它和投影面 H 相交，交点 a 和 b 为物体上的 A 和 B 在该投影面上的投影。

当投射方向和投影面确定后，点在投影面上的投影是唯一的。

2. 投影有哪些分类？

投影法可以分为两类：中心投影法，平行投影法。

（1）中心投影法　既假设产生影子的光源为点光源，所有投射线从同一投射中心出发的投影方法，称为中心投影法，这种方法作出的投影称为中心投影。

如图 2-2 所示，设 S 为投影中心，$\triangle ABC$ 在投影面 H 上的中心投影为$\triangle abc$。用中心投影法得到的物体的投影大小与投射点和物体的所在的位置有关。在投影中心与投影面不变的情况下，被投影的物体靠近或远离投影面时，它的投影就会变大或变小，且一般不能反映被投物体的实际大小。这种投影法主要用于绘制建筑物的透视图，在一般的工程图样中，不采用中心投影法。

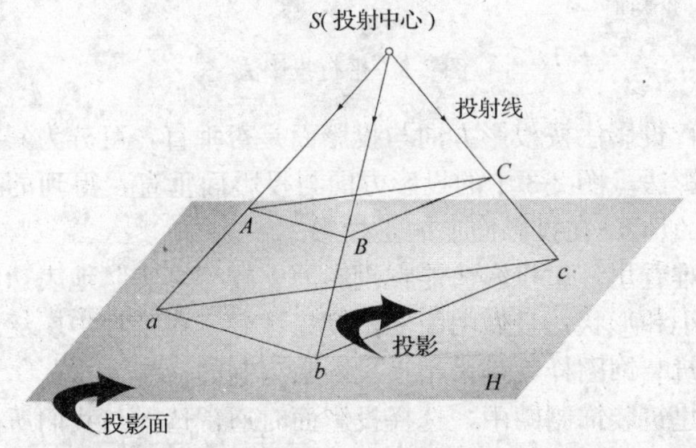

图 2-2　中心投影法

(2) 平行投影法　如果用一束平行的光线来照射物体，则所有投射线可视为相互平行，这种投影法称为平行投影法。投射线的方向称投影方向。如图 2-3 所示，按着图中所示的投影方向，墙面 *ABCD* 在投影面上的平行投影为四边形 *abcd*。在平行投影法中，当平行移动物体时，它投影的形状和大小都不会改变。平行投影法主要用于绘制工程图样。

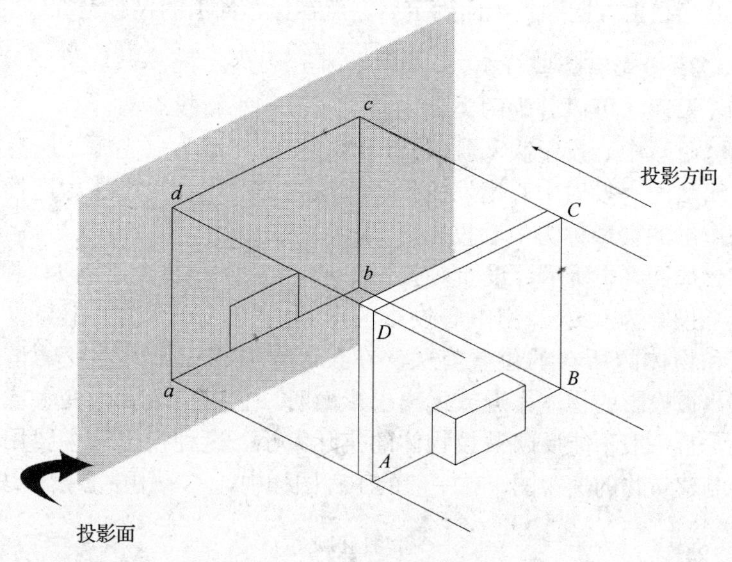

图 2-3　平行投影法

平行投影法按投影方向与投影面是否垂直，可分为斜投影法和正投影法。图 2-3 中的投影方向与投影面垂直，得到的投影就是墙面 *ABCD* 在投影面上的正投影。

不难看出，正投影法能在投影面上较“真实”地表达空间物体的大小和形状，且做图简便，度量性好，在工程中广泛地被采用。建筑装饰图样就是采用正投影法绘制的。

在建筑装饰制图中，选择投影面时通常选择与我们所研究的物体中的主要面平行的假象平面作为投影平面，这样便于研究问题。图 2-3 中就选择了与墙面平行的面作为投影面。

3. 直线和平面的投影特点有哪些?

用正投影法画出的空间几何元素（点、线、面）和物体的投影称为正投影。

直线和平面的投影特点有类似性、显实性、积聚性。

（1）直线和平面投影的类似性　物体上倾斜于投影面的平面图形的投影为缩小的类似形，倾斜于投影面的直线段为缩短了的直线段。如图 2-4 所示，这是装饰工程中的一面墙和墙前面的一个柜子的正投影图，直线 DC 倾斜于投影面，其投影长度 $dc<DC$。平面 $ABCD$ 倾斜于投影面，其投影 $abcd$ 为缩小的类似形。这种投影性质称为投影的类似性。

类似形不是相似形，但图形最基本的特征不变。如多边形（六边形）的投影仍为多边形，且物体有平行的对应边，其投影的对应边仍互相平行。

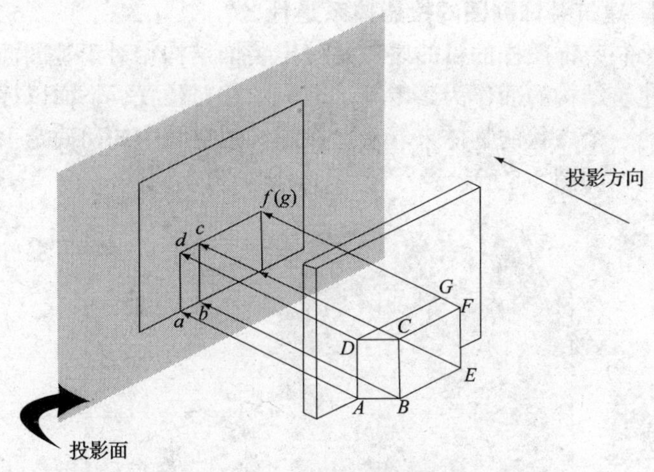

图 2-4　柜子的正投影图

（2）直线和平面投影的显实性

1）直线平行于投影面，则直线在投影面上的投影反映实长。如图 2-4 所示，直线 BC 平行于投影面，则投影 bc 反映直线 BC

的实长。

2）平面平行于投影面，则平面在投影面上的投影反映实形。如图 2-4 所示，柜子上的平面 $BEFC$ 平行于投影面，则投影 $befc$ 反映平面 $BEFC$ 的真实形状。

直线和平面的这种投影性质称投影的显实性。

（3）直线和平面投影的积聚性

1）直线垂直于投影面，则直线在投影面上的投影积聚为一点。如图 2-4 所示，直线 FG 垂直于投影面，则投影积聚为一点 f（g）。

2）平面垂直于投影面，则平面在投影面上的投影积聚为一直线。如图 2-4 所示，家具上平面 $DCFG$ 垂直于投影面，则投影积聚为一直线段 df。

直线和平面的这种投影性质称投影的积聚性。

4. 建筑装饰制图的投影体系是什么？

绘制装饰图样的目的之一是确定装饰结构相对于基准面（通常以建筑结构的面作为参考基准面）的相对位置。下面以标准房间中的一个点状的物体来看看，在三维的空间中如何确定一个点的位置，如图 2-5 所示。

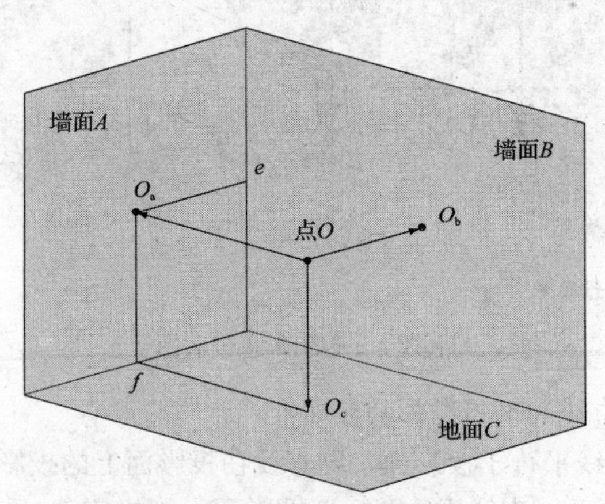

图 2-5　点的位置确定

选择了两个墙面 A、B 和地面 O 作为投影面，分别以正投影的方式（箭头方向表示投影方向）把房间内的一点投影到三个墙面上得到 O_a、O_b、O_c 三个投影点。一般，只有点 O 到两个墙面的距离（O-O_a、O-O_b）和点 O 到地面的距离（O-O_c）确定以后，点 O 在空间的位置才能确定下来，三者缺一不可。

选择墙面 A 作为我们研究问题的主投影面（也可以选择其他的面），根据直线正交投影的显实性知道代表点 O 到墙面 B 和地面 C 的距离的线段 O-O_b 和 O-O_c 与其在主投影平面的投影线段 O_a-e 和 O_a-f 是相等的，代表点 O 到墙面 A 的距离的线段 O-O_a 和其在地面 C 上的投影线段 O_c-f 的长度相等的。由此可以看出，房间中任何一点的位置都可以用一个主投影平面内到两个固定参考线段（此例的参考线段为墙面 A 的底线和右侧的边线）的长度和另外一个相关联的投影平面的一个线段的长度来确定。

我们可以得出以下结论：

1）装饰图样采用的投影体系为正投影体系。

2）任何一个固定结构的装饰构件的定位尺寸都可以用装饰构件上的一个具有明显特征的点、线、面的三维空间的位置来确定。

3）点、线、面的定位尺寸可以由其在一个投影平面投影的两个到已知的参考点或线的长度和另一个相关的投影面到已知的参考点或线的长度来确定。

也就是说要确定一个装饰构件的尺寸至少要两张图样才能表达清楚。把本例的两个投影面分别画在不同的纸上就得到了两张图样，如图 2-6 所示。

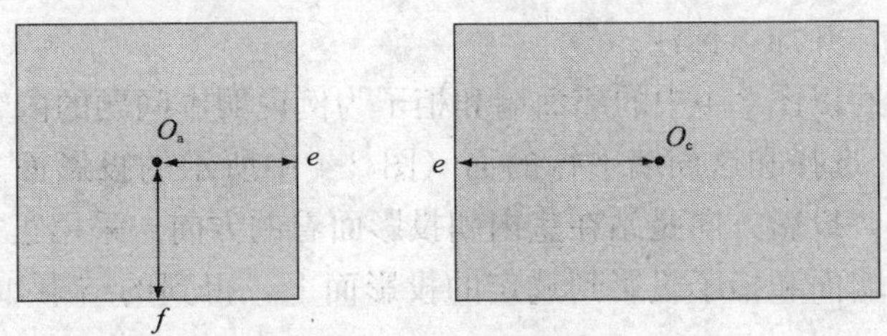

图 2-6 点的尺寸确定

5. 怎样确定装饰构件的定位尺寸？

装饰图样的重要任务之一是确定装饰构件在整体环境中的定位尺寸，所以正确地在图样中表达装饰构件的定位尺寸非常关键和重要。

1）装饰构件投影面的选择。正确选择装饰图样的投影方向和投影面是画图的第一步。根据装饰工程的特点可知装饰构件（包括家具和配饰）在大多数情况下都是依附于空间的某个面上的，例如电视墙是依附于墙面的装饰构件，沙发是依附于地面的装饰构件，而造型顶棚是依附于顶棚的装饰构件等，而像顶棚、地面、墙面这些基础面一般情况下是固定不变的，它们的边缘可以作为装饰构件的定位参考基点，所以在选择投影面时一般需要选择和这些基础面平行的平面（虚拟的）作为投影面，投影的方向是和这个面的垂直方向，视点（投影点）应该在屋子的中间。

2）装饰构件本身的定位点的选择。在多数情况下，装饰构件本身的结构和尺寸是由独立的结构和结构详图来表达的。我们确定其在环境中的定位尺寸一般就不再去关心其本身的结构尺寸，只是按着它的形状投影到所选择的投影面上，投影的外轮廓的准确性很关键。投影之后要选择装饰构件上便于施工时测量的点、线、面作为确定装饰构件在环境中的尺寸定位的基础，通常以构件的外轮廓为基础进行标定。

3）在投影图上计算，或测量构件上作为定位基准的点、线、面到座位尺寸定位参考物的点、线、面（例如墙的轮廓线）之间的距离，并加以标注。

下面以图 2-4 中的那面墙和柜子为例说明本问题的内容。

1）选择和这面墙平行的面（图 2-4 中所示的投影面）作为投影面，投影方向是站在室内朝投影面看的方向，采用正投影的方式把墙面和柜子投影到选定的投影面上，得到的结果如图 2-7 所示。

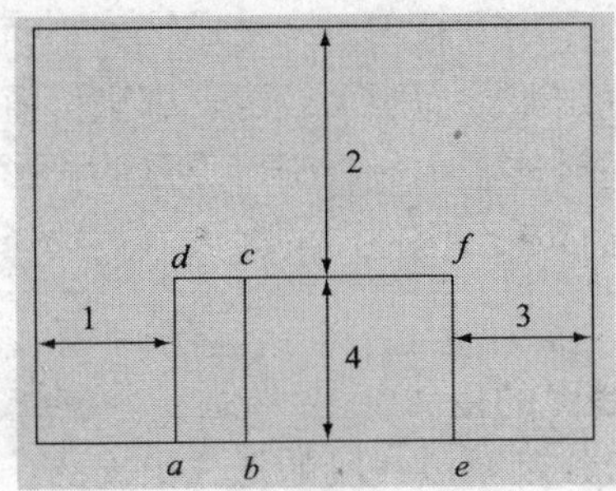

图 2-7 定位尺寸确定

2）假定柜子的本身的各种尺寸有专门的柜子图样画出，那么在图 2-7 中柜子的轮廓 *aefd* 的尺寸是确定的。选择柜子的外轮廓作为定位尺寸的测量点，只要测量和标注轮廓线到参考基准强面边缘的距离就可以了。测量标注的方法有几种，如图 2-7 中可以测量和标注 1、2，2、4，3、2 或 3、4 组尺寸。其具体选择最后要根据绘图时的图面布局情况而标定。

我们看这个例子中由于柜子的尺寸已经确定了，而且墙面的尺寸也是确定的，也就是说尺寸 4 是已知的，这样尺寸 2 也可以通过施工时简单的计算得出，这样在实际绘图时尺寸 2 和 4 就没有必要测量和标出，只测量或标注 1 或 3 就可以了。

3）按着第 4 问题中给出的方法，还需要另外一个投影图上的尺寸（即共三个空间尺寸）才能确定柜子的定位尺寸，但是这个例子中的柜子是靠墙的，即和墙面之间的距离等于 0，所以就不必画出另外的一个投影图也能很明显的指导柜子的空间位置。

所以本例中的定位尺寸只需要一个投影图内的一个尺寸 1 或 3 就足够了。

6. 什么是重影点？

（1）重影点的概念　如果空间两点位于某一投影面的同一条投射线上，则这两点在该投影面上的投影就会重合为一点，称之为对该投影面的重影点。见图 2-4 所示，其中的 *F* 点和 *G* 点为重影点。

（2）重影点的作用　利用重影点可以判别两点的可见性。对于某面重影点，规定距该面距离较远，即坐标值大者为可见。

画装饰图样的时候，一般只画可见点的投影，对于装饰构件上的不可见点，通常在画构件图的时候通过选择合适的投影使其变成可见点画出。

7. 如何绘制线段的投影？

装饰图样的直线都是以线段的形式出现的，在实际的装饰设计的时候也没有无限长的直线。

线段的空间位置可由线段上两个端点的位置确定。线段的投影可由线上两点在同一个投影面上的投影（同面投影）相连而得。

如图 2-8 所示，要作出线段 DC 的在投影面上的投影，可先作出其两端点 D 和 C 在投影面上的投影 d 和 c，然后将其同面投影相连，即得 DC 线段在投影面内的投影线段 dc。

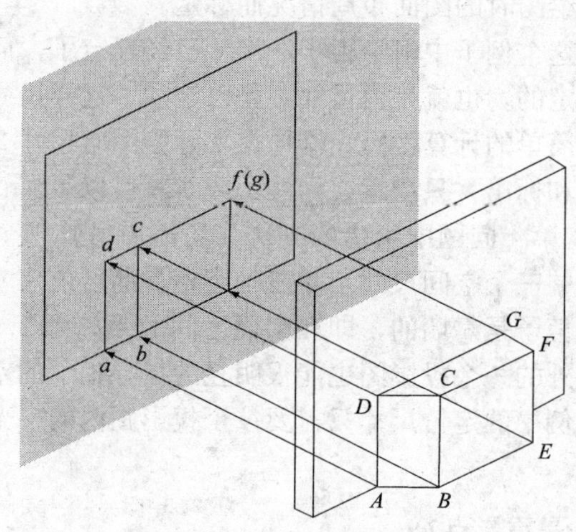

图 2-8　线段的投影

8. 什么是投影面的平行线？

平行于某一投影面的线段称为投影面平行线段。

平行线段的投影特性是投影的线段长度与该线段的实际长度相等。例如如图 2-8 中的 CF 线段，是柜子的一个棱角，且与灰色的投影面平行，所以它是该投影面的平行线段，它在投影面内的投影 cf 的长度与其本身的长度相等。

装饰图样的绘制经常利用这一特性，把立体的装饰结构投影到投影面内进行其结构尺寸的标注。

9. 一般位置的投影线段的特性是什么？

与投影面倾斜的线段称为一般位置直线。一般位置线段的投影特性是它的投影都仍为直线，且都小于线段的实长。所以，这个时候不能以投影线段的长度来代表线段的实际长度。

如图 2-9 所示，是一个简单的墙面造型的投影图。其中的线段 AB 不平行于灰色的投影面，它在投影面内的投影 ab 比实际的长度要小。这种情况在绘制装饰图样中经常遇到，为了正确地标定 AB 线段在空间的实际位置，必须用另外一个正投影视图共同来标定才能正确的反映 AB 线段的实际位置。

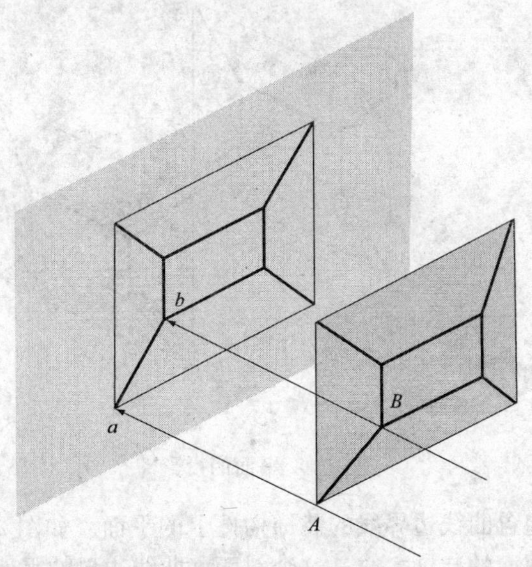

图 2-9 墙面造型的投影图

10. 怎么确定平面的投影?

任何装饰构件的形体都是由平面围合而成的，所以平面的投影在装饰的绘图过程中应用得最多。

首先看平面投影的形状。装饰构件中的平面可以有很多的形状，比如三角形、四边形、五边形，甚至是其他的形状（包括具有曲线的边界线的形状）。对于直线边界的平面的投影，只要将其边界直线的相交点的投影连成一个形状就得到了这个平面的投影图形。

如图 2-10 中所示的装饰构件，其上的一个平面 $ABCD$ 为一个矩形，它的边界直线的交点（多边形的顶点）A、B、C、D 在投影面上的投影点位是 a、b、c、d，将这几个投影点连接起来得到的矩形 $abcd$ 就是平面 $ABCD$ 的投影。

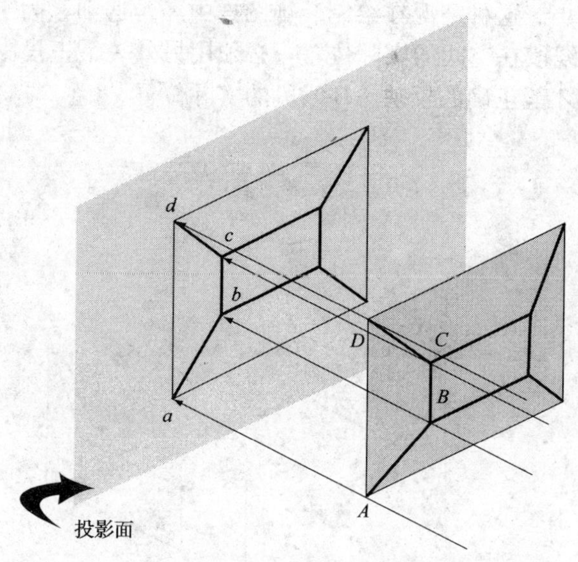

图 2-10 平面的投影

对于包含曲线边界线的装饰构件上的平面。如图 2-11 所示，有一端为斜面的装饰木线，这个斜面（曲线边界的平面）与投影

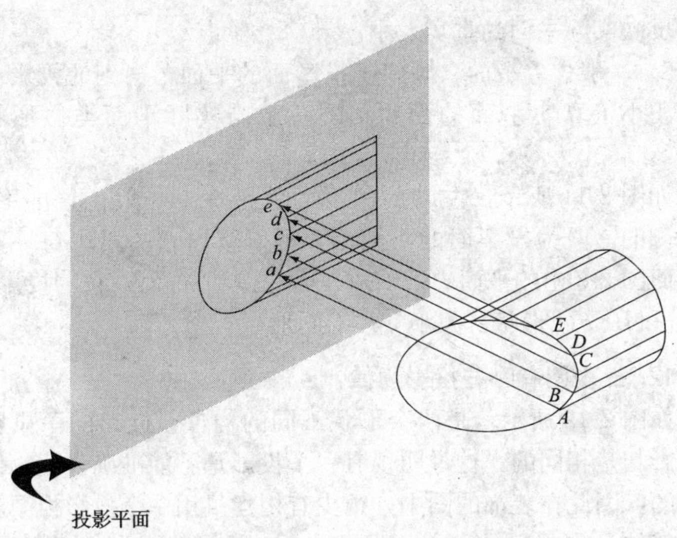

图 2-11　斜平面的投影轮廓

平面有一定的角度，而且又不能像上面提到的方法来描绘它，在这样的情况下，就必须人为地在平面的轮廓上取一些点，如图中的 A、B、C、D、E……（图中只画出了部分）。然后把这些点投影到投影面上，它们在投影面上的投影点分别为 a、b、c、d、e……，将这些投影点连接起来，就得到了这个斜平面的投影轮廓。

取点的多少要取决于画图的精度要求，如果只是用于图示斜平面的形状，应取尽可能少的点，能反映出平面的形状即可；如果是不规则的形状，所作的图样用于将来施工中放样的依据，那么就必须选择更多的点，使得轮廓的描述尽可能地精确，减少施工中的误差。

11. 平面与投影面的相对位置有哪些？

平面与投影面的相对位置有以下三种情况：

1）投影面垂直面。垂直于投影面，得到的投影为一条线段。

2）投影面平行面。平行于投影面的平面，得到的投影图形能够反映实际平面的真实大小。

3）一般位置平面。倾斜于投影面的平面，得到的投影图形的面积小于真实平面的面积，是一个与实际平面类似形状的图形。

如图 2-11 所示，左端的斜平面就是一个一般位置的平面，而右侧的一段为投影面的垂直面，可以看出它的投影每一条直线，而图 2-8 中的平面 *BEFG* 是一个投影平行面，它的投影 *befg* 为和 *BEFG* 形状、大小一样的图形。

12. 三视图有哪些投影规律？

如图 2-12 所示，是两个形状不同的构件，但在同一投影面的投影却是相同的，这说明仅有一个投影是不能准确表达物体的形状的。因此在装饰的图中，很少有构建只用一个投影视图就表达清楚的。

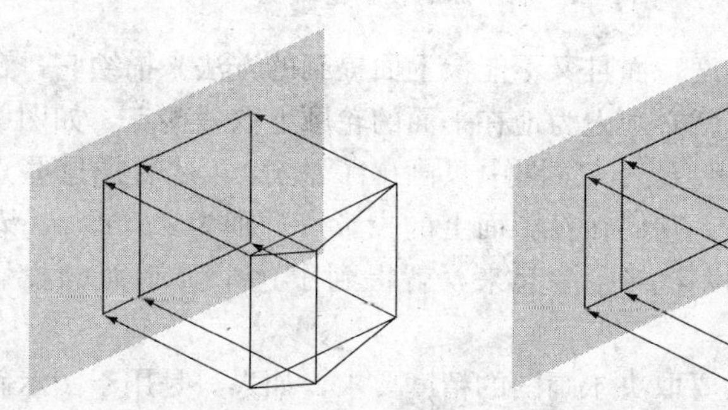

图 2-12　两个形状不同的构件的投影

（1）三面投影体系　将物体放在由三个互相垂直的平面所组成的投影体系中，这样就可得到物体的三个投影，即物体的正面投影、水平投影、侧面投影。

在装饰工程图中，物体的正投影称为视图。物体的正面投影称为主视图，物体的水平投影称为俯视图，物体的侧面投影称为左视图。物体的主视图、俯视图、左视图简称为物体的三视图。

例如，将上个图中的第一个构件放在一个由三个相互垂直的

平面 V、W、H 组成的投影体系中进行投影，得到的结果如图 2-13 所示。我们把投影面 V 内所形成的视图叫做主视图，投影面 V 内所形成的视图叫做俯视图，在 W 投影面内所形成的视图叫做左视图。

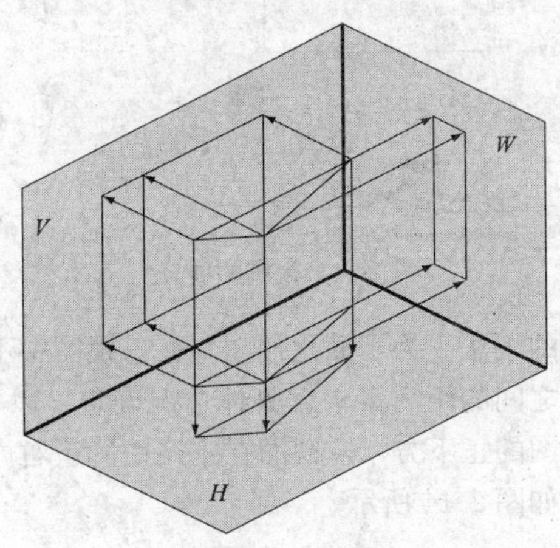

图 2-13　三面投影

这种三视图系统是一般工程制图中的叫法，而在装饰制图中要根据需要绘制的图样的内容来选择主视图，选择的来源也不仅仅限于以上提到的三个视图。可以想象，将物体放在一个长方体的盒子中，分别把盒子的六个面视为投影平面，把物体分别向六个投影平面进行投影，会得到六个视图；而主视图的选择可以选择其中的任何一个，但主视图的选择标准应该是那个视图最能反映被研究物体的几何结构特征，在根据所要表达的物体的结构情况选择另外一个或两个视图作为辅助的表现视图。例如平面布置图选择的主视图实际上就是图 2-13 所示的俯视图，所以这里的叫做有一定的相对性。

（2）视图的展开　为了使几个视图能画在一张纸上，允许把不同方向的视图画在同一张纸上，这叫作视图的展开。

展开后的几个视图在同一个平面上，如图 2-14 所示。如果是相邻的相互垂直的投影面的视图，还要求尽可能地对正视图以方便图样的浏览。

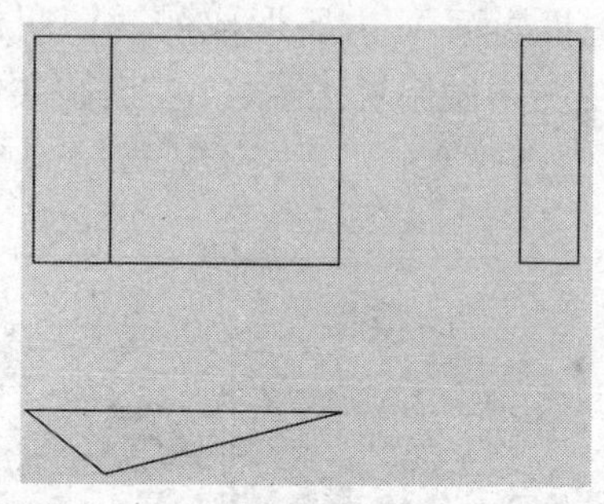

图 2-14　视图的展开

（3）视图的画法　为了简化作图，在三视图中不画投影面的边框线，视图之间的距离可根据具体情况确定。以主视图为准，俯视图在主视图的正下方，左视图在主视图的正右方，视图的名称不必标出。如图 1-14 所示。

13. 什么是建筑装饰？

绘制建筑装饰图样和绘制其他专业的图样一样必须了解相关专业的专业知识。要画好装饰施工图就必须首先学习装饰工程的一些基本概念，并了解有关装饰结构的一些基本知识，否则若在装饰识图或者制图的过程中遇到障碍，将会影响工作的速度和质量。

下面就装饰工程的一些概念作简要的描述。

（1）室外装饰

1）檐头即屋顶檐口的立面，常用琉璃、面砖等材料饰面。

2）外墙是室内空间的界面，一般常用面砖、琉璃、涂料、石渣、石材等材料作饰面，有的还用玻璃或铝合金幕墙板做成幕墙。

3）幕墙是指悬挂在建筑结构框架表面的非承重墙，它的自重及受到的风荷载是通过连接件传给建筑结构框架的。玻璃幕墙和铝合金幕墙主要是由玻璃或铝合金幕墙板与固定它们的金属型材骨架系统两大部分组成。

4）门头是建筑物的主要出入口部分，它包括雨篷、外门、门廊、台阶、花台或花池等。

5）门面单指商业用房，除了包括主出入口的有关内容以外，还包括招牌和橱窗。

6）室外装饰一般还有阳台、窗头（窗洞口的外向面装饰）、遮阳板、栏杆、围墙、大门和其他建筑装饰小品等项。

（2）室内装饰　顶棚是室内空间的顶界面。顶棚装饰是室内装饰的重要组成部分。它的设计常常要从审美要求、物理功能、建筑照明、设备安装、管线敷设、检修维护、防火安全等多方面综合考虑。

1）楼地面是室内空间的底界面，通常是指在普通水泥或混凝土地面和其他地层表上所作的饰面层。

2）内墙（柱）面是室内空间的侧界面，经常处于人们的视觉直接范围内，是人们在室内接触最多的部位，因而其装饰常常也要从艺术性、使用功能、接触感、防火及管线敷设等方面综合考虑。

3）建筑内部在隔声和遮挡视线上有一定要求的封闭型非承重墙，称为隔墙；完全不能隔声的、不封闭的室内非承重墙，称为隔断。隔断一般制作都较精致，多做成镂空花格或折叠式，有固定的，也有活动的，它主要起划定室内小空间的作用。

4）内墙装饰形式非常丰富。一般习惯将1.5m以上高度的、用饰面板（砖）饰面的墙面装饰形式称为护壁，护壁在1.5m高度以下的又称为墙裙。在墙体上凹进去一块的装饰形式称为壁龛，墙面下部起保护墙脚面层作用的装饰构件称为踢脚。

5）室内门窗的形式有很多，按材料分有铝合金门窗、木门窗、塑钢门窗、钢门窗等；按开启方式分，门有平开、推拉、弹簧、转门、折叠等，窗有固定、平开、推拉、转窗等。另外还有厚玻璃装饰门等。

6）门窗的装饰构件有贴脸板（用来遮挡靠里皮安装门、窗所产生的缝隙）、窗台板（在窗下槛内侧安装，起保护窗台和装饰窗台面的作用)、筒子板（在门窗洞口两侧墙面和过梁底而用木板、金属、石材等材料包钉镶贴）等。筒子板通常又称门套、窗套。此外窗还有窗帘盒，它是用来安装窗帘轨道，起到遮挡窗帘上部，增加装饰效果的作用。

7）室内装饰还有楼梯踏步、楼梯栏杆（板）、壁橱和服务台、柜（吧）台等。装饰构造名目繁多，不胜枚举，在此不再赘述。

以上这些装饰构造的共同作用是：一方面保护主体结构，使立体结构在室内外各种环境因素作用下具有一定的耐久性；另一方面是为了满足人们的使用要求和精神要求，进一步实现建筑的使用和审美功能。

14. 装饰施工图要表达哪些内容?

装饰施工是在建筑工程完成的基础上进行的施工，所以理论上应该包括建筑完成以后到用户入住之间所有的施工内容，甚至包含了后期的家具、陈设等内容。根据包含的内容可以分为以下几类：

1）结构改造。结构改造是指在建筑工程完工以后，再根据用户的要求对现有的结构进行二次改造。

2）水、暖、电等线路和设备的改造和补充设计。大多数情况下水、暖、电的线路和设备都已经安装完毕，但是用户在使用时由于功能发生了变化或者引入了更现代化的设备会要求对原有的线路和设备进行改造和完善，这部分内容应该体现在装饰施工图样当中。

3）界面装饰。包括对顶棚、地面、墙面，根据用户的需求和艺术原理进行的装饰性的改造，其中包括装饰构件、连接方式、界面材质等内容，这一部分是装饰施工图的核心内容。

4）室内家具和陈设。现代室内设计的内容已经把室内家具和陈设的内容纳入室内设计的范畴，所以在绘制装饰施工图时，绘制家具和室内陈设也成为装饰施工图的一项重要的内容。

5）室内绿化。绿化陈设本应是室内陈设的一项内容，但是随着人们对环境的质量要求越来越高，室内绿化已经成为一个专门的学问，其内容也已经被现代室内设计纳入其范围当中，所以装饰施工图也该包括室内绿化这部分内容。

装饰工程涉及面广，它不仅与建筑有关，与水、暖、电等设备有关，与家具、陈设、绿化及各种室内配套产品有关，还与钢、铝、铜、木等不同材质的结构处理有关。因此，装饰施工图中常出现建筑制图、家具制图、园林制图和机械制图等多种画法并存的现象。

15. 装饰工程图的种类有哪些?

如图 2-15 所示，装饰工程图由效果图、装饰施工图和室内设备施工图组成。从某种意义上讲，效果图也应该是施工图。在施工制作中，它是形象、材质、色彩、光影与氛围等艺术处理的重要依据，是建筑装饰工程所特有的、必备的施工图样。它所表现出来的诱人观感的整体效果，不仅是为了招投标时引起甲方的好感，还是施工生产者所刻意追求最终应该达到的目标。

图 2-15 室内效果图

装饰施工图也分基本图和详图两部分。基本图包括装饰平面图、装饰立面图、装饰剖面图，详图包括装饰构配件详图和装饰节点详图。

装饰从图面内容上看应该有以下几种形式：

1）图形和标注部分，是装饰施工图的主体内容。

2）文字说明，将图样中未能详细标明或图样不易标明的内容写成设计施工总说明。

3）表格部分，将门、窗和图样目录归纳成表格，并将这些内容放于首页。

4）图样目录，按着一定的编排原则，将所有的图样名称或索引符号编成目录，便于查阅和浏览。装饰工程图样的编排顺序原则是，表现性图样在前，技术性图样在后；装饰施工图在前，室内配套设备施工图在后；基本图在前，详图在后；先施工的在前，后施工的在后。

装饰施工图简称“装施”，室内设备施工图可简称为“设施”，也可按工种不同，分别简称为“水施”、“电施”和“暖施”等。这些施工图都应在图样标题栏内注写自身的简称（图别）与图号，如“饰施 1”、“设施 1”等。

5）标题栏，填写图样名称、图样编号和设计者相关的信息等内容。

16. 什么是装饰平面图？

装饰平面图包括平面布置图和顶棚平面图。

装饰平面布置图是假想用一个水平的剖切平面，在窗台上方位置，将经过内外装饰的房屋整个剖开，移去以上部分向下所作的水平投影图，投影平面是与地面平行的平面。

装饰的作用主要是用来表明建筑室内外各种装饰布置的平面形状、相对位置、构件大小和所使用的材料，表明这些布置与可用作参考的建筑主体结构之间，以及这些布置与布置之间的相互关系等。如图 2-16 所示，为某公司综合楼二楼的平面布置图。

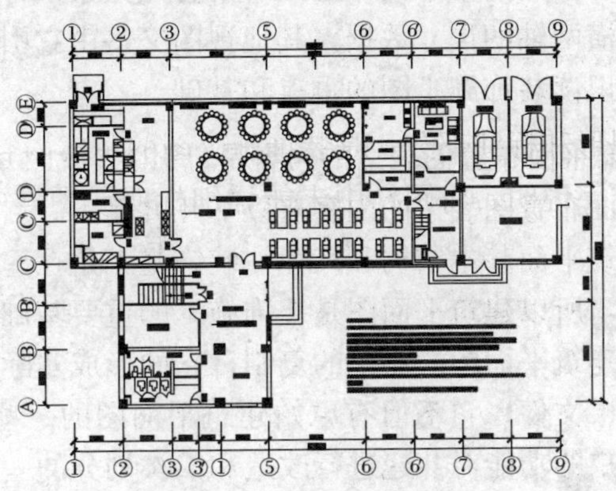

图 2-16　平面布置图

顶棚平面图有两种投影的方法：一是假想房屋水平剖开后，移去下面部分向上作直接正投影而成；二是采用镜像投影法，将地面视为镜面，对镜中顶棚的形象作正投影而成。顶棚平面图一般都采用镜像投影法绘制。顶棚平面图的作用主要是用来表明顶棚装饰的平面形式、尺寸和材料，以及灯具和其他各种室内顶部设施的位置和大小等。如图 2-17 所示，为某餐厅的顶棚平面图。

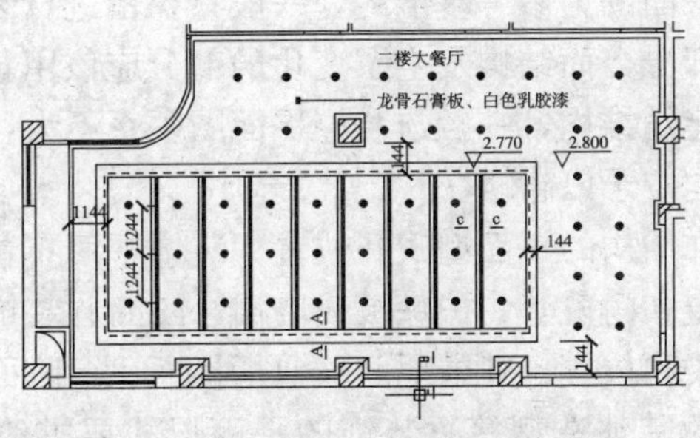

图 2-17　顶棚平面图

装饰平面布置图和顶棚平面图，都是装饰施工放样、制作安装、预算和备料，以及绘制室内有关设备施工图的重要依据。

上述两种平面图中平面布置图的内容尤其繁杂，加上它控制了水平向纵横两轴的尺寸数据，其他视图又多由它引出，因而是我们绘制和识读装饰施工图的重点和基础。

17. 装饰平面布置图表达的内容是什么？

装饰平面布置图表达的内容有以下几方面：

（1）建筑平面基本结构和尺寸　装饰施工是在建筑施工的基础上完成的，所以建筑平面图是装饰施工的重要基础图样。装饰平面图不是建筑平面图的简单的复制，它的形成实际上是一个设计过程的结果文件。它不但有原始建筑平面图的一些基本数据，还有根据用户的功能对共建进行改造和二次划分的一些数据。

装饰平面图包括建筑平面图上由剖切引起的墙柱断面和门窗洞口、定位轴线及其编号、建筑平面结构的各部尺寸；和室外相关联的平面图还包括室外台阶、雨篷、花台及室内楼梯和其他细部布置等内容。这些图像、定位轴线和尺寸，标明了建筑内部各空的平面形状、大小、位置和组合关系；标明了墙柱和门窗洞口的位置、大小和数量；标明了上述各种建筑构配件和设施的平面形状、大小和位置，是装饰平面布置设计定位的依据。

装饰平面布置图应突出装饰结构与相对位置。绘制装饰平面图是以建筑平面图为参考基准的，一般只保留进行装饰时结构不发生变化的部分，而结构发生了变化的部分应该用新的装饰结构取代原来的建筑结构，一般与装饰平面图关系不大，或完全没有关系的内容均应予以省略。

（2）装饰结构的平面型式和位置　装饰平面布置图需要表明楼地面、门窗和门窗套、护壁板或墙裙、隔断、装饰柱等装饰结构的平面形式和位置。其中地面（包括楼面、台阶面、楼梯平台面和地面上的其他造型等）装饰的平面形式要求绘制准确、具体，按比例用细实线画出各种装饰构件的轮廓，注明材料规格、铺式和构造分格线等，并标明其材料品种和工艺要求。如果地面各处的装饰做法相同，可不必满堂都画，一般选图样相对疏空处部分画出，构成独立的地面图案则要求表达完整。

门窗的平面形式主要用图例表示，其装饰应按比例和投影关系绘制。平面布置图上应标明门窗是里装、外装还是中装，并应注上它们各自的设计编号。

平面布置图上垂直构件的装饰型式，可用中实线画出它们的水平断面外轮廓，如门窗套、包柱、壁饰、隔断等。墙柱的一般饰面则用细实线表示。

（3）室内外配套装饰设置的平面形状和位置　装饰平面布置图还要标明室内家具、陈设、绿化、配套产品和室外水池、装饰小品等配套设置体的平面形状、数量和位置。这些布置当然不能将实物原形画在平面布置图上，只能借助一些简单、明确的图例来表示。

由于大部分家具与陈设都在水平剖切平面以下，因此它们的顶面正投影轮廓线应用中实线绘制，轮廓内的图线用细实线绘制。

（4）装饰结构与配套布置的尺寸标注　为了明确装饰结构和配套布置在建筑空间内的具体位置和大小，以及与建筑结构的相互关系，平面布置图上的另一主要内容就是尺寸标注。

平面布置图的尺寸标注分外部尺寸和内部尺寸。外部尺寸一般是套用建筑平面图的轴间尺寸和门窗洞、洞间墙尺寸，而装饰结构和配套布置的尺寸主要在图样内部标注。内部尺寸一般比较零碎，直接标注在所示内容附近。若遇重复相同的内容，其尺寸可代表性地标注。

为了区别平面布置图上不同平面的上下关系，必要时也要注出标高。为了简化计算、方便施工起见，装饰平面布置图一般取各层室内主要地面为标高零点。

平面布置上还应标注各种视图符号，如剖切符号、索引符号、投影符号等。这些符号除投影符号以外，其他符号的标识方法均与建筑平面图相同。

投影符号可以说是装饰平面布置图所特有的视图符号，它用于标明室内各立面的投影方向和投影面编号。

投影符号的标注一般有以下规定：当室内空间的构成比较复杂，或各立面只需要图示其中某几个立面时，可分别在相应位置画上图投影符号，三角形尖端所指的是该立面的投影方向，圆内字母表示该投影面的编号；当室内平面形状是矩形，并且各立面大部分都要图示时，可仅用一个形式的投影符号，四个尖端标明四个立面的投影方向，四个字母表示四个投影面的编号。

绘制投影符号时，应注意三角形的水平边或正方形的对角中心线应与投影面平行，投影符号编号一般用大写拉丁字母表示，并将投影面编号写在相应立面图的下方作为图名，如 A 立面图、B 立面图等。

为了使图面的表达更为详尽周到，必要的文字说明是不可缺少的，如房间的名称、饰面材料的规格品种和颜色、工艺做法与要求、某些装饰构件与配套布置的名称等。为了给图以总的提示，平面布置图还应有图名，随图名后还有图的比例等。

18. 装饰平面布置图的阅读要点是什么?

阅读装饰平面布置图要先看图名、比例、标题栏，认定该图是什么平面图。再看建筑平面基本结构及其尺寸，把各房间名称、面积，以及门窗、走廊、楼梯等的主要位置和尺寸了解清楚。然后看建筑平面结构内的装饰结构和装饰设置的平面布置等内容。

通过对各房间和其他空间主要功能的了解，明确为满足功能要求所设置的设备与设施的种类、规格和数量，以便制订相关的购买计划；通过图中对装饰面的文字说明，了解各装饰面对材料规格、品种、色彩和工艺制作的要求，明确各装饰面的结构材料与饰面材料的衔接关系与固定方式，并结合面积作材料计划和施工安排计划。

面对众多的尺寸，要注意区分建筑尺寸和装饰尺寸。在装饰尺寸中，又要能分清其中的定位尺寸、外形尺寸和结构尺寸。

1）定位尺寸是确定装饰面或装饰物在平面布置图上位置的

尺寸。在平面图上需两个定位尺寸才能确定一个装饰物的平面位置，其基准往往是建筑结构面。

2）外形尺寸是装饰面或装饰物的外轮廓尺寸，由此可确定装饰面或装饰物的平面形状与大小。

3）结构尺寸是组成装饰面和装饰物各构件及其相互关系的尺寸。由此可确定各种装饰材料的规格，以及材料之间和材料与主体结构之间的连接固定方法。

平面布置图上为了避免重复，同样的尺寸往往只代表性地标注一个，读图时要注意将相同的构件或部位归类。

通过平面布置图上的投影符号，明确投影面编号和投影方向，并进一步查出各投影方向的立面图；通过平面布置图上的剖切符号，明确剖切位置及其剖视方向，进一步查阅相应的剖面图；通过平面布置图上的索引符号，明确被索引部位及详图所在的位置。

概括起来，阅读装饰平面布置图应抓住面积、功能、装饰面、设施以及与建筑结构的关系这五个要点。

19. 顶棚平面图表达的基本内容是什么?

1）表明墙柱和门窗洞口等基本结构的位置。顶棚平面图一般都采用镜像投影法绘制。用镜像投影法绘制的顶棚平面图，其图形上的前后、左右位置与装饰平面布置图完全相同，纵横轴线的排列也与之相同。因此，在图示了墙柱断面和门窗洞口以后，不必再重复标注轴间尺寸、洞口尺寸等，这些尺寸可对照平面布置图阅读。定位轴线和编号也不必每轴都标，只在平面图形的四角部分标出，能确定出它与平面布置图的对应位置即可。

顶棚平面图一般不画门扇及其开启方向线，只图示门窗过梁底面。为区别门洞与窗洞，窗扇用一条细虚线表示。

2）表明顶棚装饰造型的平面形式和尺寸，并通过附加文字说明其所用材料、色彩及工艺要求。

顶棚的选级变化应结合造型平面分区线用标高的形式来表

示，由于所注的是顶棚各构件底面的高度，因而标高符号的尖端应向上。

3）表明顶部灯具的种类、式样、规格、数量及布置形式和安装位置。顶棚平面图上的小型灯具按比例用一个细实线圆表示，大型灯具可按比例画出它的正投影外形轮廓，力求简明概括，并附加文字说明。

4）表明空调风口、顶部消防与音响设备等设施的布置形式与安装位置。

5）表明墙体顶部有关装饰配件（如窗帘盒、窗帘等）的形式和位置。

6）表明顶棚剖面构造详图的剖切位置及剖面构造详图的所在位置。作为基本图的装饰剖面图，其剖切符号不在顶棚图上标注。

如图 2-18 所示，为某住宅顶棚平面图的局部。

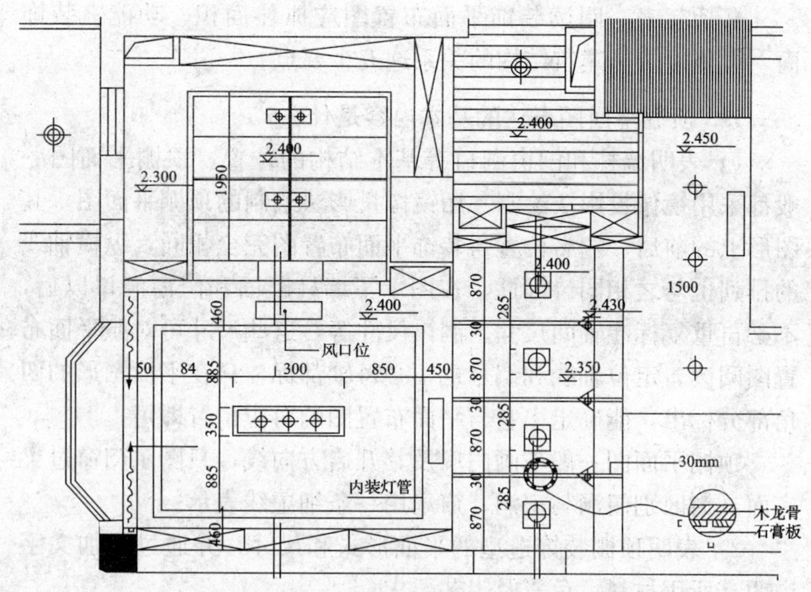

图 2-18 顶棚平面图局部

20. 顶棚平面图的识读要点是什么？

1）对应关系和尺寸核实。首先应弄清楚顶棚平面图与平面布置图各部分的对应关系，核对顶棚平面图与平面布置图在基本结构和尺寸上是否相符。

对于某些有迭级变化的顶棚，要分清它的标高尺寸和线型尺寸，并结合造型平面分区线，在平面上建立起三维空间的尺度概念。

2）灯具和设备。通过顶棚平面图，了解顶部灯具和设备设施的规格、品种与数量以及它们的相对位置尺寸。

3）材料及工艺。通过顶棚平面图上的文字标注，了解顶棚所用材料的规格、品种及其施工要求；通过顶棚平面图上的索引符号，找出详图对照着阅读，弄清楚顶棚的详细构造。

4）窗帘盒及窗帘。顶棚平面图上还有窗帘盒的平面形状和窗帘符号。窗帘的形式、材质、色彩在有关的立面图中表明。

21. 什么是装饰立面图？

装饰立面图包括室外装饰立面图和室内装饰立面图。

室外装饰立面图是将建筑物经装饰后的外观形象，向和主立面平行投影面所作的正投影图。它主要表明屋顶、檐头、外墙面、门头与门面等部位的装饰造型、装饰尺寸和饰面处理，以及室外水池、雕塑等建筑装饰小品布置等内容。

室内装饰立面图的形成比较复杂，它的投影面的选择要根据所要表达的内容的具体情况选择，形式不一。目前常采用的形成方法有以下几种：

1）用假想将室内空间垂直剖开，移去剖切平面前面的部分，对余下部分作正投影而成。投影面一般选择与主立面墙面平行的平面。这种立面图实质上是带有立面图示的剖面图。它所示图像的进深感较强，并能同时反映顶棚的迭级变化；但剖切位置不明确（在平面布置图上没有剖切符号，仅用投影符号表明视向）。一般选择能够完整表达立面以及立面附近的装饰结构的位置剖切。为了清晰表达立面某些装饰构件的结构，结构前面的某些物体可以作相应的取舍。

2）用假想将室内各墙面沿面与面相交处（即墙角的位置）拆开，移去暂时不予图示的墙面，将剩下的墙面及其装饰布置，向和墙面平行的铅直投影面作投影而成。

这种立面图不出现其他墙面和顶棚的剖面图像，只出现相邻墙而及其上装饰构件与该墙面的表面交线。

3）将室内各墙面沿某轴阴角拆开，依次展开，直至都平等于同一铅直投影面，形成立面展开图。这种立面图能将室内各墙面的装饰效果连贯地展示在人们眼前，以便人们研究各墙而之间的统一与反差及相互衔接关系，对室内装饰设计与施工有着重要的作用。

如图 2-19 所示，为某宾馆客房的一个装饰立面图，是以装饰立面图的形式绘制出来的。

室内装饰立面图主要表明建筑内部某一装饰空间的立面形式、尺寸及室内配套布置等内容。

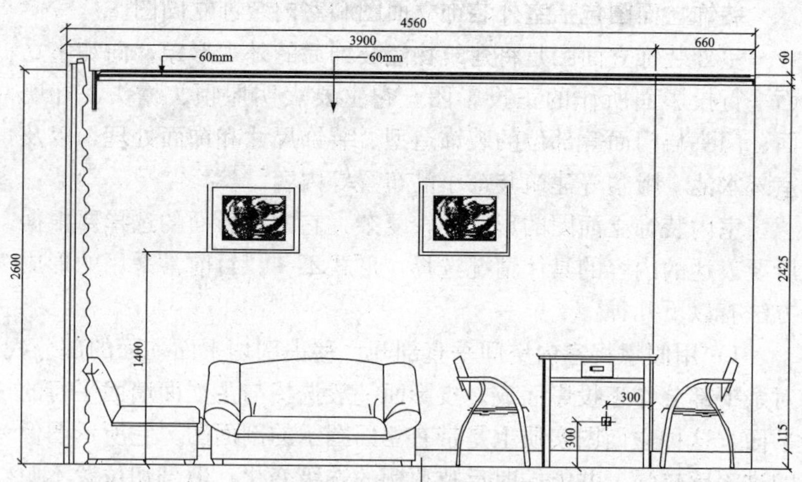

图 2-19 装饰立面图

22. 装饰立面图表达的基本内容是什么？

1）图名、比例和立面图两端的定位轴线及其编号。有些简单的立面图轴线的编号可以不标。

2）立面图一般以临界墙面的墙线、地面为标注参考线。

3）在装饰立面图上使用相对标高，即以室内地面为标高零点，并以此为基准来标明装饰立面图上有关部位的标高。

4）表明室内外立面装饰的造型和式样，并用文字说明其饰面材料的品名、规格、色彩和工艺要求。

5）表明室内外立面装饰造型的构造关系与尺寸。

6）表明各种装饰面的衔接收口形式。

7）表明室内外立面上各种装饰品（如壁画、壁挂、金属字等）的式样、位置和大小尺寸。

8）表明门窗、花格、装饰隔断等设施的高度尺寸和安装尺寸。

9）表明室内外景园小品或其他艺术造型体的立面形状和高低错落位置尺寸。

10）表明室内外立面上的所用设备及其位置尺寸和规格尺寸。

11）表明详图所示部位及详图所在位置。作为基本图的装饰剖面图，其剖切符号一般不应在立面图上标注。

12）作为室内装饰立面图，还要表明家具和室内配套产品的安放位置和尺寸。如采用剖面图示形式的室内装饰立面图，还要表明顶棚的选级变化和相关尺寸。

装饰立面图的线型选择和建筑立面图基本相同。唯有细部描绘应注意力求概括，不得喧宾夺主，所有为增加效果的细节描绘均应以细淡线表示。

23. 装饰立面图的识读要点是什么？

1）明确装饰图上与该工程有关的各部尺寸和标高。

2）通过图中不同线型的含义，搞清楚立面上各种装饰造型的凹凸起伏变化和转折关系。

3）弄清楚每个立面上有几种不同的装饰面，以及这些装饰面所选用的材料与施工工艺要求。

4）立面上各装饰面之间的衔接收口较多，这些内容在立面图上表明比较概括，多在节点详图中详细表明。要注意找出这些详图，明确它们的收口方式、工艺和所用材料。

5）明确装饰结构之间以及装饰结构与建筑结构之间的连接固定方式，以便提前准备预埋件和紧固件。

6）要注意设施的安装位置，电源开头、插座的安装位置和安装方式，以便在施工中留位。

阅读室内装饰立面图时，要结合平面布置图、顶棚平面图和该室内其他立面图对照阅读，明确该室内的整体做法与要求。阅读室外装饰立面图时，要结合平面布置图和该部位的装饰剖面图综合阅读，全面弄清楚它的构造关系。

24. 什么是装饰剖面图？

装饰剖面图是用假想平面将室内外某装饰部位或装饰空间垂直剖开而得的正投影图。它主要表明上述部位或空间的内部构造情况，或者是装饰结构与建筑结构、结构材料与饰面材料之间的构造关系等。

装饰剖面图的基本内容：

1）表明建筑的剖面基本结构和剖切空间的基本形状，并注出所需的建筑主体结构的有关尺寸和标高。

2）表明装饰结构的剖面形状、构造形式、材料组成及固定与支承构件的相互关系。

3）表明装饰结构与建筑主体结构之间的衔接尺寸与连接方式。

4）表明剖切空间内可见实物的形状、大小与位置。

5）表明装饰结构和装饰面上的设备安装方式或固定方法。

6）表明某些装饰构件、配件的尺寸，工艺做法与施工要求，另有详图的可概括表明。

7）表明节点详图和构配件详图的所示部位与详图所在位置。

8）如果是建筑内部某一装饰空间的剖面图，还要表明剖切空间内与剖切平面平行的墙面装饰形式、装饰尺寸、饰面材料与工艺要求。

9）表明图名、比例和被削切墙体的定位轴线及其编号，以便与平面布置图和顶棚平面图对照阅读。如图 2-20 所示，为电视柜剖面图。

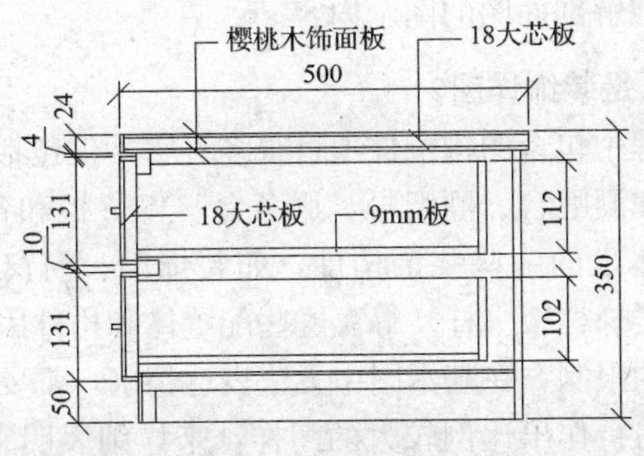

图 2-20 电视柜剖面图

25. 装饰剖面图的识读要点是什么?

1）阅读建筑装饰剖面图时，首先要对照平面布置图，看清楚剖切面的编号是否相同，了解该剖面的剖切位置和剖视方向。

2）在众多图像和尺寸中，要分清哪些是建筑主体结构的图像和尺寸，哪些是装饰结构的图像和尺寸。当装饰结构与建筑结构所用材料相同时，它们的剖断面表示方法是一致的。现代某大型建筑的室内外装饰，并非只是贴墙面、铺地面、吊顶而已，因此要注意区分，以便进一步研究它们之间的衔接关系、方式和尺寸。

3）通过对剖面图中所示内容的阅读研究，明确装饰工程各部位的构造方法、构造尺寸、材料要求与工艺要求。

4）建筑装饰形式变化多，程式化的做法少。作为基本图的装饰剖面图只能表明原则性的技术构成问题，具体细节还需要详图来补充表明。因此，在阅读建筑装饰剖面图时，还要注意按图中索引符号所示方向，找出各部位节点详图来仔细阅读，不断对照；弄清楚各连接点或装饰面之间的衔接方式，以及包边、盖缝、收口等细部的材料、尺寸和详细做法。

5）阅读建筑装饰剖面图要结合平面布置图和顶棚平面图来进行。某些室外装饰剖面图还要结合装饰立面图来综合阅读，才能全方位的理解剖面图的图示内容。

26. 什么是装饰详图?

装饰工程中包含的构配件项目很多。它不仅包括各种室内配套设置体，如酒吧台、酒吧柜、服务台、售货柜和各种家具等，还包括结构体上的一些装饰构件，如装饰门、门窗套、装饰隔断、花格、楼梯栏板（杆）等。这些配置体和构件因为受到绘图图幅和比例的限制，在基本图中无法表达精确，都要根据设计师的设计意图另行作出比例较大的图样，来详细表明它们的式样、用料、尺寸和做法，这些图样即为装饰构配件详图。

装饰构配件详图的主要内容有：详图符号、图名、比例；构配件的形状、详细构造、层次、详细尺寸和材料图例；构配件各部分所用材料的品名、规格、色彩以及施工做法和要求；部分尚需放大比例详示的索引符号和节点详图。

阅读装饰构配件详图时，应先看详图符号和图名，弄清楚从何图索引而来。有的构配件详图有立面图或平面图，有的装饰构配件图的立面形状或平面形状及其尺寸就在被索引图样上，不再另行画出。因此，阅读时要注意联系被索引图样，并进行周密的核对，检查它们之间在尺寸和构造方法上是否相符。通过阅读，了解各部件的装配关系和内部结构，紧紧抓住尺寸、详细做法和工艺要求三个要点。如图 2-21 所示，为电视柜施工详图。

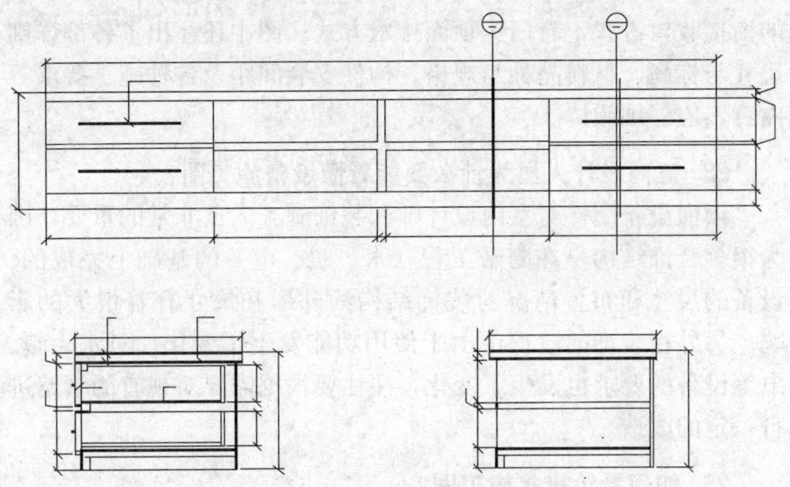

图 2-21　电视柜施工详图

27. 什么是装饰节点详图？

装饰节点详图是将两个或多个装饰面的交汇点或构造的连接部位，按垂直和水平方向剖开，并以较大比例绘出的详图。它是装饰工程中最基本和最具体的施工图。它有时供构配件详图引用，如前例介绍的楼梯栏板、踏步、扶手尽端节点图。有时又直接供基本图所引用，如工程的门头节点详图和内墙剖面节点详图等。因而不能认为节点详图仅是构配件详图的子系详图，在装饰工程图中，它与构配件详图具有同等重要作用。

节点详图的比例常采用 1∶1、1∶2、1∶5、1∶10，其中比例为 1∶1 的详图又称为足尺图。

节点详图虽表示的范围小，但牵涉面大，特别是有些在该工程中带有普遍意义的节点图，虽表明的是一个连接点或交汇点，却代表各个相同部位的构造做法。因此，在识读节点详图时，要做到切切实实、分毫不差，从而保证施工操作中的准确性。

节点详图的基本内容和阅读方法：检查各部分的基本尺寸和原则性做法是否相符，看装饰结构与建筑结构之间的连接方式，看饰面材料与装饰结构材料之间的连接方式，以及各装饰面之间的衔接收口方式，看门头顶面排水方式。图中还注出了各部详细尺寸与标高、材料品种与规格、构件安装间距及各种施工要求等内容，应仔细阅读。

28. 室内设计人员为什么要能看懂设备施工图?

读懂设备图样对室内设计师和装饰施工人员非常的重要，因为很多装饰结构是在隐蔽工程（水、暖、电）的基础上完成的，设备的尺寸和布置情况对装饰结构的外形和尺寸有着很大的影响。另外在装饰的过程中由于使用功能发生了变化，对水、暖、电等设备的要求也发生了变化，往往要根据需要对现有的管路进行一定的改造。

29. 如何看给排水施工图?

给水排水工程包括给水工程和排水工程：给水工程包括水源取水、水质净化、净水输送、配水使用等工程；排水工程包括污水（生活、粪便、生产等污水）排除、污水处理、处理后的污水排入江河等工程。给水排水工程图是建筑施工图的一个重要组成部分。

（1）给水排水施工图的组成　给水排水施工图（简称给排水施工图）可分为室内给水排水施工图与室外给水排水施工图两大类，它们一般都由基本图和详图组成。基本图包括管道平面布置图、剖面图、系统轴测图（又称透视图）、原理图及说明等；详图表明各局部的详细尺寸及施工要求。

室内给水排水施工图表示建筑物内部的给水工程和排水工程（如厕所、浴室、厨房、锅炉房、实验室等），主要包括平面图、系统图和详图。

室外给水排水施工图表示一个区域或一个厂区的给水工程设施（如水厂、水塔、给水管网等）和排水工程设施（如排水管网、污水处理厂等），主要包括管道总平面图、纵断面图和详图。

（2）给水排水施工图的特点

1）给排水、采暖、工艺管道及设备常采用统一的图例和符号表示，这些图例、符号并不能完全反映实物的实样。因此，在阅读时，要首先熟悉常用的给水排水施工图的图例符号所代表的内容。

2）给水排水管道系统图的图例线条较多。识读时，要先找出进水源、干管、支管及用水设备、排水口、污水流向、排污设施等。一般情况下，给水排水管道系统的流向如下：

① 室内给水系统是进户管→水表井（或阀门井）→干管→立管→支管→用水设备。

② 室内排水系统是用水设备排水口→存水弯（或支管）→干管→立管→总管→室外下水井。

3）给水排水管道布置纵横交叉，在平面图上很难表明它们的空间走向，所以常用轴测投影的方法画出管道系统的立面布置图，用以表明各管道的空间布置状况，这种图称为管道系统轴测图，简称管道系统图。在绘制管道系统轴测图时，要根据各层的平面布置绘制。识读管道系统轴测图时，应把系统图和平面图对照进行识读。

4）给水排水施工图与土建施工图有紧密的联系，留洞、打孔、预埋管沟等对土建的要求在图样上要有明确的表示和注明。

室内给水排水平面图表示建筑物内的给水和排水工程内容，主要包括平面图、系统图和详图。室内与室外的分界一般以建筑物外墙为界（有时给水以进口处的阀门为界，排水以室外第一个排水检查井为界）。平面图表明了给水排水管道及设备的平面布置，主要包括干管、支管、立管的平面位置，管口直径尺寸及各立管的编号，各管道零件（如阀门、清扫口等）的平面位置，给水进户管和污水排出管的平面位置及与室外给水排水管网的相互关系。

系统图分为给水系统和排水系统两大部分。它是用轴测投影的方法来表示给水排水管道系统的上、下层之间，前后、左右之间的空间关系的。在系统图中，除注有各管径尺寸及主管编号外，还注有管道的标高和坡度。识图时必须将平面图和系统图结合起来看，互相对照阅读，才能了解整个排水系统的全貌。

给水排水详图又称大样图，它表示某些设备或管道节点的详细构造与安装要求。

30. 如何看采暖施工图？

寒冷地区为保持室内的生活和工作的温度，必须设置采暖设备。一般采暖施工图分为室外和室内两大部分：室外部分表示一个区域的采暖管网，包括总平面图、管道横剖面图、管道纵剖面图、详图及设计施工说明；室内部分表示一建筑物的采暖工程，包括采暖系统平面图、系统轴测图、详图及设计、施工说明。识读采暖施工图应熟悉有关图例和符号。

1）采暖平面图主要表明建筑物内采暖管道及采暖设备的平面布置情况，主要内容有：

① 采暖总管入口和回水总管入口的位置、管径和坡度。

② 各立管的位置和编号。

③ 地沟的位置和主要尺寸及管道支架部分的位置等。

④ 热设备的安装位置及安装方式。

⑤ 热水供暖时，膨胀水箱、集气罐的位置及连接管的规格。

⑥ 蒸汽供暖时，管线间及末端的疏水装置、安装方法及规格。

2）采暖轴测图（亦称系统图）反映了采暖系统管道的空间关系。

识读采暖施工图，应把采暖平面图和轴测图结合起来阅读。

3）采暖详图包括标准图和非标准图，采暖设备的安装都要采用标准图，个别的还要绘制详图。标准图包括散热器的连接、膨胀水箱的制作和安装、集气罐的制作和连接、补偿器和疏水器的安装、入口装置等。非标准图是指供暖施工平面图及轴测图中表示不清而又无标准图的节点图、零件图。

31. 如何看电气施工图？

电气施工图是电气施工的主要依据，它是根据国家颁布的有关电气技术标准和通用图形符号绘制的。

识别国家颁布的和通用的各种电气元件的图形符号，掌握建筑物内的供电方式和各种配线方式，了解电气施工图的组成是进行电气安装施工的前提。

电气施工图一般由首页、电气外线总平面图、电气平面图、电气系统图、设备布置图、电气原理接线图和详图等组成。

1）首页。首页的内容有图样目录、图例、设备明细表和施工说明等。小型电气工程施工图图样较少，首页的内容一般并入到平面图或系统图内以作简要说明。

2）电气外线总平面图。电气外线总平面图是根据建筑总平面图绘制的变电所、架空线路或地下电缆位置并注明有关施工方法的图样。

3）电气平面图。电气平面图是表示各种电气设备与线路平面布置的图样，它是电气安装的重要依据。

4）电气系统图。电气系统图是概括整个工程或其中某一工程的供电方案与供电方式并用单线连结形式表示线路的图样。它比较集中地反映了电气工程的规模。

5）设备布置图。设备布置图是表示各种电气设备的平面与空间的位置、安装方式及其相互关系的图样。

6）电气原理接线图（或称控制原理图）。电气原理接线图是表示某一具体设备或系统的电气工作原理图。

7）详图。详图亦称大样图。详图一般采用标准图，主要表明线路敷设、灯具、电器安装及防雷接地、配电箱（板）制作和安装的详细做法和要求。

电气平面图是电气安装的重要依据，它是将同一层内不同高度的电器设备及线路都投影到同一平面上来表示的。

平面图一般包括变配电平面图、动力平面图、照明平面图、防雷接地平面图及弱电（电话、广播）平面图等。照明平面图实际就是在建筑施工平面图上绘出的电气照明分布图，图上标有电源实际进线的位置、规格、穿线管径，配电箱的位置，配电线路的走向，干支线的编号、敷设方法，开关、插座、照明器具的种类、型号、规格、安装方式和位置等。一般照明线路走向是电源从建筑物某处进户后，经总配电箱和分配电箱，由干线、支线连接起来，通向各用电设备。其中干线是由外线引入总配电箱及由总配电箱到分配电箱的连接线，支线是自分配电箱引至各用电设备的导线。

电气系统图分为电力系统图、照明系统图和弱电（电话、广播等）系统图。电气系统图上标有整个建筑物内的配电系统和容量分配情况、配电装置、导线型号、截面、敷设方式及管径等。

电气安装工程的局部安装大样、配件构造等均要用电气详图表示出来才能施工。一般施工图不绘制电气详图，电气详图与一些具体工程的做法均参考标准图或通用图册施工。有些设计单位为避免重复做图，提高设计速度，还自行编绘了通用图集供安装施工使用。

32. 绘图的基本规范有哪些？

（1）图样幅面　为了便于图样的装订、保管和合理利用，图样的幅面及图框尺寸、格式，应符合最新《房屋建筑制图统一标准》（GB 50001—2001）的规定。图样以短边为垂直边的图样称为横式，以短边为水平边的图样称为立式。一般情况下 A0～A3 图样宜横式使用，必要时也可采用立式。

图样的短边不可以加长，长边可以加长，但要符合《房屋建筑制图统一标准》（GB 50001—2001）的相关规定。见表 2-1。

表 2-1　图样尺寸规定　　（单位：mm）

幅面代号	A0	A1	A2	A3	A4
尺寸 $B\times L$	841×1189	594×841	420×594	297×420	210×297
a	25				
c	10			5	
e	20		10		

（2）标题栏和会签栏　装饰工程图样上应该有设计单位名称、工程名称、图名、图号、设计号及设计人、审批人的签名和

日期等，把这些信息集中列表放置在图样的右下角，成为标题栏，标题栏的位置如图 2-22 所示。

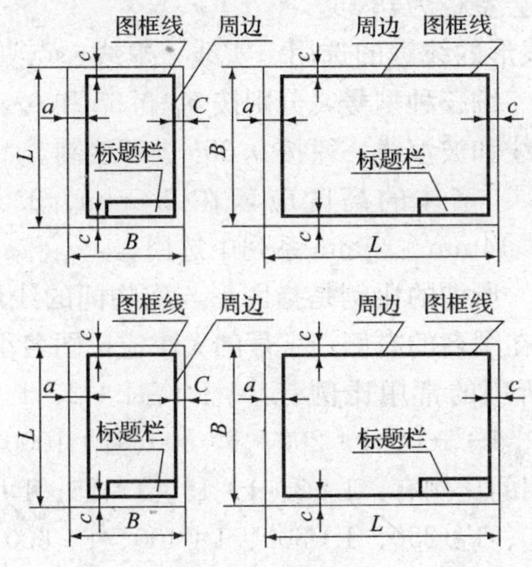

图 2-22 标题栏

标题栏的长边的长度应为 180mm，短边的长度应该为 40mm、30mm、50mm。标题栏应按图示的格式分区。涉外工程的标题栏内，各主要内容的中文下方应该配置英文译文，在设计单位名称的上方应该加“中华人民共和国”字样。

会签栏尺寸应为 75mm×20mm，栏内应填写会签人所代表的专业、姓名、日期（年月日）。如果一个会签栏不够，可以另加一个，并列放置。不要会签的图样可以不放会签栏。

（3）图线　图样的宽度 b，应该从下列线宽系列中选取：0.18、0.25、0.35、0.5、0.7、1.0、1.4、2.0。每张图样应该根据复杂程度和比例大小，先确定基本线宽 b，再选用适当的线宽组（b、$0.5b$、$0.35b$）。在同一张图样内，相同比例的图样应该采用相同的线宽组。

1）图框、标题栏线的宽度

① A0、A1 幅面：图框线为 1.4；标题栏线宽为 0.7；标题

栏格线及会签栏为 0.35。

② A2、A3、A4 幅面：图框线为 1.0；标题栏线宽为 0.7；标题栏格线及会签栏为 0.35。

2）各种线形的线宽的选用。实线、虚线、点划线和双点划线分为粗、中、细三种型号，分别按 b、0.5b 和 0.35b 的比例进行选取，而折线和波浪线一律按 0.35b 进行绘制。

（4）字体　字体的高度应该在 2.5mm、3.5mm、5mm、7mm、10mm、14mm、20mm 系列中选用。

（5）比例　所谓的比例是指图形与实物间的线形尺寸之比，比例应该注写在图名的右侧，字号的大小应比图名小一号。

1）绘图所用的常用比例有：1∶1、1∶2、1∶5、1∶10、1∶20、1∶30、1∶100、1∶200、1∶500、1∶1000 等。

2）可选用的比例有：1∶3、1∶15、1∶25、1∶30、1∶40、1∶60、1∶150、1∶250、1∶300、1∶400、1∶600 等。

（6）尺寸标注

1）图样上的尺寸应包括尺寸界线、尺寸线、尺寸起止符号和尺寸数字。尺寸的组成如图 2-23 所示。

图 2-23　尺寸的组成

① 尺寸界线应用细实线绘制，一般与被注的长度垂直，其一端与被注轮廓线不小于 2mm，另一端超出尺寸线 2～3mm。

② 尺寸线用细实线绘制，尺寸线应与被注长度平行，任何图线都不能作为尺寸线使用。

③ 尺寸起止符用中粗短线绘制，其倾斜防线与尺寸线顺时针成45°，长度应为2～3mm。半径、直径、角度和弧长的尺寸起止符宜用箭头来表示，如图2-24所示。

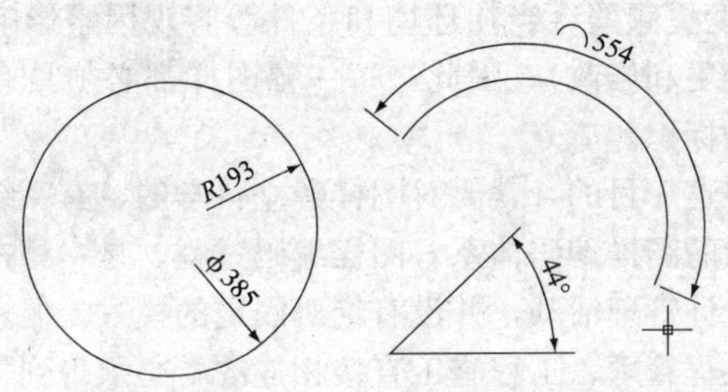

图2-24 尺寸起止符

2）尺寸数字。图样上的尺寸应以数字为主，不得从图上直接量取数字。尺寸单位除标高和总平面图以米为单位外，其余均为毫米。

3）尺寸的排列与布置。尺寸宜标注在图样的轮廓线以外，不宜与图线、文字、符号相交。图线不得穿过尺寸数字，不可避免时，应将图线在尺寸的数字处断开。小尺寸离图线轮廓较近，大尺寸离图线的轮廓较远，尺寸线离轮廓线的距离不宜小于10mm，平行排列的尺寸线的距离宜为8～10mm。

4）半径、直径和球的尺寸标注。半径的尺寸数字前应加"*R*"，直径尺寸数字前加"*ϕ*"，球的半径尺寸数字前加"*SR*"，球的直径尺寸数字前加"*Sϕ*"。

有关尺寸设置的细节在相关的软件中都作了规范性的设置，这里就不多说了。

33. 装饰图样如何进行编码?

室内设计的技术文件，是室内装饰工程的根源和核心。它担负起表达设计内容、指导施工生产、组织产品配套、进行经济核算的任务。

一套完整的设计图样，应该具有很强的系统性和逻辑性。由于在室内设计中，涉及的系统众多（如土建、装饰、电气、给排水、空调、智能照明、音效、家具、艺术品、陈设配套用品、专业配套等），图样数量多（每个专业都要具备一套完整的设计图样），图样变更频繁（当在环境和条件等客观因素影响下，会对图样进行变更和修改）；因此，每一幅图样都必须具有易于辨别的和唯一的标识。

要实现这一目的，就要对图样建立科学的、有系统的、方便检索和管理的图样编码体系。图样编码过程，是一种在主观意识支配下的设计管理活动，并没有绝对固定的模式。但它却是与项目经营和工程管理、工程施工直接相连的，必须得到工程实施中各个环节的理解和认同。图样编码的恰当与否，会直接影响工程的成败和管理的效率。因此，图样编码必须具有科学性、合理性和符合性。

图样编码一般由8～12位阿拉伯数字和拼音字母组成，它包括主码、专业码、分项码、流水码等，分述如下：

（1）主码　它是表达本项目的标识，一般用项目名称简称的第一个大写拼音字母，在编码的前2位表示。如“娱乐城装饰工程”表示为“YLC”，即取能代表项目特征的字的首位拼音字母表示。

（2）专业码　表达设计专业序号和设计专业，一般在主码后，用1～2位阿拉伯数字和大写拼音字母组成，数字表示专业排序，字母表示所属专业。

室内设计工程一般包含专业有：装饰工程，用字母“Z”表示；电气工程，用字母“D”表示；给排水工程，用字母“G”表示；空调工程，用字母“K”表示；消防工程，用字母“X”表示；家具配套，用“J”表示；装饰陈设品，用“C”表示；通用设计，用字母“T”表示等（本表示如与国家相关规范有抵触，则按国家有关规范执行）。

如“娱乐城装饰专业设计”表示为“YLC1Z”，即代表排序为第一的装饰工程设计专业。

(3) 分项码　表示分项工程的编码，一般在专业码后，用2～4位阿拉伯数字组成，表示图样所反映的分项工程位置。

如“娱乐城装饰工程装饰专业第五层排序第八的办公室设计”表示为“YLC1Z0508”，即表示为第五层排序第八的分项设计。

(4) 流水码　表示本图样在项目或分项中的排序，它具有图样标识的唯一性。流水码一般排在编码的最后，用2～3位阿拉伯数字按图样设计内容的先后顺序组成。

如“娱乐城装饰工程装饰专业第五层排序第八的办公室图样排序第4的A立面设计（它之前的三幅图样分别是平面配置图、顶棚平面图、装饰平面图）”表示为“YLVC1Z050804”，即表示为在本分项中排序第4的图样。这就是这幅图样的唯一编码和它的标识。

总之，图样编码的设计必须能满足易于辨识、容易检索、条理清晰、调整方便的目的。同时，要兼顾到使用的特点和普遍的使用习惯，做到简繁就简。现在，计算机技术的应用在设计领域已非常普遍，图样的编码设计更要利用计算机的编码、排序等管理技术进行编码管理。

第3章

室内表现美术基础

1. 为什么室内设计表现需要美术基础？

室内设计表现就是设计者通过一种形象的手法把设计的内涵、施工内容和施工方法表现给用户。表现方法可以是效果图（电脑效果图、手绘效果图和现场所绘制的各种草图）、各种施工图（电脑绘制的和手绘的施工图）等。而设计本身更是和美术密不可分，因为设计本身就是用美学原则来整合室内环境中报包含的各种元素的过程。

设计的结果表现为上面提到的各种结果文件，所以设计的结果文件是一个设计任务最直接的载体，人们总是首先通过研读设计文件来获得对一项设计任务最初的印象和评价。这种评价一般来自于两个方面：

1）通过对效果图的识读来获得对空间的整体印象。这种整体印象包括室内装饰的风格、空间的结构及组合形式、装饰材料的运用及色彩的搭配情况、灯光的配置和使用效果情况以及各种装饰结构与整体空间的配合情况等。也就是说效果图给人的总体印象主要是从审美的角度去刺激用户的大脑的，所以一张效果图给人的美学角度的好与坏直接影响着客户对方案的认可程度。对于大多数的用户来说，由于他们对有关装饰的专业方面的知识比较有限，所以他们更习惯和愿意从比较形象的效果图（或其他方式，比如模型、动画片等，其作用与效果图时一样的）中来了解和认同一个设计，所以说设计结果文件的美学含量对于一个设计方案来说是至关重要。

设计结果文件的好与坏通常也取决于两方面的因素：

① 设计师本身的美术修养。设计和表现有的时候是合在一起的，有的时候是分开的。无论是那种情况，设计任务本身都对设计师有很高的美术修养要求，没有很高的美术修养就不可能去按着美学原理组织身边的事物，当然也就不可能有好的设计结果。

② 表现者的美术修养。现在大多数情况下，设计和表现是分开进行的，这就造成了人们一种不正确的习惯思维，那就是只要是按着设计师的思路把图画好就完成了，于是那些表现大师便专注于研究各种表现技法（电脑的和非电脑的），而忽视了自己的美术修养。这种想法是相当错误的，只有理解到表现本身是一个对设计的二次创作的过程，才能做好设计。这个过程包含了对设计师的设计进行审核和修正，检验设计师的思路的最后完成的视觉效果，以及对设计师的思路的完美表现等内容。而对于功能上的问题则应当是设计师考虑的范畴。如果这过程缺乏扎实的美术基础就不可能正确地理解设计师的表现意图，更谈不上完美的表现了。

2）通过施工图获得设计在使用功能上的信息，设计的功能要求是否合理，客户一般是通过研读设计部门所提供的各种施工图样来完成的。

首先各种施工图随着表现手段的丰富表现方式也在多样化，例如现在很多平面图的表现不再拘泥于黑白的线条表现，为了能够吸引客户的目光，现在出现了彩色平面图，或称平面效果图，这种图的表现离不开美术功底。另外，一般的黑白施工图也存在着布局合理、美观大方等一系列最基本的审美要求。

除了上边提到的两点以外，一个设计的结果文件最后常常要装订成标书提供给客户，标书的设计和制作要求制作者有很高的设计功底和美术基础素质，制作完美的标书标志着一个公司的设计水平和设计能力。

综上所述，室内设计表现就是一个利用设计者或绘图人员利用自己所掌握的美术知识进行再创作的过程，缺少了美术知识就不可能看到一个很好的设计表现结果，所以室内设计表现离不开美术知识。

2. 表现室内设计应该学习哪些美术知识？

室内设计表现目前有脱离设计而单独成为一个行业的趋势，由此可以看出室内设计表现的重要性。有针对性地学习和室内设计表现相关的美术基础知识有利于快速提高室内设计表现的方法和速度，为了回答这个问题我们还是从室内设计的表现形式谈起。

为了向客户展示设计师的设计内容，设计师的设计最终总要转化为设计文件，设计文件有多重表现的形式，现在以效果图表现为例来说明这个问题。

室内效果图是指用手绘或电脑工具把所设计的空间的装饰效果用三维透视图的方式表现出来。它的特点是能够在图样上大体的表现出空间结构的总体感觉、灯光的设置及照明效果、装饰材料的运用情况以及相关的装饰结构的外观情况，所以室内效果图能对空间及装饰效果一个直观的感受，这样的效果图更容易被客户接受。

判定一张效果图好与坏可以从以下几个方面去考虑：

（1）图面效果　效果图除了表现室内设计的内容以外，当人们接触到一张效果图时，它呈现在客户面前的首先是一幅美术作品。因此画面效果处理的好坏程度直接影响到客户的观赏兴趣和进一步观看和研究图样的兴趣。从这个角度看，图面效果的处理是很重要的。

一张效果图的图面效果表现在：第一，画面的构图是否合理；第二，色彩的运用是否和谐；第三，画面的对比度是否得当。

为了能够把效果图的图面效果做得更好，必须具备以下几方面的美术基础知识：

1）色彩方面的知识。色彩方面的知识不仅是室内设计表现人员应该掌握的知识，也是任何与美术相关的专业的从业人员必须掌握的知识。然而对于各个不同的专业其所应该掌握的侧重点也有所不同。对于室内设计表现人员来讲，色彩的调和是应该重点掌握的内容。应用在效果图制作上就是画面的色彩搭配，色彩的对比是色彩协调的一种方式。

2）构图基本知识。构图的基本主要是从画面元素的结构布置方面去考虑使画面能够服从于所要表达的主题，做到视觉角度合理、重点表现突出、画面各元素布置均衡等。

3）对比度。这里所说的对比度不是指色彩间的对比效果，而是整个画面的明暗对比效果，即假设把效果图的色彩去掉所产生的黑白图片的明暗对比效果。

（2）设计本身的需求　有的时候设计和表现很难严格的划分，其原因是：一方面表现的结果要服从设计师的设计思想；另一方面设计和表现在很多情况下是由一个人来完成的。这里暂且把这两个过程分开来说明。

一个设计师在整个的设计过程中涉及了很多美术方面的知识需求，现在就从室内设计本身的过程来分析一下：

1）平面布局的划分。平面布局的划分从字面上看它是一个二维的图形，而这是错误的。平面布局的划分实质是一个空间划分的过程，过程本身就是一个三维的立体构成的过程。我们经常会遇见这样的一些情况，一个非常好看的平面布置图最后装饰出来的空间效果不一定是美的或者合理的。所以在平面划分的时候要求设计师有很强的三维构成能力，即立体构成的能力。而这些除了在实践中积累经验外，掌握有关立体构成方面的美术知识对设计师来讲很重要。

有很多设计师对立体构成和室内设计之间的关系理解较为模糊，认为立体构成与室内设计没有什么关系，其实不然。其表现在两个方面：一方面立体构成的知识会培养一种空间构成的基本能力和素质，这种基本素质在潜移默化中能帮助我们去正确构成空间的形式；另一方面，立体构成的知识直接指导我们的室内设计过程，比如在做一个电视背景墙的时候，就可以直接利用立体构成的基本原理构建背景墙的形式等。

2）室内色彩。室内色彩设计是室内设计的一项重要的任务。可以想象，当人们进入一个装饰好的空间的时候，首先给人第一感觉的是空间结构，第二给人感觉的就是色彩，其次才是其他的细节给人的感受。对于生活在空间中的人们来说色彩与其生活和健康的影响更是不能忽视，色彩的重要性可见一斑。而色彩的组织和运用完全取决于设计师本身对色彩方面知识的了解和感受，因此学习色彩方面的美术知识是室内设计师所必须的。

3）界面的设计。界面设计具体表现在顶棚、地面和四周墙面的设计，其关系为整体协调下的个性化表现。例如电视背景墙面的设计，以整个墙面的装饰为基础，我们要考虑的问题应该是电视背景占整体墙面的比例以及电视背景造型内部各种不同材质的布置及比例大小，然后再考虑电视背景墙以外装饰件的布置问题。这些问题的考虑除了遵循上面所提到的立体构成的要素外，主要依据的是单个平面内的各种装饰元素的布置原则，而这些原则是平面构成所研究的内容，由此看来平面构成和立体构成同样都是室内设计师应该学习和掌握的内容。

（3）手绘表现的特殊要求　手绘表现是一种比较传统的以绘画的形式来表达室内设计的一种传统的方式。近年来随着电脑表现技法的不断进步，手绘效果图的表现方式所占的比例在减少，但是随着时间的推移，电脑表现给室内设计行业带来的弊端也逐渐地呈现出来。比如电脑表现的参数化设计使得很多设计师很快的就能“设计”出一张室内效果图，这就导致了很多设计师忽略了美术基础知识的学习和深造的必要性，其结果就是自己的生命力减弱，到了一定的阶段就会被淘汰或转行。在这种情况下很多设计师开始意识到基础美术知识的重要性，并逐渐地开始学习手绘表现方式。

要学好手绘表现方式除了上面提到的一些基本知识外还要学习素描、快速表现方式以及其他的表现技法等。

3. 什么是物体的色彩？

色彩就是物体所呈现的颜色。当晚间关灯的时候，我们会觉得漆黑一片，什么也看不见，这说明没有光我们是没有办法观察到物体的颜色的，只有在光照的条件下物体才能够呈现出五颜六色。物理学的研究告诉我们色彩本身就是光，而光是具有一定波长的电磁波，当这些波长的电磁波反射到人的眼睛中时，就在大脑中产生了光的感觉。

不能发光的物体就产生不了电磁波，也就产生不了色彩的感觉，因此我们不能在黑暗的房间里观察到物体的色彩。那么为什么一种颜色的灯光照射下物体会产生不同的颜色呢？因为所有的物体都有吸收和放射光的能力，我们所看到的色彩是物体反射的那部分光线，不同物体吸收光和放射光的能力不同。因此，尽管是在同一种颜色的灯光的照射下，不同的物体也会产生不同的颜色。

现实生活中我们所观察到的物体的色彩是一种复合光的效果。大自然中的物体（也包括我们的室内设计所接触到的物体）的色彩一般包括以下几个组成部分：

1）物体的固有色。物体的固有色指在理想的状态下吸收白光照射时所呈现的颜色。

2）环境色彩。物体所处的环境中的其他物体放射出的色彩对该物体的影响效果。例如放在红色的墙面附近的白色物体会呈现红色的感觉，就是因为红色墙反射出的红色光线照射到物体上所产生的效果。而在室外的物体，比如在远处看一个建筑物，会由于受到天空色的影响而带上淡淡的蓝色。

按实际情况我们可以把物体分为两类：一类是可发光物体，一类是不可发光的物体，可发光的物体我们称其为光源。从色彩学的角度我们可以把物体的色彩分为以下几个类别：

1）光源色。能够发光的物体所产生的光色。

2）物体色。物体在接受光线的照射后，吸收部分光线的颜色，反射其余部分光线的颜色。

3）透明色。透明物体滤掉光源色中的部分光色后，呈现的其余部分光色。

4）复合光。一个物体并非只反射或透过光谱中的一种或两种色光，只是我们所感受到的是色彩的反射或透过出来的某种较多的色光，而其他的色光也会有微量的反射，因此各种物体所产生的颜色，是非单纯颜色的光，它是经“复合”的方式反射或透过的。

色彩的客观呈现，其决定性的因素是非常复杂的，主要原因有：

1）物体的物理性质。

2）光源光线的性质。

3）物体分子的结构。

4）物体表面现象，如光滑、粗糙等影响光的折射、反射、透射程度。

5）观看时的心理因素。

所以当看到物体的色彩时，绝不能简单的断定物体本身就是这种颜色，室内设计中色彩的运用正是综合利用了上面的这些因素的结果。

比如当设计师要在墙面上设计一块红色的装饰物时（暂且忽略物件本身的结构特征），首先确定的是这一装饰物想要给人们的具体的色彩感受，我们可以预期一个装饰后的色彩，有了这个预期的色彩之后就会考虑上面提到的各种因素。首先看材料的物理性质，红色的材料很多种，可以是红布，可以是红色的壁纸，可以是红色的金属，也可以是红色的木材。由于其质地的不同，就会对周围的光线产生不同的反应从而形成不同的效果。红色的金属板表面比较光滑，反光强烈，给人一种冷艳的感觉，而红色的丝绸却会给人一种柔和、温情、热烈的感觉。不同的光照情况也会对红色产生微妙的影响，如果室内进入的光比较多，会使这块红色的装饰带上一点蓝色。除此而外还要考虑周围的物体对这块红色的影响，首先是室内大面积色彩的反射，会使红色带上这种颜色的反射余晖。还有就是灯光的作用会对所设置的红色装饰物产生影响。

总之，物体的色彩是多种光复合作用的结果。因此我们在进行室内设计和表现时，一定要综合考虑各种因素，以便能正确的用所期待的色彩来表达完美。

4. 手绘表现和电脑表现中的色彩有什么不同?

室内设计表现（这里指效果图表现）主要分为手绘表现和电脑表现两种表现方式，在色彩运用上是两个不同的系统。手绘表现中的色彩是通过画在纸上的颜料形成的，这与上面提到的物体色彩的原理是一样的，色彩的表象取决于色彩的混合方法和混合原理。而电脑色彩的形成过程则完全不同，它不是通过物体的反射形成的，而是光的直接混合形成的，其原理和颜料和混合原理有着截然的不同。

为了更好的说明这个问题，现从色彩的三原色说起。

（1）光的三原色　光的三原色是 RGB（红、绿、蓝）。如电脑的监视器就是利用光的三原色合成原理制成的，由于其像素点太小，肉眼很难分辨出来。RGB 这三种颜色的组合，几乎形成了所有的颜色，如图 3-1 所示。

补色指完全不含另一种颜色，红和绿混合成黄色，因为完全不含蓝色，所以黄色就是蓝色的补色。两个等量补色混合也形成白色。

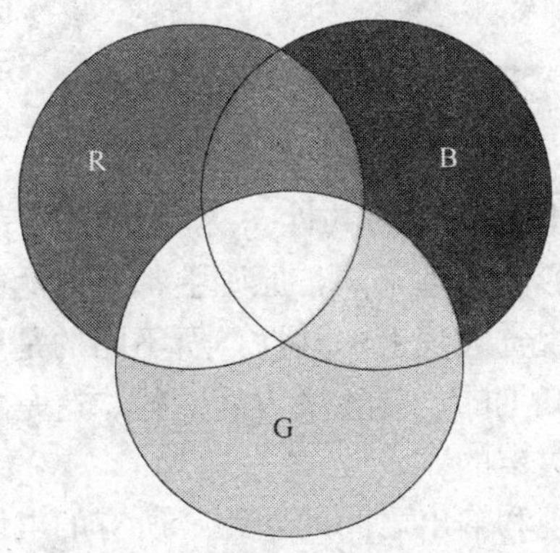

图 3-1　光的三原色

（2）颜料的三原色　手绘作品的颜色，实际上都是看到的纸张涂颜料以后反射的光线，比如在画画的时候调颜色，也要用这种组合。颜料是吸收光线，而不是光线的叠加。因此颜料的三原色就是能够吸收 RGB 的颜色，为青、品、黄（CMY），它们就是 RGB 的补色。颜料的三原色如图 3-2 所示。

把黄色颜料和青色颜料混合起来，因为黄色颜料吸收蓝光，青色颜料吸收红光，因此只有绿色光反射出来，这就是黄色颜料加上青色颜料形成绿色的道理。

了解了两种系统的色彩及混合的原理后，需要了解在进行室内设计表现时应注意的问题。

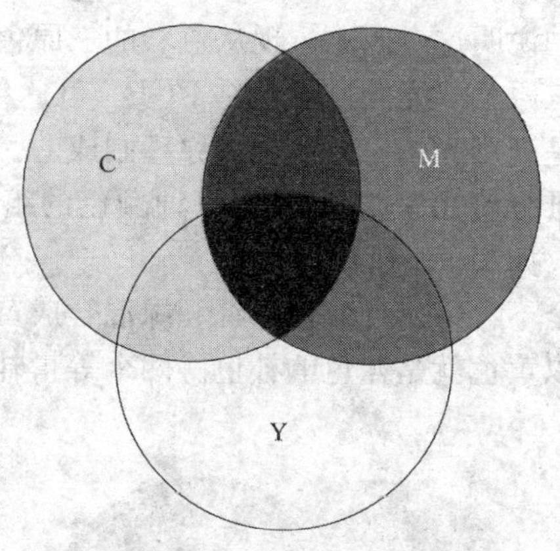

图 3-2　颜料的三原色

（1）手绘和电脑表现的共性　无论是电脑表现还是手绘表现，尽管形成色彩的原理不同，原则上都可以达到相同的视觉效果。这是它们在视觉表现上的共性，所不同的是电脑中所观察到的色彩比手绘在纸上的色彩纯度更高一些，这是由于颜料的性质和纸张的性质所决定的。

（2）电脑表现和输出之间的差距　所有的电脑效果图最终都要打印输出，也就是要打印在纸上。这个从电脑色彩转换到纸上的色彩的过程，形成色彩的差别虽然不是很大，但是在原理上却发生了本质的变化。打印出图时，色彩形成的原理和手绘涂色的原理基本上是一致的。这就会因为打印介质的不同和颜料的不同而出现和电脑色彩的差异，也有可能因为显示器的质量好坏而形成色彩的差异。它不像手绘有“所见即所得的”的特点，所以要得到一个良好的打印输出效果必须选择好的打印输出设备，并针对打印设备对显示器进行适当的调整，做到“所见即所得的”。

（3）手绘色彩的控制　手绘的色彩取决于我们所用的纸张的基本色调和基本物理性质。相同的颜料涂在不同的纸张上会得到不同的效果，同时相同的纸张用不同质量的颜料也会得到不同的效果。所以进行手绘表现时一定要熟悉各种表现介质和颜料的“习性”，做到心中有数，这样才能充分表现设计师所需要的意图。

5. 色彩在室内表现中的作用有哪些？

室内设计表现中的色彩设计是很关键的因素。当开始一张效果图的制作时，首先要建立空间和结构的模型（对手绘来讲是勾绘出空间的轮廓和结构的构架），然后就要对室内的色彩进行分析和考虑，以便正确的表达设计师的思想。

没有人能够完全凭想象把室内设计的最终效果描述得淋漓尽致，因此室内设计表现除了遵循设计师的原设计意图外，还要对室内设计师的原设计的思想进行核对和完善，这才是室内表现人员真正应该做的事情。色彩的表现当然也不例外。

一张效果图中的影响色彩最终效果的因素如下：

（1）电脑效果图　对于电脑效果图的表现最终的灯光效果取决于以下几个方面：

1）线性扫描渲染方法。室内效果图的渲染方法分有两种，其中一种就是线性扫描，线性扫描得到的结果是模拟效果，模拟效果的含义与手绘的大体思路相当，只是用电脑工具代替手绘工具而已，而要得到良好的最终效果，很重要的一个因素是对灯光的运用和对场景最终效果的把握程度，例如，如果不知道一个200W的灯泡在一个特定的空间里的具体照明效果，是无法进行正确的表现的，也就是这种方法完全是对最后的场景进行模拟，而不是真实的计算。

2）光能传递渲染方式。光能传递渲染方式源于对于光照系统对真实照明效果的运算模拟。这种计算与实际的效果有偏差但不太大，而且还对物体受周围环境光的影响进行了合理的考虑和计算，只要设定相关的参数，就能得到一个良好的渲染效果，且可以不必去想象最终的效果究竟如何。这时候最终的色彩取决于灯光的参数的设置、材质参数的设置、环境光的设置和渲染参数的设置。

（2）手绘效果图　影响手绘效果图的色彩的因素与电脑效果图相比有着很大的差别，除了考虑一些结构性的因素外，上色的过程以及表现者对色彩的理解对最终的表现效果有很大的影响。手绘效果图不可能对实际情况进行真实的模拟，所以不能以真实的装饰效果来衡量一个手绘作品的好坏。由于它是基于艺术表现基础之上的，所以带有很大的示意性和艺术夸张的效果。即便是写实性的手绘效果图也很难做到对真实效果的准确模仿。所以手绘效果图的色彩与表现者本人的主观因素有很大的关系。

除了上面的两点与操作性有关的因素以外，色彩的对表现结果的形象还有其他的几个方面，这些因素同时也和设计师本身的设计有关。

色彩对于室内设计表现的作用有以下几个方面：

1）决定空间的情调或气氛。

2）吸引或转移视线。

3）调节空间，使其产生更大或更小的感觉。

4）隔断和划分空间。

5）连结空间或令其和谐统一。

在进行室内设计表现的时候，我们可用以上几个问题与设计师进行沟通和核对，以便更合理、更准确地表达设计师的意图。

6. 室内色彩的表现应注意哪些问题？

（1）色彩的相互作用　色彩的选用一定要考虑邻近的其他色

彩及其空间的材料。这就要求认真研究使用色彩的整个环境。相邻的色彩之间相互影响很大，因此，预先熟识并能有效地利用色彩的相互作用是很重要的。

这些作用表现在以下几个方面：

1）环境色的作用。环境色是指面积比较大或者对室内气氛影响比较大的光源，比如大面积墙面、灯光的色彩、天光和太阳对室内气氛的影响。很多效果图和设计的结果有很大的差别就是因为忽略了这些环境色的作用或者没有将这些环境色表现到位。直射的太阳光会使物体变暖，而没有太阳直射的地方，虽然天光很亮，却常常被赋予了寒冷的气氛，对于灯光的影响则来得更直接。

2）色彩的对比作用。淡色往往是不鲜艳的，但与另一种对比色在一起，淡色就会变得活泼而纯度亦会增强。如果使用电脑来表现，只能使用光能传递的方法进行渲染。因为采用一般的渲染方法，软件并不能自动考虑色彩的相互作用和影响，我们要用补光的方式进行模拟处理，不然效果图就会显得很生硬，并且与实际情况有差异。

（2）色彩的层次与比例　各种色彩放在一起时，暖色就会显得鲜艳，冷色则会显得暗淡。色彩比例相同时尤其是这样。事实上暖色会激发眼睛产生不同的“生理”反射，而冷色则不然，这就说明了为什么暖色会显得比较突出。暖色还可以引发较强的“心理”反应：红色、橙色和黄色较醒目，令人兴奋；相比之下，蓝色、绿色和紫色则较柔和，令人安详。

1）纯的色彩有前进感，是主导色。同样的色彩淡化或灰色调就有会后退感。因为视线往往会被强度较大的色彩所吸引。

2）浅色的色彩有前进感，是主导色，而暗色则有后退感。这是因为明度浅的色彩折射较多的光线，使色彩更光艳，吸引视线。

了解了这些基本性的知识以后，就对室内设计的色彩表现有了个基本的认识。在进行表达之前就要充分了解设计师的设计思路和设计理念，然后再利用这些常识和各种手段把设计师的设计完美地表达出来。

（3）色彩的比例　最强的红色当成加强色彩，用量最少。深绿色次强，用量稍微大些。柔和的桃红色是主调，使用面积最大。

小块的色彩样本，不管其色彩多么精确，总会有偏差的。从几英寸的小样本选择某种颜色，是很难想象其用在大面积时的效果的。色彩的使用面积越大，就显得越强。如在小片上涂上一点淡紫色看上去很像灰色，当用在整个房间，其效果就变成暗紫色了。如果没有把握，就选择稍淡一点的色彩，特别是用量大的时候。

为了避免表现上的差错，一定要尽量参考最大的色样来设计。最好能用小面积试一试这种色彩。一定要在使用该色彩的地方试色样，看其效果如何。

7. 色彩是如何进行分类的？

丰富多样的颜色可以分成两个大类：无彩色系和有彩色系。

（1）无彩色系　无彩色系是指白色、黑色和由白色黑色调和形成的各种深浅不同的灰色。无彩色按照一定的变化规律，可以排成一个系列，由白色渐变到浅灰、中灰、深灰到黑色，色度学上称此为黑白系列。黑白系列中由白到黑的变化，可以用一条垂直轴表示，一端为白，一端为黑，中间有各种过渡的灰色。纯白是理想的完全反射的物体，纯黑是理想的完全吸收的物体。可是在现实生活中并不存在纯白与纯黑的物体，颜料中采用的锌白和铅白只能接近纯白，煤黑只能接近纯黑。

无彩色系的颜色只有一种基本性质——明度。它们不具备色相和纯度的性质，也就是说它们的色相与纯度在理论上都等于零。色彩的明度可用黑白度来表示，愈接近白色，明度愈高；愈接近黑色，明度愈低。无彩色系如图 3-3 所示。

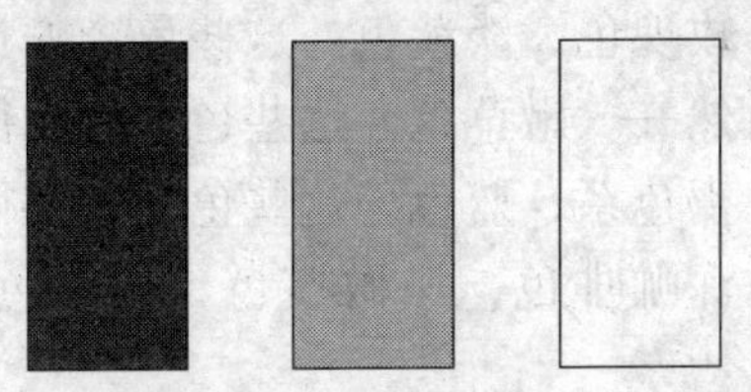

图 3-3 无彩色系

(2) 有彩色系（简称彩色系）彩色是指红、橙、黄、绿、青、蓝、紫等颜色。不同明度和纯度的红、橙、黄、绿、青、蓝、紫色调都属于有彩色系。有彩色是由光的波长和振幅决定的，波长决定色相，振幅决定色调。有彩色系如图 3-4 所示。

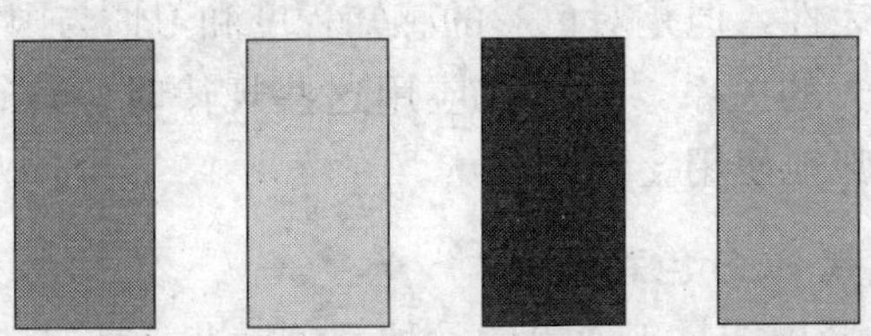

图 3-4 有彩色系

另外根据颜色对人心理的影响，颜色分为暖、冷两类色调。把以红、黄为主的色彩称为暖色调。把蓝、绿为主的颜色称为冷色调。

知道了色彩的分类的基础知识后，进行室内设计表现时就可以有针对性地进行色彩的控制。

色彩可综合分为 12 个色系：

1）漂亮——亮粉红色、奶油色。这些色令人觉得可爱、天真。

2）轻快——原色、黄色、橙色。这些色令人觉得轻松、快活。

3）充满生气——红色。这些色令人觉得强烈、大胆。

4）罗曼蒂克——柔和的粉红色系。这些色令人觉得浪漫。

5）暖和、自然——米色系。这些色令人觉得温柔、朴素。

6）优美——玫瑰色、淡紫色。这些色令人觉得雅致、优美。

7）清爽、自然——嫩草色。这些色令人觉得淡雅、爽快。

8）时髦——褐色系、蓝色。这些色令人觉得素雅、漂亮。

9）典雅——深咖啡色、深橄榄色。这些色令人觉得稳重、沉着。

10）清澈——淡蓝色系。这些色令人觉得朴素、爽快。

11）清爽、轻快——原色、蓝色、绿色。这些色令人觉得轻松、舒爽。

12）摩登——深蓝、黑色。这些色令人觉得平静、忧郁。

这些都是从人感受色彩的结果的角度来区分的，这些结论具有一定的代表性，但是对色彩的感知程度和习惯与国家、民族和地域有着很大的关系，所以在应用这些规律时应该首先分清对象，不能一味地使用。

8. 什么是RGB色彩模式？

RGB色彩模式是工业界的一种颜色标准，是通过对红（R）、绿（G）、蓝（B）三个颜色通道的变化以及它们相互之间的叠加来得到各式各样的颜色的，RGB即是代表红、绿、蓝三个通道的颜色，这个标准几乎包括了人类视力所能感知的所有颜色，是目前运用最广的颜色系统之一。

电脑显示器大都是采用了RGB颜色标准。在显示器上，是通过电子枪打在屏幕的红、绿、蓝三色发光极上来产生色彩的。目前的电脑一般都能显示32位颜色，约有一百万种以上的颜色。如果说它所显示的颜色还不能完全吻合自然界中的某种色彩的时，那已经几乎是我们肉眼所不能分辨出来的了。利用电脑进行室内设计表现时所观察到的颜色就是以这种方式显示的颜色，它和合成颜色的原理是加法混合，RGB是从颜色发光的原理来设计定的。

有色光可被无色光冲淡并变亮。如蓝色光与白光相遇，结果是产生更加明亮的浅蓝色光。知道它的混合原理后，在软件中设定颜色就容易理解了。

红、绿、蓝光线的叠加情况，中心三色最亮的叠加区为白色，加法混合的特点：越叠加越明亮。

红、绿、蓝三个颜色通道每种色各分为255阶亮度，在0时最弱，而在255时最亮。当三色数值相同时为无色彩的灰度色，而三色都为255时为最亮的白色，都为0时为黑色。

9. 色彩的属性是什么？

色相、明度和纯度是色彩的属性。

1）色相。是指不同色彩的相貌或区别不同色彩的名称。

2）明度。是指色彩的明暗程度，是同色光或颜色反射光的振幅强度所决定的。

3）纯度。即鲜艳度、饱和度或彩度，是指色彩的纯净程度。根据纯度的变化在实际工作中可运用的方法如下：

① 纯色＋白色——降低色彩的纯度，白色越多，纯度越低。在纯度降低的同时，色彩的明度也在提高，色彩的色性也逐渐偏冷。

② 纯色＋黑色——降低色彩的纯度，黑色越多，纯度越低。在纯度降低的同时，色彩的明度也在降低，使色彩的色性逐渐偏暖并推动光泽，变得沉着、幽暗。

③ 纯色＋纯灰色——降低色彩的纯度，所得到的色彩给人柔和、脂粉或软弱的感觉。

④ 纯色＋对比色或互补——降低色彩的纯度，同时得到具有色彩倾向的暗灰色，如再加入白色淡化产生的各种不同明度和微妙性格变化的浅灰色，更是引人入胜。

⑤ 纯色＋黑色或白色——产生的灰色叫清色。清色和味觉相关因素，有利于增加色彩的食欲感。

⑥ 纯色＋纯灰或对比色、互补色——产生的灰色称为浊色，这种色彩有柔软感，但缺乏色味的刺激，常用于女性化妆品包装或服装等的色彩上，所以又叫脂粉色。

10. 什么是色彩的感觉？

（1）色彩的温暖与寒冷　暖色的特性是波长较长、强度大，具有奋发、膨胀、兴奋、温馨、外向积极、重量感、前进感、刺激性、活跃、努力、主动等特点。冷色的特性是具有波长较短、弱度、消极、安静、松弛、幽深、沉着、内向、轻、后退、收缩感、思慕情调、冷漠、不安、沮丧、忧郁、平衡等特点。

（2）色彩的前进与后退　就是指色彩具有膨胀、凸出和退缩、凹陷的现象。色彩的光量是由反射光决定的，明亮的颜色反射光线强，使眼睛受光量大，就有前进的感觉；而暗色则相反。

（3）色彩的兴奋与冷静感　暖色具有较易引起心理的亢奋和积极性，属于兴奋色，其中以朱红色最具兴奋的作用，其他明度较高、纯度较高的颜色也都具有扇动性，倾向于兴奋色。冷色则相反，令人消极、沉静，属于冷静色，其中以蓝色最具清凉、沉静的作用。另外明度、纯度较低的颜色，也都偏向消极、镇静的作用，倾向于冷静色。

（4）色彩的轻与重感　明度较高的，纯度居中的色彩和针对性偏冷的色彩，给人的感觉是较轻的。反之，明度低，纯度极高或极低的色彩和色性偏暖的色彩，给人以较重的感觉。

（5）色彩的强与弱感　指色彩给人心理的刺激所造成的震撼力的强与弱。纯色是色彩饱和度最高的颜色，感觉鲜艳、醒目，震撼力大，属于强色。当色彩经过混色之后，饱和度降低，纯度下降，而趋于柔和。纯度越低，色彩强度越弱中，直接接近无彩色时，刺激性最弱，属于弱色。在色彩的明度上，一般明亮的颜色属于强色，而深暗的颜色属于弱色，而当其成并置关系时，明暗对比强的颜色属于强色，而明暗对比弱的颜色属于弱色。纯度对比强烈，为色相的补色对比，明度对比也极强，属于强色感觉，具有明快、强烈、兴奋、紧张不安等心理反应。纯度极低、明度对比极弱属于弱色感觉。弱色感觉使人产生放松、柔和、亲切等心理反应。

（6）色彩的柔软与坚硬感　色彩的柔软与坚硬主要与色彩的明度、纯度和针对性有关。明度不高不低，且对比较弱的色彩，纯度较低的色彩和色性偏暖的颜色，具有皮毛、绵线感，属于柔软色。明度极高和极低，且对双强烈的色彩，纯度极高的色彩和针对性偏冷的色彩，具有金属感，属于感觉坚硬的色彩。

（7）色彩的华丽与朴素感　这种感觉以纯度为主，也与明度和针对性有密切的关系。华丽的颜色，主要是纯度高、鲜艳、亮丽、色调活泼、强烈的颜色；明度较高且强烈对比的颜色；色性偏暖且强烈对比的颜色。朴素的颜色，必然是朴实无华、色彩较灰浊的低彩度颜色，经纯灰色最为典型，其明度较灰暗，色性偏冷时对比较弱。

（8）色彩的明朗与阴郁感　这种感觉主要以明度作用为主，同时也与纯度因素有关。明朗的色彩必然是明度高、对比较强的色彩以及偏纯且偏暖的色彩；阴郁的色彩则是明度较弱的、纯度低且色性偏冷的色彩。

（9）色彩的易视性见表3-1。

表3-1　色彩的易视性

易视性高的色彩										
高至低	1	2	3	4	5	6	7	8	9	10
底　色	黑	黄	黑	紫	紫	蓝	绿	白	黄	黄
图形色	黄	黑	白	黄	白	白	白	黑	绿	蓝
易视性低的色彩										
高至低	1	2	3	4	5	6	7	8	9	10
底　色	黄	白	红	红	黑	紫	灰	红	绿	黑
图形色	白	黄	绿	蓝	紫	黑	绿	紫	红	蓝

11. 音乐与色彩有何关系?

音乐和色彩都属于艺术范畴，不同的音乐和色彩也能给人不同的联想和感受，并给人一种思维的倾向，影响人的情绪。从给人产生的某种情绪的角度讲，音乐和色彩有着一种对应的关系，这种对应的关系不是绝对的，它和民族、地域和国家乃至个人的因素都有关系。音乐与色彩的关系如图 3-5 所示。

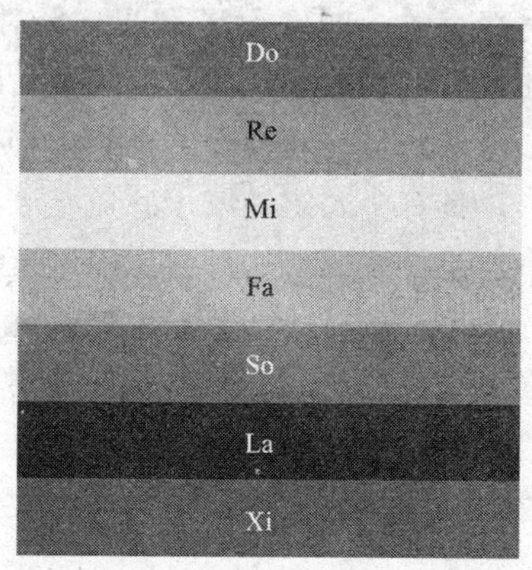

图 3-5 音乐与色彩的关系

1）红色是一种热情澎湃的声音，具有强烈、充实、浑厚、不安定感。

2）橙色是介于红黄之间，个性较温和，带有浑厚、不安定的特质。

3）黄色具有清雅、单纯、愉快的感觉，活泼、积极、敦厚、轻盈、中性。

4）灰色，与其他色彩格格不入，却能与任何颜色产生一种特殊的对比性调和，苦涩，厚而不重，硬而不坚。

5）绿色清闲、空旷、春意盎然、冷静、有锐利感，与红色有一种互为补色的关系。

6）蓝色普遍感觉是忧郁、清冷、寂寞、伤感、独立、孤寂、自成一格。

7）紫色尴尬、孤僻、虚幻、迷离、茫然、阴性，令人猜不透的颜色。

12. 色彩与形状之间有什么关系？

室内空间的色彩（材料的颜色）都是以具体的形状表现出来的，研究色彩给人带来的情绪的影响除了考虑色彩本身的因素外，还要考虑色彩的形状的影响。

不同的形状给人的感觉是有很大的差别的，下面就几种常见的形状对人们的心理产生的影响分别加以说明：

1）色彩和形状的对应关系。这是单独把色彩和形状加以比较，得出的他们之间的类似对应关系。

① 红色。稳定、厚实、强烈、重叠不透明、安定，具有 90°的直角和正方形的特征。

② 橙色。安稳、敦厚、温和、不透明，具有 60°和长方形的特征。

③ 黄色。明朗、敏锐、活跃、爽快、俐落，具有小于 60°锐角和等腰三角形的特征。

④ 绿色。冷静、清凉、自然、宽坦，具有 80°锐角和六角形的特征。

⑤ 紫色。温和、虚无、变幻、独立，具有 120°角和椭圆形的特征。

⑥ 蓝色。轻盈、虚寂、柔和、寒冷，通透、飘渺，具有 180°角和圆形的特征。

其对应关系如图 3-6 所示。

图 3-6　色彩与形状的对应关系

2）几何形状对人情绪的影响

① 正方形象征着物体的安定与重量，正直而稳重。

② 正三角形的三等边上围绕的三个内角为锐角，产生一种积极、好斗、进取的效果。

③ 圆形与正方形的感觉恰好相反，远离了紧张与重量之感，有温和、圆滑、轻快的感觉。

④ 梯形含有高尚品质，甜美的味觉。

⑤ 圆弧三角形表现宁静与温和。

⑥ 椭圆形有着神秘、高贵的女性特点。

13. 色彩与个性有什么关系？

以人的血型为例，可以看出：

1）O型。个性特色是火爆、刚直、热烈、直爽、明朗、果断、勇敢、有始有终，与红色系统的色彩相同。

2）A型。个性特点是压抑、沉默、优柔寡断、内向、思想矛盾、感情阴郁、裹足不前、个性不明朗、羞涩、保守，与蓝色、偏蓝紫色系统的色彩相同。

3）B型。个性特点是开朗、外向、活泼、明亮、爽快、有好奇心、多变不安定、有多面性、艺术天份高，与绿黄色系统的色彩相同。

4）AB型。个性极端、忽明忽暗，兼有明朗和阴郁的交叉情绪，倔强、孤僻、动静皆宜，与紫色系统相类似。

14. 如何进行色彩的搭配？

室内设计或室内设计表现，色彩的搭配是至关重要的一个环节。任何一件作品，包括室内设计作品，人们首先感受到的是色彩信息（即光），然后再根据色彩信息判断出其他的有关的信息。

不同的色彩并置在一起的时候，通过色彩之间的相互比对的效果，会使观看者产生情绪上的反映，从而对人的情绪和生活产生影响。所以色彩的搭配实际上也就是色彩的对比。所谓色彩的搭配就是将不同的色彩按着一定的方式和比例进行对比。

根据色彩构成的理论，色彩搭配一般有以下几种方式：

（1）以色相为基础的搭配　不同色相的色彩按着一定的规律并置在一起所产生的对比效果，叫作以色相为基础的搭配。这种搭配的方式是最常见的搭配方式。人们在谈到室内的色彩时，经常会问："你喜欢什么颜色的墙面?"或者"你喜欢什么颜色?"这种问题足以体现出色相被人们的关注程度。当然在进行色彩设计的时候，我们通常选一种色相作为基础的颜色，然后在它的基础上进行色彩的设计，这种基础颜色就是"我喜欢的颜色"。

（2）以明度为基础进行的搭配　由于明度倾向与对比程度不同，给人们视觉作用和感情影响也各不相同。从装饰色彩应用角度来说，明度对比的恰如其分是其对比的基础，是决定图案色彩的光感、明快感、清晰感等多种感觉的关键。明度对比是因明度之间的差别形成的对比。将相同的色彩，放在黑色和白色上，比较色彩的感觉，会发现黑色上的色彩感觉比较亮；而放在白色上的色彩感觉比较暗，明暗的对比效果非常强烈明显，对配色结果会产生影响。明度差异很大的对比，会让人有不安的感觉。

（3）以纯度为基础进行的搭配　一种颜色和另一种更鲜艳的颜色相比较时，会感觉不太鲜艳，但与不鲜艳的颜色相比时，则显得鲜艳，这种色彩的对比称为纯度对比。高纯度基调给人的感觉积极、强烈而冲动，有膨胀、外向、快乐、热闹、生气、聪明、活泼的感觉。中纯度基调给人的感觉是中庸、文雅、可靠。低纯度基调给人感觉为平淡、消极、无力、陈旧，但也有自然、简朴、耐用、超俗、安静、无争、随和的感觉。

（4）以冷暖为基础进行的搭配　色彩冷暖的对比是色彩关系的重要体现，色彩搭配使色彩很跳跃，让人赏心悦目。色彩的冷暖对比可使画面产生深远的空间感和愉悦的情绪。

（5）色的调和　色的调和是将过于强烈的带刺激性的对比色彩经过合理的调整成为和谐的，带有美感的适应视觉器官的色彩关系。

俗语说："万绿从中一点红"，这样一句话很好地诠释了红和绿这种对比色调和的方法。在色彩搭配的过程中，要注意色块面积大小的对比和调整，以取得既有对比又和谐的色彩关系。

总之，好的色彩搭配体现着人们对色彩规律的认识与对美的追求。在生活中培养自己的色彩感受和表现能力是学习色彩搭配的最好的途径。

15. 如何以色相为依据进行色彩的搭配？

这种配色方案的基础是色相环，把色相环划分成几个区域，再按区域性的不同色相的色彩进行配色。运用时应注意以下几方面：

1）在开始进行室内色彩的搭配时，首先要考虑功能的需求和客户的色彩喜好，还要考虑室内空间结构的特点来决定主色或重点色，是寒色还是暖色，是华丽色还是朴素色，是柔和色还是强烈色，是坚硬色还是柔软色等。

2）主色或重点色决定之后，再根据色相对比的规律，根据需要可以按照同一色相配色、类似配色、对比色相配色、补色配色以及多色相的配色等方案进行配色，分别产生不同的配色效果。

配色所成的角度越小、距离越短，色彩的共同性越大，冲突越小，对比性则越弱，所产生的效果越和谐。

两色所成的角度越大、距离越长，色彩越没有共同性，冲突越大，对比性越强，所以产生的效果越活泼、越强烈。

对角线180°相对的补色配色，是效果最强烈、最刺激性的配色。

3）同色相的配色。

① 相同色相的颜色。主要靠明度的深浅变化来构成色彩搭配，称为同色相配色。

如图3-7所示的客厅，是以黄色系不同明度的色彩对空间进行搭配，使整个空间显得安静、稳定。一个空间如果完全由同色系的色彩进行搭配（尤其是明度差别不大的情况下），往往会显得有些呆板，所以或多或少的都会加入其他的色彩，使安静平和的空间多一点活性，不至于产生视觉的疲劳。

图 3-7 相同色相的颜色

2）类似色相的配色。在色环上 30°～60°的色彩称为类似色。类似色相配色包括的范围较广，当其配色的角度越大时，越显得活泼而富朝气；角度越小时，越具有稳定感和统一性，但是如果差异太小，近于同色相。一般情况下，大部分类似色的配色效果，都会给人以甜美、清雅、和谐的享受。

如图 3-8 所示，是一个以类似色为基础的一个卧室例子。

图 3-8 卧室类似色相的配色

3）对比色相的配色。对比色相的配色，其配色角度大、距离远，颜色差异大，如果两色都同属于高纯度的颜色，对比会非常强烈，显得刺眼、眩目，使人产生不舒服的感觉，可以用明度和纯度加以调和。如图 3-9 所示，是采用浅绿色和红色两种对比色配色的例子，其效果活泼、跳跃、华丽、明朗、爽快。

图 3-9 对比色相的配色

4）互补色的配色。互补色的配色是色相对比最强烈的配色，如果纯度太高，会产生刺眼、辛辣、心跳加速、冲击性强烈、喧闹不调和的感觉，必须用明度、纯度变化的方式加以缓和，才可以避免激烈的冲突。强烈的对比效果往往用于调节空间的气氛。

16. 如何以明度为依据进行色彩的搭配？

室内设计中色彩的明度对整个气氛的调节有着很重要的作用。明度调子就是指一组色彩配置在一起后，在明暗程度上所呈现出的一种整体倾向。当一个画面的所有色彩都倾向高明度的配置时，称之为高调子；而当个画面的所有色彩都倾向于低明度的配色时，就称为低调子；当整个画面倾向于不亮不暗的中明度配色时，就是中间调子。

在同色系或者类似色进行搭配的时候，常常以明度进行调节，使整个环境达到明快和谐的效果。

（1）高调子配色　就是在明度色环中，最亮三个色阶的范围的色彩搭配。高调子的配色，可以赋予色彩以积极、快活、愉悦、开朗、亲切、华美、甜美等色彩表情，使画面呈现出华丽、高档、年轻、明亮、洁净、醒目、柔美、抒情、细致、自由、通畅、亮丽的视觉效果，图 3-7 就是高调子配色一个很好的例子。

（2）中间调子配色　就是在明度色相环中，中间三个色阶范围的色彩搭配。如图 3-10 所示，为中间调子配色的例子，它可以赋予色彩柔和、幻想、甜蜜、高雅、端庄、古典、豪华、辉煌、艳丽的特质，让画面表现出高贵、雄伟、缤纷、耀眼的效果。

图 3-10　中间调子配色

（3）低调子的配色　就是在明度色环中，亮度在最低三个色阶范围的色彩搭配。它可以赋予严肃、谨慎、稳定、神秘、苦闷、丰富、温暖、钝重的特质，让画面展现出深沉、厚实、庄重、安定、幽雅、苦涩、阴森、苦难、怨恨、嫉妒、失望的效果。

17. 如何以纯度为依据进行色彩的搭配？

室内空间色彩的纯度越高，色彩显得越鲜艳、活泼，引人注意，独立性与冲突性越强；纯度越低，色彩越感朴素、典雅、安静、温和，独立性及冲突性越弱。

（1）弱纯度对比配色　弱纯度对比配色是指在纯度色环上五

个色阶以内的色彩配色，纯度差异不大。高纯度的弱对比配色，具有华丽的色彩效果。低纯度的弱对比配色，具有柔和、稳重的色彩效果，若加入色相或明度变化，可使画面显得更加活泼、生动。

（2）强纯度对比配色　强纯度对比配色是指在纯度环上五个色阶以上、九个色阶以内的配色，其纯度差异较大，具有鲜明、突出的色彩效果。若再加上明度或色相的变化，更能使色彩增加华丽、鲜艳、辉煌的效果。由于色相、明度和纯度是色彩中存在的三个互相制约、互相影响的因素，所以应注意以下几方面：

1）色相差与纯度差在配色时宜成正比关系。当色相差大时，纯度差也应大；当色相差偏小时，纯度差也应小，而且以纯度偏高为好。

2）明度差与色相差在配色时宜成反比关系。当明度差小时，色相差宜大；相反，色相差小时，明度差宜大。

3）明度差与纯度差在配色时，也宜成反比关系。当明度差小时，色彩的纯度差宜大；纯度差小时，色彩的明度差宜大。

4）明度差与面积差在配色时成正比关系。当明度差大时，面积差也宜大；当明度差小时，面积差也宜小。

5）纯度差在配色中应与面积差成正比关系。当纯度差大时，面积差也宜大；当纯度差小时，面积差也宜小。另外纯度低时，面积宜大些；纯度高时，面积宜小。

6）色相差与面积差宜成正比。当色相差大时，面积差也宜大；当色相差小时，面积差也宜小。

18. 室内色彩构成的法则是什么？

室内设计色彩构成的过程就是利用美学原则对室内空间的各种材料的色彩和面积进行调配的过程，这个过程应该遵循一般色彩构成的法则。室内设计与艺术品的创作不同，艺术品的创作可以根据人们的意愿随意的搭配颜料的面积和色彩；而室内设计在一个有限的空间内使用的材料是有限的，室内设计师必须根据有限的材料和室内空间的特点进行自己的发挥。下面就一些色彩构成的共性原则进行简单的说明。

（1）平衡的法则　平衡的法则是自然界中最基本的法则。在色彩的构成过程中，可以把浅颜色的物体看成重量轻的物体，而把深颜色的物体看成是重量大的物体。当一个场景呈现在我们面前的时候，可以设想以物体的重量感来判断这个场景中的色彩是否平衡。

色彩均衡是指构成画面的两种或两种以上的色彩所形成的一种视觉及心理上的平衡、稳定感。明度的高低、面积的大小、位置的远近、调子的轻重都是色彩均衡的主要条件。

（2）韵律的法则　韵律是色彩的动感特征，这里并非指让室内的色彩动起来，而是指有意识的让一些具有相似形状和面积的色彩（装饰材料）按着一定的路线排列起来，给人有运动的感觉。之所以称为韵律是因为这些排列不是杂乱无章的，而是有一定规律的。韵律的特性是有动感、有方向、有顺序、有组织性。律动的产生可以通过色彩的强弱、轻重、冷暖进退等特性表现出来。

（3）中心的法则　办事情要抓住重点，室内装饰设计同样要有重点。一个完整的工程都有其核心的部分，如在一个办公空间的装饰中，总经理办公室和员工的办公室就是重点，因为它对外界的开放性最大，与企业的形象关系也是最大的，那么作为设计师就应该把重点放在这两个空间的设计上。而对于一个单独的空间而言，色彩的构成也应该有其重点，也就是要构筑视觉中心，构筑视觉中心除了从装饰结构的造型、灯光等因素进行考虑外，色彩中心的构筑也是非常关键的。

色彩中心的构筑通常运用的方式是用色彩的对比方法将计划作为视觉中心的色彩从背景中凸现出来。

（4）比例的法则　比例是指同一空间之内，各部分色彩之间的量的关系，如多少、大小、高低、内外、上下、左右等，要保持着一定的比例。对色彩的明度、纯度、色相等作适当的比例，搭配出所需要的效果来，这便形成了具有色彩比例美的效果。只有色彩的比例合适才能够达到平衡的效果。

（5）气氛的法则　室内空间中的色彩构成的根本目的是要创造某种气氛，比如卧室要温馨、私密，歌舞厅要眩目刺激等。无论是采用哪种方式进行色彩的搭配，最终构成的色彩环境一定要和想表达的气氛相一致，并起到烘托气氛的目的，色彩的构成要切忌为了构成而构成。

19. 室内色彩表现的限制因素有哪些?

很多人都会有这样的感觉，学了很多色彩表达和构成的方法，可在实际工作的过程中却很少用到，比如说基础课中的色彩构成似乎和装饰设计的直接关系不是很大，这是为什么呢?

产生这种感觉的原因大致有以下几个方面：

1）所学的基础课程实际上是要我们培养一种对色彩的感觉，而这种感觉在不经意之间已经在大脑中形成，只是我们没有感觉到而已。

2）我们所学的课程大部分是理论上的知识，它是建立在比较理想的艺术创作的基础之上的，室内装饰设计不像画一幅画，室内装饰设计会受到很多客观因素的限制。

① 第一方面是空间的限制。一般情况下的空间都是在设计之前就已经存在了的，而且形状各异。我们没有办法更多的改变空间的结构，是因为改变空间结构会影响到整个房屋的安全性，而能做的只是在原有的基础上进行完善而已，这时候能够应用的色彩构成等方面的原则只能部分地应用到设计上。

② 第二方面是功能的约束。室内设计最首要的任务是满足用户在功能上的需求，没有这一基础，任何在室内设计中艺术上的装饰都是毫无意义的。

③ 第三方面是材料的约束。理论上讲的色彩是可以由我们任意地选择的，而在室内设计当中的色彩的选择只能以现有的装饰材料的颜色为基础。因为我们不可能为了一个艺术上的追求去创造一个先进的建筑装饰材料。另外所有现实生活已经有的材料的色彩在所学习过的色谱当中仅仅是很少的一部分。

④ 第四方面是装饰结构和工艺的限制。某些我们冥思苦想出来的色彩表现方式往往由于装饰结构和工艺方面的限制而难以实现。

20. 平面构成和室内设计有什么关系？

平面构成是视觉元素在平面上，按照美的视觉效果、力学的原理，进行的编排和组合。它是以理性和逻辑推理来创造形象、研究形象与形象之间的排列的方法，是理性与感性相结合的产物。

平面构成主要是运用点、线、面和律动组成的结构严谨，富有极强的抽象性和形式感，是具有多方面的实用特点和创造力的设计作品。与具象表现形式相比较，它更具有广泛性。平面构成是在实际设计运用之前必须要学会运用的视觉的艺术语言，是进行视觉方面的创造，了解造型观念，训练培养各种熟练的构成技巧和表现方法，培养审美观及美的修养和感觉，提高创作活动和造型能力，活跃构思的一种很重要的元素。

平面构成和室内设计有着密切的关系，这种关系体现以下几个方面：

1）室内设计是三维空间的艺术设计，而三维空间的构成元素之一就是平面。例如一个标准房间的顶棚、墙面和地面都是平面，而三维的空间艺术设计最后要归结为平面上的设计，只是这种平面上的设计是要在整体协调的前提下进行。

2）某一室内空间的面上的装饰结构和装饰体可以简化为平面内的点、线、面来处理。比如装饰画可以简化为平面内的矩形元素，装饰线条可以简化为平面内的直线等，这样在处理单个界面的设计时完全可以利用平面构成的理论和方法。

3）不论是什么样的设计，最终都是以平面成像的方式反映在视网膜上，然后传输给人的大脑，对人产生情绪上的影响的。在这个过程中，室内设计虽然是三维的设计，但最终反映到人的大脑中的还是平面的形式，就像一幅效果图，那么平面构成的原理和方法就可以反过来用作为调整三维设计的依据。

4）平面构成的一些理论和方法不但可以直接用于设计，还可以提高审美的素质，从而间接地提高设计水平。

所以，平面构成和室内设计密切相关。

21. 平面构成中美学法则在室内设计中有哪些应用？

在室内设计当中，可以看到很多平面构成当中的美学法则的直接应用，而这些运用多数是以单个界面的设计为基础的。

（1）对称的形式美　在进行室内单个界面的设计时，对称的形式应用得比较广泛，其中以轴对称为主，以界面中心线为对称轴左右进行对称式的布置。如图 3-11 所示，为一面墙的布置，它以壁炉为中心应用对称设计思路进行的设计，其中的对称元素包括墙面造型、壁炉和雕塑等。

图 3-11　对称原则

（2）平衡美的原则　从视觉上是指一种等量和不等形的力的平衡状态，如均衡、适称。平衡比对称在视觉上显得灵活、新鲜，并富有变化的统一的美感。如图 3-12 所示，设计的时候把三维物体抽象成二维图案的方法，构成以前面为背景的平面设计。图中的平衡元素有很多，左面的沙发打破了墙面的视觉平衡，为了解决这个问题，利用了一个颜色很深的绿色织物平衡，使整个墙面的视觉效果均衡、稳定。

平衡美比较生动有活力，它可以充分利用装饰材料和砖石构件颜色、质地、形状、比例等各种元素，使得整体效果稳定中带有变化，实现动与静的完美结合。

图 3-12 平衡美的法则

（3）对比形式美的原则　装饰材料和构件的任何元素都可以用来组合成符合人们审美愿望的整体形式，例如运动、静止、刚硕、柔软，高、矮、强、弱放在一起形成对比。大小关系放在一起时比它们单独放置时，大的显得更大，小的显得更小。强弱关系放在一起时，也会产生同样的感觉。通常在构成设计中运用这种对比关系来寻求变化和刺激，创造具有各种特性的画面效果。

如图 3-13 所示的顶棚，就是用了对比形式美的原则，矩形的直线造型的顶棚和曲线造型的灯具构成了对比，使单调的顶棚活跃了起来。

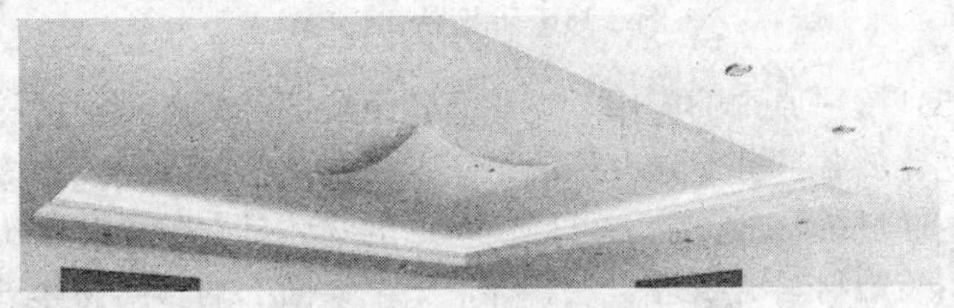

图 3-13 对比形式美的原则

（4）节奏、韵律　节奏和韵律是时间艺术的用语。在音乐中它是指音乐的音色、节拍的长短、节奏快慢按一定的规律出现，产生不同的节奏。在构成中同一形象在一定格律中的重复会出现产生运动感。节奏必须是有规律的重复、连续；节奏容易单调，经过有律动的变化就产生韵律。

韵律是诗歌中常用的名词，原指诗歌中的声韵和律动，例如，音的轻重、长短、高低的组合以及匀称、间歇或停顿。在诗歌中，相同音色的反复以及句末、行末利用同音、同韵、同调的音，可加强诗歌的音乐性及节奏感。在构成中韵律常伴以节奏同时出现，通过有规则的重复变化或等比处理使之产生音乐诗歌般的旋律感，运用得好就能增加设计的美感和诱惑力。

如图 3-14 所示的某 KTV 的顶棚，通过圆形灯光孔沿着某条曲线有节律的变化，增加了顶棚的动感，宛如一首音乐在空中回荡，紧紧地扣住了设计的主题。

图 3-14　某 KTV 的顶棚

（5）统一原则的应用　变化是各组成部分的区别，统一是这些有变化的各部分经过有机的组织，使其从整体得到多样统一的效果。通过统一的方法，可以使纷纭的物体具有整体性。比如可以利用装饰材料的纹理、色彩等把一个界面上的不同物体进行统一的处理，达到和谐的目的。

22. 平面构成中视觉构成元素有哪些?

在构成中点、线、面是造型元素中最基本的形象。由于点、线、面有多种不同的形态结合和作用，就产生了多种不同的表现手法和形象。

(1) 点　在几何中点是一个特殊的符号，它没有面积。而在室内设计中，点是一切可以视为点的物体，某些具有一定面积的物体在一个小的环境中可以把它作为面来处理；在大的环境中又可以当作点来处理，所以点是一个相对的概念。点在一个平面中不同的位置给人的感受和联想是不一样的。

(2) 线　点移动的轨迹形成了线。线在空间里是具有长度和位置的细长物体。在数学上来说，线不具有面积，只有形态和位置。在构成中，线是有长短、宽度和面积的，当长度和宽度比例到了极限程度的时候就形成了线。在室内设计中线是一切可以视为线的装饰构件或装饰品，例如挂镜线、踢脚线、顶棚角线等，一行按着一定规律排列的点也可以视为线。

线可以分为直线、曲线、虚线、折线等类型。

1) 直线的特性。一般从直线得到的感觉是明快、简洁、力量、通畅，有速度感和紧张感。

2) 曲线的特性。丰满、感性、轻快、优雅、流动、柔和、跳跃、节奏感强。

曲线可分为圆和圆弧形态的几何曲线，有用圆规画出的曲线，有用手工画出的自由曲线和用曲线规画出的曲线。几何曲线具有现代感和准确的节奏感。自由曲线具有柔的自由感的变化的节奏感。

线的特征如下：

1) 细线的特性。纤细、锐利、微弱，有直线的紧张感。

2) 粗线的特性。厚重、锐利、粗犷，严密中有强烈的紧张感。

3) 长线的特性。具有持续的连续性、速度性的运动感。

4) 短线的特性。具有停顿性、刺激性，较迟缓的运动感。

5）水平线的特性。安定、左右延续、平静、稳重、广阔、无限。

6）垂直线的特性。下落、上升的强烈运动感，有明确、直接、紧张、干脆的印象。

7）斜线的特性。倾斜、不安定、动势、上升下降运动感，有朝气。斜线与水平线、垂直线相比，在不安定感中表现出生动的视觉效果。

（3）面　面是线移动的轨迹。点的密集或者扩大，线的聚集和闭合都会生出面。

各种不同的线的闭合，构成了各种不同形状性质的面。面可以分为：

1）几何性的面。它是用数学的方式构成的形态，如三角形、正方形、平行四边形、梯形、圆形、五角形、矩形等。

2）直线性的面。用直线任意构成的形态。

3）有机性形态的面。用自由的弧线构成的形态。

4）不规则性形态的面。用直线和自由弧线随意构成的形态。

5）偶然性形态的面。由特殊的技法意外偶然得到的形态。如敲打、泼撒。

23. 室内设计人员应怎样学习立体构成？

立体构成是艺术类设计理论体系，是一门设计类指导性的学问。它可应用于各类立体造型设计，也可应用于雕塑创作设计，尤其是抽象雕塑的设计。学习立体构成最重要的目的是培养造型的创造性思维能力，它包括逻辑思维和形象思维两方面的能力，或者说培养既具科学性又具艺术性处理立体形态的能力，以及对物体形、色、质的心理效能探求和对材料强度、加工工艺的物理效能（含化学效能）的探求。

室内设计思想的表现无疑要通过室内的各种装饰结构、灯光、材料才能表现出来。其中装饰结构的造型要求除了具有一定的使用功能外（有些造型只有装饰性的功能），还要具有一定的审美价值。装饰结构的设计属于立体设计的范畴，自然和构成有一定的联系。立体构成更多用于一些比较抽象的三维形象的创作，但是其中的原理也可以直接借鉴到室内设计的表现中来。

学习立体构成，应该从立体造型的特点出发，不断训练空间转换能力和立体想象力，培养对形体的概括、提炼和想象力，这就要求学习者应该具有良好与敏锐的造型意识和恰当的表现方法。学习立体构成艺术要注意以下几个方面能力的培养：

（1）想象力的训练　从平面的形转为立体的态，没有想象力是无法实现的。立体形态的想象力是完成立体构成创作的基本能力，需要通过对基础造型的学习、训练，提高自己由平面进入立体空间的转换能力和立体想象力。

（2）培养自己的观察能力　通过对结构的分析我们的思维就会产生创意性的想象，从而为进一步的构想和设计奠定基础。想象力与创造力就是对自然的内在规律的认识和对于形体结构的创意的理解。

（3）培养自己的构型能力　无论是装饰结构造型、家具造型，还是其他与室内设计相关的立体构成都需要我们具有一定的组织和构型能力。装饰材料的品种繁多，其形态、质地、色彩各有千秋，如何利用立体构成中的原理来精选材料构造出既具有某些使用功能，又具有艺术品位的造型，是我们学习立体构成中应该掌握的能力。

（4）形体抽象能力的培养　形体抽象能力可以避免具象和材料带来的局限和束缚。从古希腊哲学家到现今的设计师、艺术家都认为，所有形体都可以还原成圆球、圆锥和正方体三种基本的抽象形。这三个抽象的平面投影分别是圆、三角和方形。我们可以通过对最纯粹的几何形态各要素间的构成关系的研究，来培养自己的抽象能力。

（5）立体构成中形的寓意　构型中会应用各种几何图形，不同的形以及形的质感、比例关系会给我们带来不一样的视觉和情绪感受。例如弧线带来阴柔圆滑的感觉，而直线给人以刚直、呆板的感觉；细线让人感觉纤细，粗线让人感觉粗犷等。我们可以通过比例程式训练来获得这种量感能力。另外，每个形在特定的文化背景中都具有特定的含义，这种含义建立在认知空间、风俗、习惯等约定俗成的关系上。对这些形的语意的学习、探讨，也会对立体构成的学习、创作带来很大的益处。

（6）立体构成中材料和结构的训练　不同的材料、不同的组合均会带来不同的立体造型。通过加深对材料的认识，合理使用材料，研究结构形式中的内在联系和规律，处理形之间的协调统一训练，才能提高实际造型能力。

室内设计中空间的组织也可以理解为立体构成的过程。

综上所述，立体构成和平面构成一样，我们要研究它们的实质，汲取这些理论中的对室内设计能够有所帮助的东西，真正做到培养自己的素质和能力，使其为我们的室内设计服务。

24. 立体构成中的形式有哪些?

（1）点　点也存在于线段的两端，线的转折处、三角形的角端、圆锥形的顶角。点在立体造型上的用途是确定位置。它在造型学上的特性是通过凝聚视线而产生心理张力。

在立体构成中，点是一种表达空间位置的视觉单位，不管它的大小、厚度、形状怎样，只要它同周围其他形态相比具有凝聚视线和表达空间位置的特性，是最小的视觉单位，我们就可以称之为“点”。

因为点在视觉感受中具有凝聚视线的特性，所以在背景当中，很容易发现和注意点的存在。例如在一个白色的环境空间中有一个彩色的玩具，人一进入这个空间就马上能够发现它的存在。

点的连续排列可以形成虚线，点的密集排列可以形成虚面与虚体。当点与点之间的距离越小，就越接近线和面的特性。由点构成的虚线、虚面、虚体，虽没有实线、实面、实体那样具体、结实和后重，但虚线、虚面、虚体所具有的空灵、韵律、关联的特殊感也是实线、实面、实体所不具备的。

同样大小、同样亮度及等距离排列的点，会给人秩序井然、规整划一的感觉，但相对显得单调、呆板。不同大小、不等距离排列的点，能产生三维空间的效果。不同亮度、重叠排列的点，会产生层次丰富，富有立体感的效果。

（2）线　线在造型学上有直观的线和非直观的线，存在于线状物、单一面的边缘等。非直观的线存在于两面的交接处、立体形的转折处、两种颜色的交界处等。线沿着一定轨迹排列则形成面。在室内设计中线包括一切可以视为线的形状的物体。

线，因为其粗、细、直、光滑、粗糙的不同，会给人带来不同的心理感受。粗线给人刚强有力的感觉，而细线会给人纤小、柔弱的感觉；直线给人正直、刚强的感觉，而曲线会给人圆滑、柔和的感觉；光滑的线条会给人细腻、温柔的感觉，而粗糙的线条会给人粗旷、古朴的感觉。因此，不同线的选择，对立体形态的整体效果的表达是不同的。

（3）面　一扇门、地面、桌面、顶棚板、墙面都给人以面的感受。面有三种基本的形：正方形、三角形和圆形。正方形的特点是表达垂直和水平；三角形的特点是表达角度和交叉；圆形的特点是表达曲线和循环。由此派生出来的长方形、多边形、椭圆形等都离不开三种基本形的特点。面的种类很多，但面的外轮廓线最终决定了面的外貌。

面在造型学上，可分为积极的面和消极的面两种。积极的面是由线的密集移动、点的扩大、线的宽度增加或体的分割界面所形成的，也就是实际存在的面；消极的面是由点的集合、线的集合、线的交叉围绕或是体的交叉所形成的虚有的面。

（4）体　体有三个基本形：球体、立方体和圆锥体。而根据构成的形态区分，又可分为半立体、点立体、线立体、面立体和快立体等几个主要的类型。半立体是以平面为基础，将其部分空间立体化，如浮雕；点立体即是以点的形态产生空间视觉凝聚力的形体，如灯泡、气球、珠子等；线立体是以线的形态产生空间长度的形体，如钢丝、竹签等；面立体是以平面形态在空间构成产生的形体，如镜子、书本等；块立体是以三维度的有重量、体积的形态在空间构成完全封闭的立体，如石块、建筑物等。

半立体具有凹凸层次感和各种变化的光影效果；点立体具有玲珑活泼、凝聚视觉的效果；线立体具有穿透性、富有深度的效果，通过直线，曲线以及线的软硬可产生或虚或实、或开或闭的效果；块立体则有厚实、浑重的效果。在立体构成中根据需要，恰当地运用各种立体，能使作品的表现力大大增加。

（5）空间　空间是由点、线、面、体占据或围合而成的三维虚体，具有形状、大小、材料等视觉要素，以及位置、方向、重心等关系要素。空间与心理因素有关，只要能够形成一定的气氛，并能把所处的环境与周围环境加以区分的地方都可以成为空间。

空间的效果直接受限定空间的方式影响，如在建筑中，主要是由墙面、地面、屋顶所限制。

25. 怎样理解立体构成中的色彩?

1）存在于自然界中的各种物体都是以色彩的方式呈现在人的面前的，所以立体构成的色彩属性当然是必须要研究的属性之一。

2）立体构成的色彩与绘画和平面设计中的色彩有所不同，因为在立体构成中的色彩，是在三维空间中实体表面的色彩，它要受到实际空间光影作用、实际环境因素、材料本身质地和加工工艺等多方面的影响。因此，在立体构成中的色彩有自己独特的要求，首先，要符合色彩的审美心理效果；其次，还要使得色彩和材料、技术、环境相协调；再次，还要考虑色彩和明暗光影的关系。

3）立体构成中的色彩可以分成以下几个构成部分：物体的固有色彩，与之相关联的灯光的色彩，周围物体的环境色彩，太阳及天空光的色彩等，立体构成中的色彩是一个综合的概念。

同样的物体在不同的时间、不同的地点所呈现出的色彩是不一样的。

研究立体构成的色彩不可忽略的一个因素就是不同的色彩以

及不同的色彩组织方式给人带来的情绪影响是不一样的，即使是相同的色彩及相同的色彩组织方式也会因为当事者情绪的不同而产生不同的联想。

所以说立体构成的色彩是一个构成的整体，给人们带来的视觉上的和感觉上的综合效果。

26. 什么是立体构成中的肌理？

不同的物体，由于其构成的物质不同以及构成各物质之间的排列顺序、距离、疏密的不同，会呈现出不同的肌理。如植物纤维、大理石、金属会给人带来不同的肌理感受。在立体构成中，肌理指的是材料表面的纹理、构造组织给人的触觉质感和视觉触感。它根据来源可分为材料本身的肌理（木纹、大理石纹等）和人工处理的肌理（如仿木纹的人造板材、仿大理石纹的人造石材以及将各种材质综合形成的肌理等）。另外肌理根据人体感受方式的不同，可分为触觉优先型肌理和视觉优先型肌理两种。可以通过人皮肤的触觉而感受的称为视觉优先型肌理。在立体构成中的肌理往往是触、视觉综合性的肌理，既能通过视觉感受，又可触摸得到。触觉是人体的一种特殊感觉，通过触觉可以感觉到物体的冷、热、软、硬、光滑、粗糙等性质。另一种肌理感受，则来自视觉。比如从高空俯瞰大海，蔚蓝的海面会通过视觉传达给我们海面的肌理感受。再如站在山腰看云海，虽然我们不能通过触觉来感受云海，但通过视觉，仍然可以感受到云海那特殊的肌理。

不同的肌理，会给人带来不同的心理感受。如大理石肌理表现华贵、高雅的意境，布纹肌理传达了亲切柔和质朴的意境等。

肌理在室内设计表现中有着不可忽视的作用，当人们观察一个物体时，首先感受到的是色彩，其次是形状，再次就是材料的肌理。

肌理在立体构成中具有以下作用：

1）肌理可以增强立体感。比如一个形态的表面和侧面分别用不同的肌理来处理，就可以增强造型的立体感和层次感。肌理的这一作用，是由肌理的形状和分割配置关系决定的。

2）肌理可以丰富立体形态的表情。不同的肌理会呈现形态不同的表情和特征。为很好地发挥肌理的这一作用，在立体构成时，常将肌理放置在视线经常看到的部位。

3）肌理还具有情报意义，也就是不同的肌理会提示其作用和用途。如瓶盖、旋钮、开关等特殊肌理会指导我们对形体的使用。为发挥肌理的这一作用，在立体构成时，可以将肌理布置在使用时经常接触的部位。

27. 立体构成的材料有哪些?

材料决定了立体构成的形态、色彩、肌理等心理效能，也决定了立体构成造型物的加工和强度等物理（或化学）效能。如果把室内空间的组织看作是立体构成时，很容易感受到不同的材料给人们带来的不同的感受。卧室里经常会采用一些布艺材料，以使我们感受到一种柔和、温馨的休息环境。

（1）材料的分类

1）根据材料的来源分类。根据材料的来源可分为自然材料和人工材料两种。自然材料是指天然存在的各种材料，如木头、石头、泥土、水、沙子等，它能给人天然、野趣、质朴的感受，具有较强的亲和力。人工材料是指人工合成或制造的各种材料，如纸张、塑料、石膏、玻璃、金属等。人工材料能给人规整、新颖的感受。

2）根据材料质地分。根据材质的不同可分为木材、石材、金属、玻璃、塑料、纸材、陶瓷等。不同的材质，可表现出不同的意境。如木材能表现质朴、幽静、雅致、原始的意境，玻璃能表现明亮、通透、活跃、现代的意境，陶瓷能表现浑厚、古朴、沉稳的意境等。

3）根据材料的固有形态分类。根据材料的固有形态可分为有形材料和无形材料两种。有形材料指有一定自身形态的材料，如石头、金属、木材、陶瓷等。有形材料能表现坚固、稳定、刚毅的特性。无形材料指没有固定形态，可随外界因素而改变形状的材料，如沙子、水等材料可随着装载容器的不同而形成不同的形状，再如水泥、石膏等材料可根据需要塑造成各种形状等，这些都是无形材料。无形材料能表现柔和、曲线、灵动、多变的特性，还可根据需要，塑造出各种形状的造型。

4）根据材料的物理性能分类。根据材料的物理性能可分为弹性材料、塑性材料和粘性材料等。弹性材料有皮筋、弹簧等，塑性材料有石膏、粘土等，粘性材料有胶水等。

5）根据材料的形状分类。根据材料的形状可分为点状材料、线状材料、片状材料、块状材料以及连接材料等几个主要类型。点状材料有钢珠、石子、豆粒、玻璃球、纽扣等。线状材料有钢丝、细木棒、纸带等。片状材料有纸张、木板、塑料片、石膏板等。块状材料有金属块、石块、泡沫块、木块、泥块等。

6）根据材料的使用性能分类。根据材料的使用性能可分为连接用材料、着色材料、打磨材料、切割材料。

连接材料有胶带纸、普通胶水、强力胶、铁钉等。着色材料有罐装油漆、水粉、水彩颜料等。打磨材料有砂皮，锉刀等。切割材料有美工刀、剪刀等。

（2）常用的材料　常用的材料有橡皮泥、石膏、木材、金属、塑料、陶瓷等。

28. 立体构成的视觉特性是什么？

不同于平面设计，立体构成的视觉特性有它自己的特点，可以从以下几个角度加以分析：

（1）立体构成的三维性　立体构成的三维特性是指所有的物体都是由三维构成的，即由立体的物体构成的；而平面构成则是由色彩及色彩的平面轮廓组成。平面构成的视觉效果可以认为是立体构成的一个特殊的视角，要对立体构成形成完整的视觉概念要各个角度进行观察，最后经过心理综合才能形成。

应用于室内设计中，效果图就相当于立体构成的一个视角，而要得到一个空间的整体概念，只从效果图上的元素来判断显然是不够的。

（2）立体构成的时间性　同样的立体构成在不同的时间、不同的地点给人的视觉概念是有差别的。立体构成的时间性还表现在观看人员的位置的流动性，也就是在观察立体构成的时候，要从各个角度去观察，而在这一段连续的时间内，大脑会把一些随着时间的推移形成的连续的视觉概念进行综合分析判断，从而形成对立体构成的整体概念和感受。电影的播放就相当于构成的时间特性。

在室内设计表现中，为了更好地发挥构成的时间特性，对于那些重要的装饰工程常常做成动画短片，让用户在时间的流动过程中得到对空间的整体感受。

（3）立体构成的补偿性　人的视觉对三度物体形状的认知，并不一定与该物体的实际边界线等同。一个球体，它的背面是眼睛看不到的，然而这个隐藏在背部的球半面，在实际知觉中，也能变成眼前知觉对象的一个组成部分。所以，一件物体的真实形状是由它的基本空间特征所构成的，它不等于物体的外界轮廓。

（4）立体构成的联想性　在认知三度物体时，人类常将有关该物体的知识与观看到的形状紧密结合在一起。例如，在看手表时会将其看作是内部装有复杂的时机械结构的物体，在看到动物时会把其身体看做是含有各种血管、肌肉、骨骼、内脏和空腔的物体。因此，任何一个三度物体，人对其的认识，不但包括对其形状的认知，还包括其各方面知识在人脑中所形成的印象。

29. 什么是立体构成的单纯性？

立体构成的简练和单纯性是立体构成的形式美的法则之一。

立体构成的单纯性要求设计人员尽可能地采用简单的形式和简练的组合方式达到最佳的形式美和设计者期待赋予的内涵。

在室内设计当中，这一原则也是最基本的原则，就是利用最少的材料和人工消耗获得最大的装饰效果，即节约成本的原则，这也是每个用户所期待的愿望。

单纯性的原则包括几个方面：

1）构成立体构成的元素要简单。构成立体构成作品的元素要尽量的简单，其表现形式为在元素的几何造型、色彩构成、材料选择等方面在满足要求的情况下尽可能的简化，减少制作成本。材料少的形态有利于识别，而容易识别的信息则容易记忆。

2）组合方式要尽可能地简化。秩序化是简化组合方式的一个重要的手段。对于复杂的形态则可以秩序化使其简化，以便于记忆。秩序表明了位置的关系，使人能很快了解所见到的环境并使组成的物体之间具有凝聚力。秩序存在于重复、对应以及组成部分间的合理结构和固定比值中。如果没有秩序，人的感知会是一些无意义的混乱和不安，从而失去行为的准则。

3）生产工艺的简单化。也就是制作成本的简单化，采用先进的生产工艺，降低制作成本有利于节省总体费用，以最小的代价获得最大的审美价值。

简练和单纯化原则并不是可以无限制的简化立体构成的元素及节省过程成本，它要满足表达形式美和构成内涵的要求。

30. 如何理解装饰中的平衡?

平衡的概念理解起来并不困难，可以把我们所看到的物体分为体和量两种特性，体就是物体的体积，它是物体的三维几何特性，是通过尺寸表现出来的；而量我们可以把它理解为质量。现实中的每种物体都有不同的体和量的特性，例如棉花的体积大、重量相对较轻，而铁块的体积小，相对重量较大。体是物体给人的视觉特性，它有尺寸和色彩两个方面；量则是心理特性，因为看见一个物体的时候，不可能去称量该物体的重量，只能凭感觉和经验去判断它的重量。

平衡则是按着一定的方式堆放在一起的物体在体和量两个方面所达到的稳定状态。做室内设计的时候，某一个角度出现在人的视觉当中的都是空间、装饰结构以及各种陈设物的各种组合。而立体组合最终呈现面前的是平面的图像，物体的体的特征转化为面积的特征。

（1）从体的特征判断　把放在空间中的物体分为左右两个部分，如果左边物体的面积的和同右边物体的面积的和相等或者近似相等时，就可以说这个组合在体的方面达到了平衡。这里我们要考虑色彩的因素，色彩是有轻重感觉的，判断的时候要用色彩的感觉进行修正。

（2）从量的特征判断　量的特征的判断是通过大脑首先判断物体和结构的质地（也就是材料），然后大体上感觉它们的重量，如果左边物体的重量的和同右边物体的重量的和接近或相等时，就可以说它们是平衡的。

通过这两个方面的判断会在大脑中形成一个综合的印象，最后得出是否平衡的概念。应该指出的是，质地的判断有时候会带有一定的欺骗性，比如把铁制的物体外表刷上乳胶漆，我们就很难断定其材质，这样量的感觉就会变化。所以平衡的判断首先要遵从表象的特征，而不管其实质如何。

平衡是人心里自动求得的一种稳定状态，所以当平衡的物体组合出现在人们面前的时候，人们的心理也趋于平和，有利于人们放松和休息；不平衡的组合会使人的心理失去平和状态，从而导致各种不良情绪的产生，影响工作和生活。

如图 3-15 所示，是一组室内家具的摆放组合，这个组合看

图 3-15　立体组合的平衡

上去就非常的平衡和稳定。以中间的红线为轴心，从体的特征来看左边面积的和小于右边面积的和，似乎是不平衡的；但是左边家具的底座是大理石，这就从量的特征上进行了补偿，所以看上去的综合效果是一幅非常平衡的画面。

在装饰设计过程中，组合是否能达到平衡的效果，这要取决于设计任务的特征。有些时候我们必须要造成一种不平衡来创造一些独特的气氛，例如在某个室内的墙面创造一个冲出半个身子的老虎，看上去失去了平衡，但会给人一种出其不意、激发人们好奇和恐怖心理的效果。正确与失误、好与坏都是相对而言的。

31. 如何理解装饰设计中的比例？

无论是立体构成还是室内装饰设计，比例都是形式美的一个重要判定原则。

比例就是物体各个外形尺寸或者物体之间的尺寸对应的关系。合适的比例是人们长期生活中积累出来的。人的体型的好坏主要是看人体各部分的比例是否协调，而协调本身的标准也是随着民族和国家的不同而有很大的区别。

比例是形式美的判断原则之一，而合适的比例的产生和定格是缘于功能的要求。其步骤是以功能去规范所有的比例，然后再按美学原则去规范比例。装饰中的比例一般表现在以下几个方面：

1）空间的比例。即一个空间的长、宽、高之间的比例关系。多数情况下空间的比例是由建筑固定下来的，而在装饰中可以根据房间的功能采用一些辅助的手段进行调解。

2）局部空间与整体空间的比例。这一部分是根据长时间的积累逐渐形成的一种推荐比例。

3）人与环境物体的比例。它包括任何家具之间的比例，人和空间之间的比例等。这一部分在人体工程学中有很详细的研究。

32. 什么是立体构成的量感？

人对立体事物表现性的感知，就是立体感觉。在立体构成中，立体感觉的产生是创作者的情感、个性、思想通过构成来表达的。立体感知和平面感觉不同，平面图形是由它的外围轮廓所决定的，有什么样的轮廓，就有什么样的平面图形；而立体则不同，一个平面轮廓是决定不了一个立体形的，要确定一个立体形需要三个或三个以上的视图才能确立。所以在认识立体形时，必须通过三维来理解。

立体的形态及其形态带来的心理体验，构成了立体感觉的量感。人在观看一个立体构成作品时，虽然看不到由物理力驱动的动作，也看不见这些物理动作造成的幻觉，但通过视觉形状向某些方向上的集聚或倾斜，仍能感受到作品具有的强烈的动感。

在立体构成中可通过下列方法创作出具有量感的作品：

1）创造力动感。观察物象，视觉上会产生运动和方向，这构成了力感与动感。而不同物象在一个空间中相互聚集，产生了相互吸引或相互排斥，这种力可以构成虚中心，有时也成为物象的新中心；形体的间距、疏密、不对称，通过合理的构成，可产生强烈的力动感。

2）创造对外力的反抗感。形体对外力的反抗感，实质上是极强的内力所产生的，这种存在于作品中的潜在的能力得到强烈的反映和展示，形体也就有了更大的动感效应。

3）创造生长感。生长，是最具生命的表现形式，而生长的形式非常复杂，从孕育到出生、成长……每个阶段都可以有不同的表现形式，我们可以在立体构成中借鉴其形式，在造型中创作出使人感到生机勃勃、欣欣向荣的作品出来。

4）创造整体感。所有生物，都是一个整体，只要牵动一点，便会影响到整个形体，这说明生物具有整体的统一性。同时，生物体又是同外界环境相互制约、相互联系的；在新陈代谢的同时，还要同外界环境交换物质。若能在形体上表现出这种对立统一，则会使人产生对有机体的亲切感。

33. 什么是立体感觉？

和构成的量感一样，构成的空间感也可分为物理空间和心理空间。物理空间是指所限定的空间，也就是我们常说的消极的形体。心理空间所指的是实际不存在，但可以感受到的空间。

在立体构成中可采用以下方法创造空间感：

（1）创造紧张感　当两个或两个以上的形态要素配置在一起，其要素之间会产生关联并成为知觉的作用状态，这种作用状态，称之为“紧张感”。“紧张感”意味着一种内力的扩张。点的紧张感与点和点之间的位置关系有关，线的紧张感与线的长短有关，也可通过夹角两直线的长短差异显示出其扩张和前进的不同。当两个物体分离布置时，紧张感是分离布置中的最佳距离，因此我们也把能构成一个整体的最合适距离称为具有紧张感的布局。大于这个距离，会让人感觉松散、凌乱；小于这个距离，会让人感觉拥挤、堵塞。

（2）强化进深　进深指的是前后距离的大小，而强化进深则是指在有限的深度内创造出更大的进深。在立体构成中可以利用视觉经验来夸大深度，从而起到强化进深的效果。具体方法有：

1）利用直线透视。同一物体在不同距离上投影在视网膜上的映象大小是不同的，距离远者较小，距离近者较大，在构成时可利用物体的不同大小来强化进深。

2）遮挡。物体的相互遮挡是视觉前后关系的重要依据。一般情况下，如果两个物体相互重叠，我们的知觉会判定前面的物体离观察者近，而后面的物体离观察者远。因此，同样两个物体的重叠或遮挡放置产生的深度感会大于分离放置。

3）阴影和明暗。阴影分投影和附着阴影两类。附着阴影是光线照射过程中被物体遮挡而形成的附着在物体旁边的阴影。投射阴影是指一个物体投射在另一物体表面的影子。在立体构成中，我们可以利用阴影的不同形状、其空间的定位以及与光源的距离直接衬托出物体的空间感。也就是说，阴影可以围绕物体创造出三度空间。物体表面的明暗是使物体产生立体感的重要因素。

4）结构变化。物体的结构是空间视觉的重要依据。一个有着由粗变细或由宽变窄的变化物体，比一个粗细、宽窄都相同的物体带给人的空间延伸感要明显增强。因为粗细、宽窄的变化会引导视线作运动，从而产生更大的进深。

5）异常透视和思维运动。多点透视可以引导视线作反复运动，从而造成不同距离感的复合。另外，若能将视平线及灭点遮挡起来，又会令人产生悬念，从而引导人的思维活动，把空间感从有限引向无限。

（3）创造空间流动感　所谓流动空间也分为物理上的流动空间和心理上的流动空间两种。物理上的流动空间指的是空间因时间而产生的变化，是一种运动的空间，它具有空间性和时间性两个特征，且以时间性为主。朝某个方向运动、发展，称为“轨迹空间”，如钟摆摆动形成的空间。创造物理的流动空间主要依据靠造型物的运动来实现。心理上的流动空间指的是视线往复来回运动或造型引起的思维想象所形成的运动的空间。创造心理的流动空间可以以形体作为诱导，比如创造各种动态、动势时，可以借助孔洞的穿透，还可以通过镜面反射造成虚假的穿透。

（4）创造场性　所谓场，是人知觉事物时所产生的一种心理上的虚运动，因此在立体构成中要增加作品的空间感，必须处理好造型物之间、造型和场之间的关系。但由于场是心理的虚运动，所以其大小是没有明确界限的。而且，由于场不是沿着形体表面等距离扩散，所以也没有具体的公式可以运用，只能作直观的判断。但可以根据以下条件作判断的依据：

1）内力运动变化的主要方向场性强。如动态的雕塑，要使其运动的方向或眼睛注视的方向扩张力强，与其后部空间相比有大一些的空间才能得以实现。

2）色彩中的艳度和明度都是比较高的色相，其场性也相对强。

3）肌理粗大、光影明确的形体场性较强。

4）位置升高则其场性也随之增强。

5）形体大的物体场性强。

6）凸面和平面场性较强，凹面和拐角场性弱。另外，在立体构成实践中，实际的造型物都要放置在一定的场地上，因此，形态所形成的场和场地也有着一定的关系，两者需要协调一致，才会让人既不感到空荡又不感到拥挤、堵塞。造型物和场地之间的关系处理好后，还需要注意造型之间的关系，各造型之间既不能过度靠拢、接近，也不能完全割断、分离，各造型物之间应该能构成一个既有联系又相对独立的协调的统一体。

34. 线在体力构成中的作用是什么?

线在立体造型中有很重要的作用，具有极强的表现力，它能决定形的方向，也可以形成形体的骨骼，成为结构体的本身。线相对于面和体块更具速度与延伸感，在力量上显得更轻巧。

不同形态的线会带来不同的情绪感受，用直线制作的立体构成造型，使人产生坚硬、有力的视觉感受，但易呆板。曲线形成的造型则会令人感到幽雅、舒适，但若处理不当则容易混乱。

同样形态的线会因材质的不同而引起视觉与触觉上的不同。如同样是直线的棉签与牙签、钢管与木条所造成的心理感受就截然不同。棉、毛、藤等天然植物材质具有温暖、轻松的亲和力，而钢铁、塑料、水泥等人工材质则给人带来机械、冰冷、理性的感受。

由具备线特征的材料，按照一定的形式法则构成新的形态叫线的构成。

用于线构成的材料有木条、树枝、铁丝等动植物纤维，以及钢管、塑料管、玻璃条等人工材料和其他可以分割成线形的材料。

（1）线框构成　线框由硬质线材构成，它是构成物体的骨骼，决定物体的基本形态。线框中最简单的构成是衍架，它由四条直线构成，在力学上具有重要的意义，即用最少的材料构造较大的构成物，并且能承受很强的外力。衍架的构成原理常用于大型建筑物的设计中，以达到经济、简单的目的。

硬线的不同形态与构成方式能产生不同的线框形态，十二根硬线可以构成正方体、长方体、梯形体以及其他不规则体。

将硬线构成的线框进行重复、渐变、密集等韵律构成，则可形成丰富的视觉效果。

（2）线层构成　将硬线沿一定的方向轨迹，作有秩序的层层排出，则会使呆板的硬质直线变得优雅生动，具有很强的韵律和秩序感，尤其是在轨迹为曲线形态时。作为层构成时，要在方向与空间位置上把握秩序与变化，以渐变为宜，否则容易产生凌乱之感。

（3）软线构成　软线线材有麻绳、绒线、呢绒细线等具有软性触感的线形材料。软线自身很难定型，且视觉上缺少力度感，但若将其进行编织或依托硬性材质进行拉引，则能获得较强的造型空间，同时也能提升它的力度感。造型丰富的中国结、盘扣就是由软性线材编织、盘绕而成的。传统纤维艺术所使用的材料大部分为软性线材。

蜘蛛以树枝、墙面或其他硬质材料为依托，将纤细的吐丝织成优雅、轻巧的蜘蛛网，用以捕捉较大的昆虫。应用蜘蛛网的构成原理，可以将“软弱”的线材依托硬材进行拉引，获得优美而紧张的曲面。

软性线材的拉伸力大于其压缩力。若将此构成原理应用于建筑与工业设计中，则可节约许多材料，同时能够减轻设计物的重量和提升美感效能。

（4）自由形态线构成　地表的龟裂纹、满墙的爬山虎、密而有序的鱼刺都展现了自然造化的魅力，并都有着自身的构成规则。这些形态生动、构造合理的自然物象都是创作时取之不尽的素材。

35. 什么是面的构成？

具有轻薄感，其厚度和周围的环境相比较，显示不出强烈的实际感觉时，就属于面的范畴。面形态因视觉度的转换会呈现出线或体的特点，面的侧面切口具有线的延伸感，正面又具有体的厚实感。

由具备面特征的材料，按照一定的形式法则构成新的形态叫面的构成。面的构成的材料有卡纸、有机板、ABS板、玻璃、泡沫板、面料、皮革以及可以分割成面状的材料。

（1）层面构成　我们都见过切面包，切片的形态是由面包体进行层层分割而成。若把这种分割方法用于其他的形态，如几何体、有机体以及具象形体，则会因被分割体及分割方法的不同产生不同的层面形态。将分割后的层面进行层层排列构成，可称为层面构成。

1）切割。试着改变方向进行切割，从正方体的正面或侧面作等距离的垂直切割，每一个切割出来的面都与正方体的正面或侧面平行，这样获得的层面均为正方形，其形状与大小都是重复的。

试着改变方向进行斜切，从正方体的顶面垂直向下切，切面与正方体的正面或侧面都不平行，成 45°。由此得到层面是渐变的，形态由条状渐变为长方形，再由长方形变回窄的长方体。

2）位置排列。将分割后的层面进行移动，以产生空间距离的变化，或前后错位、或疏密变化，则会产生不同的韵律效果。

3）方向变化。层面进行不平行的方向渐变，按垂直、水平或中心方向旋动。

4）切割线变化。改变切割线的形态，以曲线、折线或其他不规则形进行分割，产生层面本身的变化，继而进行不同的排列，为形态与空间创造多种可能。

5）被分割的基本形变化。更换被分割的基本形，以具象进行分割，排列构成，则又产生新的造型与构成空间。

（2）曲面构成　首先，这些曲面外壳的构造合理且简单，它们可用不同的材料构成；其次，它们展示了非常优美的造型。相对于平整的面，曲面更具有承受外力的能力。曲面由于造型美且具有机感，构造简单，原料节俭，因此许多设计师都将其原理应用于建筑设计，尤其是大型的公共建筑，如悉尼歌剧院以及许多体育馆等。

36. 什么是体块的构成？

宇宙空间多数物体是以体块的形态呈现的，如山川、星球、生物躯体等都给我们实际的体块感受。体相对于线与面来说，具有厚重、稳定和充实感，并在体积上占有优势。

体根据其构造，可分为实体、虚体与半虚半实体。实体的内部充实，具有厚重感，如木块、石头、动物躯干等；虚体由面包围而成，内部为空，如气球、房屋及各种容器等；半虚半实体则较实体更具透气感，而比虚体则更具充实感，如海绵、蛋糕等。

用于体的构成材料有泥土、石膏、木块、水、蔬果和卡纸等一切可以构成体的材料。

由具备体快特征的材料，按照一定的形式法则构成新的形态叫体快的构成。

（1）几何多面体构成　在立体构成世界的基本形态中，最具代表性的是正方体、球体、圆锥体。这三种形体被称为三原体，由此可以衍生出多种复杂的形体。各个面的形状和面积都相同的体叫多面体。正多面体有正四面体、正六面体、正八面体、正十二面体、正二十面体等。面越多则越接近球体。

几何体尽管形体简练，但较机械，缺少有机感与变化。因此，可以对几何多面体进行改造，使其既保持几何形的简练，又不失生动变化。

1）表面处理。利用二点五维的各种处理手法使多面体的表面产生立体变化。

2）边缘处理。将直线的棱边用曲线、折线或其他不规则线替换。

3）棱角处理。棱角是由三个或多个面相聚而成的点，若将其切割或增加另外的形体，则会产生新的形态。

（2）多面体的群化　将多面体进行群化，以重复、渐变、密集等韵律重新构成。

（3）多面体的有机感　要使几何形态呈现有机感，则可以借鉴自然力对于物体的作用，即将外力施加于几何体，让几何体产生与外力抵抗的形态。

（4）自然体的构成　自然造化本来就具备合理的结构和优美的形态。对于自然形态直接应用的仿生思维，是在造型设计中惯用的思维方式。

37. 什么是空间的构成？

空间是由形与形之间包围的空气形成的“形”，它依靠“正形”存在。造型设计在很大程度上是如何利用空间的设计，如房屋设计、车厢设计以及各种生活器具的设计，实质上就是让使用者在心理和生理上舒适的享用空间。

空间作为“负形”，给我们造成的心理效能与物理效能与“正形”一样重要。小的距离空间显得活泼、灵巧，它能使“正形”与“正形”之间相互吸引，构成量感与紧张感；但若处理不当，则容易产生拥挤、压抑感。大的距离空间显得宽敞、透气，但若过之，则会造成松散、缺少凝聚的感觉。

在空间设计时，应注意材质带来的变化。透明材质易产生透气、轻巧和延伸感；不透明的材质则产生固定、厚重感。现代建筑及其他生活用具经常使用透明的材料，在一定程度上使得拥挤的城市生活空间显得透气、舒畅。

38. 什么是素描?

简单地说，素描就是用单一颜色来描绘对象的一种绘画。

常见的素描画是以黑色在白纸或有色的纸张上进行描绘的，也可以用一种彩色描绘的（如棕、红、绿、蓝等）。一种彩色加黑或在此基础上加白粉，也属于素描。

任何物体在自然界当中都是以三维的形式存在的，并且具有结构和色彩的属性，而绘画是则是平面的。进行任何一种于绘画有关的创作，首先必须认清这种平面与空间之间的差异性，要在平面中追求三度空间的视觉效果，即在一张纸上，利用透视法则的暗示，使画面产生深度的错觉。

素描是利用单色研究三维物体在平面上表现技法的最基本的工具和手段之一，所以它是任何绘画的基础。素描舍弃了对象的多种色彩关系，用单一颜色的线条或明暗描绘对象的外形、比例、结构、体积、空间、质感和色彩的浓淡，运用这些造型艺术的基本因素来综合表现形象的绘画。

素描画的表现形式有三种：一是线描（相当于中国画的白描），如图 3-16c）所示；二是明暗法，以明暗手段表现物象的体积，如图 3-16a）所示；三是线条与明暗法的结合，亦称线面结合法，如图 3-16b）所示。

素描的对象可以是任何对象，创作的结果可以是研究其他绘画或表现手段的基础，也可以是一幅单独的绘画作品。

对于学习室内设计表现的人来说，素描课程的学习是一门非常重要的基础课，它是徒手绘制效果图的基础。所以在学习素描的时候，要着重领会素描的实质内涵，注重外形、比例、结构、体积、空间的表现。现在已很少用素描去直接表现室内设计的思想，而是在素描的基础上借助其他的方式（比如色彩等）来共同表现。

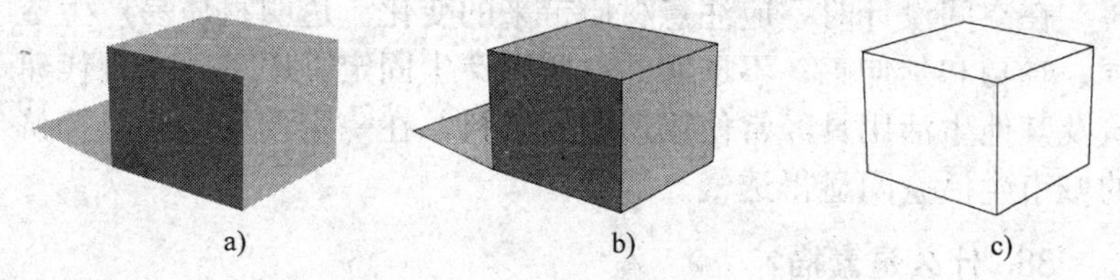

图 3-16 素描画的表现形式

a）线描 b）明暗法 c）线面结合法

39. 什么是设计素描？

设计素描是以比例、尺度、透视规律、三维空间观念以及形体的内部结构为表现重点，训练绘制设计预想图的能力，是表达设计意图的一门专业基础课，设计素描是基础素描的一个分支。

室内设计专业的人员应该以素描为基础，着重学习和理解设计素描的原理和方法，为室内设计表现打下坚实的基础。

设计素描和基础素描的基础是一样的，但是观察和作业的侧重点有所不同：

（1）目的不同 基础素描主要通过正确的方式把立体的东西转移到平面的作品上，最终表达一种作者想要表达的情绪；而设计素描则是要表达空间和结构，尤其是室内设计中的素描。

（2）观察的方法不同 基础素描的观察方法是首先对事物进行全方位的观察，最后选择一个最能表达情绪的角度，并在此基础上更仔细地观察事物，并抓住事物的特点进行表现。设计素描更注重对空间和结构的理解，所以它可以从任何角度去观察事物，并按着一定的透视规律把空间和结构的特征表现出来。

（3）依据的事物不同 以室内设计为例，素描只是一种表现的手段而已，表现的产生可以从无到有，比如可以在房子还没有建立起来之前就根据事先的规划进行表现；而基础素描则必须依据实物进行创作，尽管也允许自己创造形象，但是这种创造是和素描本身的目的相悖的。

（4）操作的方法不同　设计素描的表现需要遵从一定的科学规律，例如透视学，只有按着透视学的原理表达出来的空间和结构才是正确的，原则上不允许作夸张和艺术处理；而基础素描虽然也必须遵从透视规律，但可以为了表达某种情绪而进行适当的艺术夸张和处理。

（5）表现手段的不同　基础素描通常的表现形式是明暗调子，基础素描的重要课题之一就是分析明暗规律与理解结构。它要求画者以明暗层次为手段，充分地、生动地表达客观对象的体积感、质感、量感、空间氛围感以及某种程度的色感。设计素描的表现形式主要用简练、明了、准确的线条表达形体结构，尽量避免明暗手段。线条的价值在于准确，在于符合透视规律，因此设计素描对比例尺度的要求尤其严格。

（6）细节表现的不同　由于基础素描与设计素描的表现形式不同，基础素描的画面效果注重视觉形象的表现，形象的艺术感染力是衡量画面效果的标准。设计素描的画面效果注重对形体结构的理解，对形体结构表达得是否正确、科学，是衡量设计素描画面效果的标准。

40. 素描常用的工具有哪些?

（1）铅笔　铅笔是素描练习中最常用的表现笔材。目前市面上的铅笔款式相当多，有木质铅笔、工程用自动铅笔、全铅笔、扁铅笔等。款式不同是为了配合不同的需求，其所含笔芯部分则大致相同。笔芯是由石墨与胶质混制而成，两者的混合比例不同，所以产生的软硬度也就不同。通常在铅笔末端，都会以［B］（Black）及［H］（Hard）的号数标明其软硬度。［H］的号数愈高，笔芯愈硬愈淡，适合精密描绘；［B］的号数愈高，笔芯则愈软愈黑，较适合素描练习使用，其中2B、6B最为常用。而介于两者之间的［HB］或［F］（Firm），因笔芯软硬适中，多用于笔记书写。铅笔各种软硬度的效果如图 3-17 所示。

图 3-17 铅笔各种软硬度的效果

1）木质铅笔 。使用时必须以刀片削除外包木质部分，但要避免使用美工刀，因其刀刃过于锐利，容易伤及笔芯。

2）工程用自动铅笔。外加自动笔杆，并以磨芯器研磨笔芯，可替换笔芯的号数，使用极为方便。

3）全铅笔。因笔芯较粗，可涂擦较大之面积，适合速写时使用；因无木质保护，容易折断，使用时应小心。亦有外加自动笔杆的全铅笔可供选择。

4）扁铅笔。可快速转换粗细线条，可使画面具有简洁的速度感。

（2）炭笔 炭笔种类繁多，除了木炭条外，更有以炭粉加胶混制成的各类炭精笔。由于炭笔可表现出较铅笔更深的暗色调，又易于大面积涂抹，故常作为素描练习的重要笔材。

1）木炭条。多以柳树、樱桃等新枝烧制而成，由于采集及烧制不易，故价格较为昂贵。选择时以质地匀细、平直、节少为佳。木炭条亦有粗细软硬之分，可依个人所需多加尝试。木炭条色黑质松，能快速且大面积的涂擦揩拭，适合大画面整体明暗的调整。但因炭粉的附着力较差，完成品必须及时喷上一层固定喷胶，否则炭色极易浑浊脱落。

2）炭精笔、炭精条。它们为炭粉加胶合剂混制而成，故附着力较强，不易修改。除了黑色外，还有白、黑褐、红褐等色制品，常用于速写。粉质的炭精笔性质类近于硬粉彩，故亦可作为粉彩画起稿施底之用。腊质炭精笔，附着力更强，涂抹更不易，画面易有干涩之感，使用时要留意。

（3）色粉笔与粉彩笔　白垩是一种带有白色或灰色的有机软石。灰石与水及胶粉剂混合时，可制成条状及铅笔状的色粉笔，用在色纸上加强绘画效果。

（4）普通橡皮擦、可柔性软擦与擦布　在灰色或黑色背景上描线，用普通橡皮擦或可揉性软擦皆可，但若用的是普通橡皮擦就要削尖。而可揉性软擦具可塑性，能够被塑造成想要的形状。

（5）其他表现媒材　素描用纸限制不多，各类纸张，如描图样、宣纸、水彩纸、光面纸及各色粉彩纸，甚至纸张以外的材质皆可尝试。除了平滑柔软的纸，所有种类的画纸皆适合用炭笔、炭铅笔、赭红色粉笔或粉彩笔来作画。

（6）辅助工具　软橡皮，在素描绘制过程中，除了具有修改错误的功能外，也能调整画面上明暗调子的强弱。但是使用软橡皮时，应先建立一个正确的观念，便是它是一支可任意捏塑的白笔，而不单只是作为修改的工具而已。

1）纸笔。可替代手指，用于压擦较小的面积，作细部的描绘。但容易伤及纸面纤维，不易修改，且呈现的调子稍显呆滞，应注意不要过度使用。其他如棉布、毛笔、细软海棉等，可依实际需要自行尝试。

2）素描固定喷胶。主要由松脂混合酒精及其他溶剂制成，除了有固定画面上的木炭粉作用外，还可保护纸面，使其不易受到沾污。若使用铅笔或炭精笔完成之作品，虽其附着力较强，但最好也能喷上一层固定胶保护画面。

用喷雾剂（固定液）是炭笔画主要的定色法。为了防止颜色变暗或加深，色粉笔画喷上薄薄的一层固定液即可。

41. 工具和技法的应用有哪些？

(1) 尖锐物的应用

1) 将纸刮伤起毛后，用笔侧擦纸面，这时起毛的地方便会承受较多的铅笔粉，显出颜色较深的斑痕，可表现斑驳的质感。

2) 用尖钝物将纸壁陷下去。陷下去的地方在侧擦时承受不到铅笔粉，颜色便显得较白，可用来表现如细枝、小石等细小的白色物体。

(2) 铅笔粉的应用　铅笔粉能做出大面积的平均调子，可作为画面的底色，也能作出渐层的效果。使用铅笔粉的程序为：先用刀片从铅笔上刮下铅笔粉，再用棉花或卫生纸沾铅笔粉于纸上来回涂抹，即可作出大面积的平均色面或渐层调子。

(3) 白色铅笔与色纸的综合应用　使用色纸可以节省画底色的时间，也能增加色彩的变化。但是色纸却不能有最亮的调子，易使画面显现灰沉，这时，可用白色铅笔来补救：以色纸作底色，石墨铅笔画暗处，白色铅笔画亮处，便能修正色纸的缺点，增加作画情趣。

(4) 拓印法　拓印法是超现实主义画家常用的技法之一。它是一种将纸片压在实物上，然后用铅笔拓下其凸出纹路的方法。它能作出铅笔画不出来的自然纹理，如木头、石头的纹路等，并能提供一种极为特殊的视觉情趣。用摩擦法时，应尽量选择薄而柔软的纸片，太硬太厚的纸片将无法清楚地拓出纹路，且应尽量用侧锋来摩擦，否则太明显的笔触将妨碍纹理的显现。

(5) 水彩颜料的辅助应用　在已完成的铅笔画上涂抹一层淡淡的水彩，不仅能保有原来的铅笔色调及笔触趣味，更能增添画面的色彩变化，使作品的表现更加丰富。加水彩时，应避免过浓、过深的颜色，否则易将原稿的铅笔笔触盖掉；也不可用水彩笔作多次涂抹，以免色彩灰涩，笔触模糊。

铅笔技法训练应由简入难、循序渐进。基本技法是铅笔画法的入门，熟悉各类作法与应用，对于以后笔法的丰富化有很大帮助；加上特殊技法的磨练，必能使画者得心应手、挥洒自如。

42. 素描有哪些技法？

(1) 基本技法

1）直线笔触。用笔时线条刻意画直，即成直线笔触。直线笔触排列整齐时，会给人一种清爽整齐的感觉，但易流于呆板。因此可适度调整线条的方向变化，以增加活泼感，却也不可过度，以免显得杂乱无章，如图 3-18a）所示。

2）长三角形笔触。下笔时力量先重渐轻或先轻渐重，都能画出细长的三角形笔触。长三角形笔触和直线笔触类似，但本身多了渐次的变化。因此，当长三角形笔触规则排列时，便能产生色彩渐变的渐层效果，如图 3-18b）所示。

3）曲线笔触。将线条弯曲即成曲线笔触。曲线具有优美、柔软的特性，比直线难控制，因此要多作练习，直到各种转折极为顺畅时，才能表现曲线之美，如图 3-18c）所示。

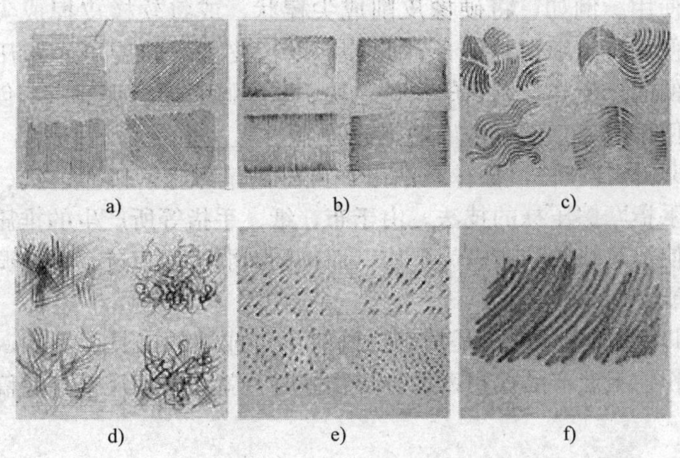

图 3-18 素描的基本技法

a）直线笔触 b）长三角笔触 c）曲线笔触
d）不规则笔触 e）点状笔触 f）连续笔触

4）不规则笔触。任意用笔涂画，即成不规则笔触。不规则笔触的应用，能增加画面的变化，使人感觉生动活泼，但也易陷入杂乱无章，如图 3-18d）所示。

5）点状笔触。利用笔尖敲点纸面，即形成点状笔触。描绘时，刻意变化用力的方向，便能产生不同形状的点状笔触，如圆形、小三角形等，适合琐碎复杂的物体描绘，如图 3-18e）所示。

6）连续笔触。连续笔触是指以笔快速地来回绘出直线或曲线线条的笔法，由于快速来回移动，故能很快地绘出一个色面，但是较难控制线条的形状及色面的范围，如图 3-18f）所示。

（2）特殊技法

1）纸纹的应用。作画时，纸张的合理选择可使画面产生事半功倍的效果。例如，选用粗糙的纸，便可轻易作出粗糙的质感；平滑的纸则有助于笔粉的平均涂布，以增加画面的光滑感。这些都是纸纹所产生的辅助效果。

2）橡皮的应用。橡皮除了可擦去画错的部分外，也可作为画具使用。例如，将硬橡皮削成尖棒状，或将软橡皮捏成尖细状，便可擦出细长竹线条；此外，以橡皮（软硬皆可）轻压画面，便能产生如白云状的白色色块。只要画者能合理地、有创造性地使用橡皮，便可做出期望的效果。

3）擦抹技法。擦抹技法是在画好的笔触上，以布、纸、纸笔或手指摩擦压抹的技法。由于布、纸、手指等所产生的推压作用，使铅笔粉的涂布极为平均，而达到减弱笔触痕迹、柔和调子的功能。

4）尺的应用。尺是精细描画时不可或缺的工具。例如，画建筑物、工业产品等精密的方形物体时，就必须用尺来打底稿或修正。

43. 什么是构图与轮廓？

（1）构图　通常在设计画面的过程中，需先掌握整体的构图，将描绘主题的轮廓确定出来，以利明暗、体积及空间的深入刻画。因此，构图与轮廓的掌握是素描造形的初步。

简单地说，构图便是如何将表现的对象，妥善的安排在画面上，即画面的布局。

（2）轮廓线　一般来说，轮廓线指的是物体的边缘，或是物体与物体之间的分界。在自然界中，轮廓线是不存在的。

线条本身具有很强的表现力。如果能同时有效的掌握构图与轮廓，对设计画面的帮助颇大。

在画面上，可以从两个角度去认识轮廓线。一是“说明性”的轮廓线，它所扮演角色是提示并辅助画面的进行。它不但可以确定对象在画面上的位置，还可将明暗的分界、结构面转折等标示出，这对画面的完成，关系重大。二是“表现性”的轮廓线。线条本身具有高度的表现能力，其浓淡粗细的变化，不但可以说明物象的分界及位置，更可以概括明暗、体积，甚至表现质量感。

轮廓线指的是物体与物体之间的“结构线”、“边缘线”及“明暗线”：

1）结构线。指物体结构面的交界，或不同结构体衔接时所形成的结构面交界。结构线的掌握，关系到体积结构面的形成，及结构面的各种明暗关系。结构面的组成是明暗变化的依据，理解时以其空间位置与方向为主，不必考虑明暗。

2）边缘线。指的是结构体的边缘。结构体的边缘线会随着观察角度的不同而有所改变。

3）明暗线。结构面的形成，是明暗变化的依据，在光线的投射下，不同方向的结构面，会产生不同的明暗变化。因此，明暗线与结构线是相辅相成的。观察时，除了不同结构面所形成的明暗阶调的界线外，更要考虑明暗交界线及投影线。

在基础素描的训练过程中，轮廓的要求相当严谨，这种坚持形准的要求，并非是意味着写实的重要性，而是训练眼与手的一致性，培养敏锐的观察力及造形表现的具体能力。

44. 怎样描绘关系线？

关系线是利用写生对象相互间的位置关系，快速掌握大体的概括外形，包括比例、动态、透视、结构面及明暗位置的关系。

1）掌握关系线时，垂直线与水平线的关系最为重要，斜角及弧线关系更能迅速有效的掌握画面。

2）掌握构图轮廓时，可利用关系线找出各转折点的垂直与水平的关系位置。

利用直线、斜线与弧线等关系线所形成的几何关系，不但能显示出各转折点之间的比例及位置，更能有效地掌握画面的构图及动态。

45. 什么是明暗？

（1）光线感　明暗关系是一切造形的基础，在素描的领域中，更占有关键性的地位。由光线所产生的明暗提示，我们可以察觉出视觉对象的轮廓、体积及空间等造形特质。在画面上，则是以笔材的浓淡，将视觉对象的明暗关系，转换成画面的明暗关系，以期做出类似于光线的感觉。

在素描的表现上，对明暗关系的理解是相当重要的。没有正确的明暗观念，很难表现出画面的明暗及光线感。如白纸无法表现自然光的亮度，反而需要自然光的照射来显现其白。因此，投射在画面的光线不同，画面所呈现的明暗关系亦会受影响。除此之外，不同质地的白纸，反射回来的光线不尽相同，粗纹的纸面，因受光而产生少量的阴影，所呈现的白则不如光滑的白纸，而且许多素描用纸并非是纯白色的。

画面的明暗关系，还受到表现媒材及光线的变量的影响。比如画廊在展出画作时，以聚光投射的方式，产生更强的明暗对比，加强画面亮度的表现。更有画家为了表现画面强光闪烁的效果，以玛瑙磨光工具，将画面亮处磨光，使画面明暗反差增强，做出强光的效果。

除了亮度表现外，在暗的方面，素描通常多以铅笔或炭条进行描绘。不同的笔材，所能呈现的黑各不相同，如以铅笔或木炭条的黑，去表现毫无光线反射的黑暗。

（2）明暗阶调　在素描上，可利用笔材的明暗反差，去表现此自然对象对比更强的明暗关系。如果对象最亮处是金属的高光，最暗处是光线反射极弱的黑洞，则必须以白纸的白去表现高光的亮，用铅笔的黑去表现最黑的暗。因此，以铅笔所能表现的明暗调子是根据相对关系平均分配给写生对象的明暗关系值。若所描绘的对象是石膏像，则需以白纸的白，表现石膏像的白，而以铅笔的黑表现画面上的阴影。但是，若画面上除了石膏像外，还要表现另一个明度极低的静物，如黑球，则铅笔的黑则多会出现于黑球上，而石膏像的阴影大约只能分配到铅笔的灰。因此，同一物体在不同的画面摆设中，其明暗的表现会有所不同。

明暗的分配是根据对象的明度分布而作的决定，而这种明暗的分布关系，便是所谓的明暗关系。同一材质的对象，在不同的画面中，其明度表现也不尽相同。

一般而言，写生对象的明暗变化较为复杂，以白概括画面的亮；以黑概括画面的暗；既不亮又不暗的，则以灰表示。这种以黑白灰三阶调来概括明暗的表现能力，显然比二阶调概括更为细腻。而且可继续分为白、灰白、灰、深灰、黑、暗黑六阶调，在视觉上亦较能明确分辨，且在表现能力上比三阶调更细腻些。一个画面若以黑白灰概分两次，明暗表现就相当丰富了。

（3）黑白灰　利用黑白灰（亮灰暗）的概括，虽然不是处理复杂明暗关系的唯一方式，却是最有效的途径。通常在画面上，将欲表现亮的部分概括为白，暗处则概括为黑，其余则归为灰的范围。黑白灰的概括，是一种观念的运用，并非数学式的绝对划分，除了有助于处理画面繁复的明暗调子外，还可以避免调子之间的冲突。因此，同一个写生对象的黑白灰划分，可因人而异，只要明暗关系不要搞错，结果都是一样的。

（4）明暗五大调　自然光为单一光源，以直线的方式照射在各种不同结构体上。由于结构体上各个结构面与投射光线的角度关系，将会产生不同的明暗变化。

1）高光。高光在受光面部分。一般而言，高光泛指受光面较亮的调子，以别于中间调，而高光点理论上只有一点。

2）中间调。亦为受光面部分，是高光以外的结构面，因光线角度的关系，单位面积反射至眼睛的光量依其角度变化而逐渐减弱，在结构体的明暗上呈现较灰的调子。

3）明暗交界线。受光面与背光面的交界处。由于此处结构面与光线进行方向平行，单位面积的受光量几近于零，而且所受的反光量亦最少，因此在结构体中呈现最暗的调子。

4）反光。受光面的明暗变化受光线的方向所影响。而背光面则正好相反，其结构面的明暗变化，是受到反射光的影响。反光程度的强弱，会受光源强弱及反射物体结构面的方向、距离及材质的影响，光源愈强，反光愈强。也可以说，反光是背光面的光源，只是反光的来源通常较为复杂。一般，受光面的光源较为单一化，而反光则会受物体周围环境的影响，而有所变化。理论上，背光部分的明暗变化，如同受光面，不同的结构面，单位面积所受的反光程度不同，所呈现的调子，会因结构面的方向与反光的角度发生变化。在画面表现上，由于反光的光源一般不强，故多呈现灰色调子。

5）投影。光源投射于结构体上，产生了受光面与背光面，而光的行进受到结构体的阻隔，会在另一个结构体上产生投影。通常把物体的背光面称为“阴”，而投射在另一结构体所产生的投影称为“影”，即所谓的物体的阴影。

明暗五大调如图 3-19 所示。

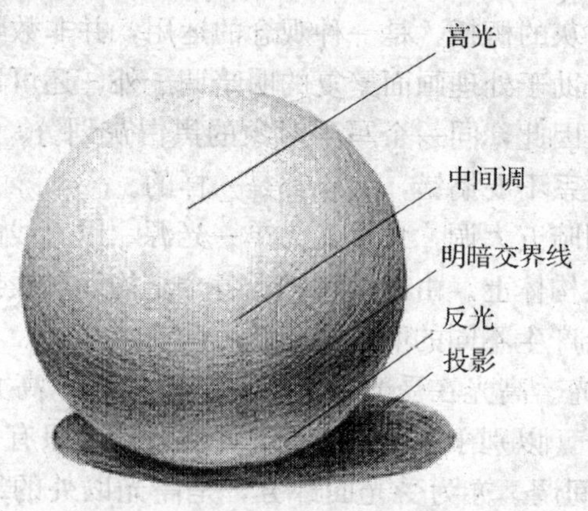

图 3-19　明暗五大调

46. 什么是体积？

（1）体积　所谓体积，便是自然界的实体在三度空间中所占据的空间位置。

不同材质的实体，会呈现出不同的体积面貌。比如山石树木，人物走兽，除了在表面上具有不同的外形特征外，实体内却隐含着一种组织结构上的差异。在山石树木上所呈现的内在结构特质，是经过长时间的积累或消蚀，而以特有的形貌外显出来。而人物走兽，内在却隐含着更复杂的骨骼与肌肉的结构关系，表现在外的形貌，更因各种不同的活动状态而变化万端。

因此在绘画的体积表现上，必须彻底地理解复杂的内在结构特性，才能确实地掌握外在形体上的造形特征，尤其是人物走兽的体积表现。这种内在与外显的结构特征，便是所谓的“内在结构”与“形体结构”，两者之间是因果的关系。

（2）明暗与结构　明暗与结构是体积表现的两大基础，两者之间关系密切。在素描的体积训练上，可将两者分别做练习，一是以明暗为主的体积表现，一是以结构为主的体积表现，即所谓的明暗素描与结构素描。

（3）方向面　光线与结构面之间的明暗变化，在明暗素描的练习过程中，扮演着极为重要的角色。不同的结构体，是由无数的结构面组合而成。不同的结构面因光线的投射角度不同，而各具有不同的明暗调子。这种不同方向面的明暗变化，便是视觉上判断体积厚度的一个重要的依据，在绘画的表现上也不例外。

利用结构体方向面的明暗变化，可以很轻易地对单一实体的体积作出判断。概括结构面的面积大小与方向，便是决定结构体积的关键。不同方向的结构面，在直行的光线底下所形成的高光、中间调及明暗交界线等五大调，其正确的位置是有规律的。因此，对于结构更复杂的实体，利用光的方向与面的角度关系，可以明确而快速的作出体积判断。

（4）线条概括　视觉判断体积与空间的关系，除了视觉透视效果以外，主要是依据双眼视差与移动眼睛的方式。因此利用方向面表现体积时，为了强化平面的立体感，会将结构面的明暗效果加以夸张强调，以期画面的体积感能符合要求。而这种夸张与强调，最常以线条的粗、细、浓、淡、缓、急加以概括表现。

以线条表现结构体积，除了概括线条外，可配合少许明暗来表现出更坚实的体积感。这是一种以结构为主、光线为辅的体积表现方式，对于光线及质量感考虑较少，而侧重于结构的表现。

第4章

施工图表现

1. 怎样才能快速入门 AutoCAD?

AutoCAD 是最常用的绘制施工图的软件之一，AutoCAD 软件也是一些掌握施工图绘制软件的基础平台，所以 AutoCAD 软件是设计师必须掌握的工具软件。对于初学者开始学习软件时，要注意以下几个方面的问题：

1）首先应该了解我们的学习目的。AutoCAD 是一个功能庞大的软件，它的用途不仅在绘制工程图的领域，在其他的领域也有较为广泛的用途，所以我们一定要了解我们为什么学习这个软件。作为室内设计人员学习 AutoCAD 的主要目的就是用这个软件绘制各种装饰施工图样。

2）了解软件的大体结构。AutoCAD 软件的主要功能模块有：

① 绘图部分：提供了所有的绘图工具和命令，是我们绘制各种图形的基础，这是我们要学习的核心内容之一。

② 编辑部分：用于对我们所做的图形和图形元素进行编辑和修改，完善我们的图形。

③ 外部交换：提供了与其他软件或相关文件之间的交换、发布和引用的命令，这部分在几种软件协同工作时非常有用。例如做彩色平面图时，我们就需要把 AutoCAD 的文件导出成相应的格式，以便用其他的绘图软件进一步进行着色处理。

④ 尺寸标注部分：很多的矢量图绘制软件都能够绘制施工图，但是 AutoCAD 的标注系统有它独特的优势，这也是我们经

常使用它绘制施工图的原因之一。

⑤ 其他部分：除了上述几个主要部分外，AutoCAD 软件还有一些其他的功能模块，例如渲染等。

⑥ 基础命令：这里称为基础命令，是因为这些命令是几乎所有的软件都有的命令，比如打开、关闭、存盘、打印等命令，差别在于不同软件之间的相同的命令在使用时的设置方式不同而已。

3）了解 AutoCAD 软件的命令输入的方式。AutoCAD 软件命令输入方式和其他的软件相似，比如可以通过点击下拉菜单中的命令输入和通过点击软件提供的图标进行命令的输入。

4）明确自己要做什么。学习软件不能一味地按着教科书上提供的步骤去学习，而是应该根据自己的实际需要去学习软件的各种命令，这无疑是最有效的学习方法。

5）学会使用帮助文件。一些基本命令的使用方法都可以用软件的帮助文件来快速的解决。

6）练熟最基本的命令。任何一个问题都有很多的解决办法，而复杂的方法都是由最基本的方法形成的。熟练掌握最基本的命令就能产生事半功倍的效果。

7）正确的理解技巧的概念。结合自己的工作，用自己的工作思路去指导学习就是最大的技巧。

2. 绘制施工图的步骤是什么？

绘制施工图的步骤一般如下：

（1）设置软件的环境　所谓的 AutoCAD 的环境设置，就是在绘图之前根据我们的需要对软件进行必要的设置，使软件有更适合自己和工作的界面及初始工作环境。这些设置一般包括界面的调整（使其更适合自己的工作习惯）、单位设置、精度设置等。

（2）调入相应的模板　所谓的模板就是一个基础做图环境，它是以文件的形式存在的，文件的后缀是 DWT。例如每个公司的常用绘图比例、标注习惯、字体标准、标准图层设置、标准图框及图框、打印设置等都可以在模版中进行设置，这样就可避免每次在作图之前都要进行设置，从而提高了绘图效率。

（3）绘制轴线或定位线　对于大型工程的平面图必须根据有关部门提供的图样绘制相关的轴线，这是进一步绘制图形的基础。如果轴线尺寸定位有误，会导致以后的工作出现很大的误差。

不管是哪一种线都应该画在相应的图层内，便于日后的编辑和管理。

（4）绘制墙线　墙线的绘制在墙线相应的图层内进行。绘制墙线应该注意的是墙线相对于轴线的偏移量。偏移量主要依据已有的建筑图样或相关的国家标准进行绘制，一般情况下内墙的轴线在墙线的中间位置，只有外墙有偏移量。准确地绘制墙线有助于准确地对室内装饰的构建进行定位，对以后做预算时的工程量的核算也有相应的影响。

（5）绘制装饰结构　装饰构造细节的绘制主要是依据设计师的设计思路和草图，并参照国家有关的装饰标准规范进行，这一部分是装饰施工图绘制的核心部分。这一部分的绘制要求是施工图样能够准确地表达装饰结构的形状、连接方式、所用材料和装饰结构和基础部结构的相对位置，对于不能表达清楚的细节应该在本图适当的位置或其他的位置绘出节点的详图，并在图上标出索引符号。

（6）家具陈设的绘制　家具陈设的绘制反应的是装饰设计的后期家具陈设及相关的后期配饰情况。一般情况下用简化的家具和陈设的符号来代替，这些符号应该能够大体形象的代表家具、陈设及绿化植物的风格和形象。对于由设计师自行设计的家具和陈设构件，例如吧台、附墙家具等应该在相应的图样上画出结构的详图以便准确地进行施工。家具陈设的位置和大小应该符合比例和实际位置的要求。

（7）标注　装饰施工图的标注是装饰施工图绘制的重要个环节，它包括文字标注和数字标注两个部分。文字标注主要包括图样的名称、比例、材质说明、门窗列表、相同构造数量和标题栏的相关内容的填写。尺寸标注部分包括基础结构尺寸（土建结构尺寸)、门窗尺寸、装饰结构的定位尺寸和装饰结构的细节尺寸。标注部分要求标准准确，并和实际的结构相吻合。标注是实际装饰施工的基础依据，一般施工不以图样测量尺寸为准而是以标准尺寸为准，所以标注直接影响施工的正确性。

（8）编写设计说明　设计说明是对图样内容的进一步的诠释和说明，一般包括以下几个方面：

1）图样设计风格的解释和说明。

2）对在图样中未能进行标注的尺寸和材质的补充说明。

3）图样中所引用的标准图集的代号的说明。

4）图样的使用说明及施工注意事项。

（9）对图样进行统一的编号并打印出图。

3. 什么是样板（模板）文件？

样板文件实际上就是一个 AutoCAD 的文件，只不过图形样板文件包含标准的设置。绘图者可以从提供的样板文件中的选择一个，或者创建自定义样板文件。如果根据现有的样板文件创建新图形，则新图形中的修改不会影响样板文件。

（1）创建图形样板文件　需要创建使用相同惯例和默认设置的多个图形时，通过创建或自定义样板文件而不是每次启动时都指定。惯例和默认设置可以节省很多时间。通常存储在样板文件中的惯例和设置包括：

1）单位类型和精度。

2）标题栏、边框和徽标。

3）图层名。

4）捕捉、栅格和正交设置。

5）栅格界限。

6）标注样式。

7）文字样式。

8）线型。

（2）从现有图形创建图形样板文件的步骤

1）单击“文件”菜单“打开”。在“选择文件”对话框中，选择要用作样板的文件。单击“确定”。如果要删除现有文件内容，请单击“修改”菜单“删除”。在“选择对象”提示下，输入“all”，然后选择边框和标题栏（如果要删除它们），并输入“r（删除）”。

2）单击“文件”菜单“另存为”。

3）在“图形另存为”对话框的“文件类型”下，选择“图形样板”文件类型。DWT 文件必须以当前图形文件格式保存。要创建以前格式的 DWT 文件，请以所需的 DWG 格式保存该文件，然后使用 DWT 扩展名对 DWG 文件进行重命名。

4）在“文件名”框中，输入此样板的名称。单击“保存”，输入样板说明。单击“确定”。

5）新样板将保存在 template 文件夹中。

（3）关于图框　图框一般含有一些与公司和图样相关的信息。公司的有关信息是不变的，而标题栏中有关图样的信息是随着图样的内容的不同而发生变化的，所以建议把标题栏做成一个含有各种文字属性的块文件，在需要的时候调入，并根据其文字的属性提示输入相关的图样信息。

4. 怎样进行绘图单位设置？

启动 AutoCAD，此时将自动创建一个新文件。打开“格式”菜单，选择“单位”命令，系统将打开“图形单位”对话框。

我们可通过“长度”组合框中的“类型”下拉列表选择单位格式，其中，选择“工程”和“建筑”的单位将采用英制，而我国是以米制为标准，在这里选择“小数”。单击“精度”下拉列表，选择绘图精度。对于装饰工程，施工图样精度要求不是很高，我们可以选择“0”，即取整数。

在“角度”组合框的“类型”下拉列表中可以选择角度的单位。可供选择的角度单位有：“十进制度数”、“度/分/秒”、“弧度”等。同样，单击“精度”下拉列表可选择角度精度。“顺时针”复选框可以确定是否以顺时针方式测量角度。修改单位时，下面的“输出样例”部分将显示此种单位的示例，如图 4-1 所示。

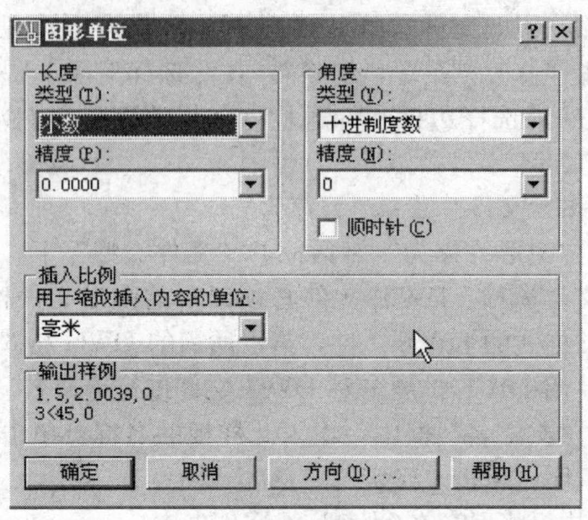

图 4-1 “图形单位”对话框

单击“方向”按钮，系统将弹出“方向控制”对话框，通过该对话框定义角度的方向。

5. 怎样定义图层?

图层用于按功能在图形中组织信息以及执行线型、颜色及其他标准。图层相当于图样绘图中使用的重叠图样。图层是图形中使用的主要组织工具，可以使用图层将信息按功能编组，以及执行线型、颜色及其他标准。

通过创建图层，可以将类型相似的对象指定给同一个图层使其相关联。例如，可以将构造线、文字、标注和标题栏置于不同的图层上。然后可以控制以下内容：

1）图层上的对象是否在任何视口中都可见。

2）是否打印对象以及如何打印对象。

3）为图层上的所有对象指定何种颜色。

4）为图层上的所有对象指定何种默认线型和线宽。

5）图层上的对象是否可以修改。

每个图形都包括名为“0”的图层，不能删除或重命名图层“0”。该图层有两个用途：

1）确保每个图形至少包括一个图层。

2）提供与块中的控制颜色相关的特殊图层。

注意：建议创建几个新图层来组织图形，而不是将整个图形均创建在图层“0”上。

图层对话框可以点击或在下边的命令窗口输入“la”或在“格式”菜单中将“图层”打开，“图层特性管理”对话框如图4-2所示。

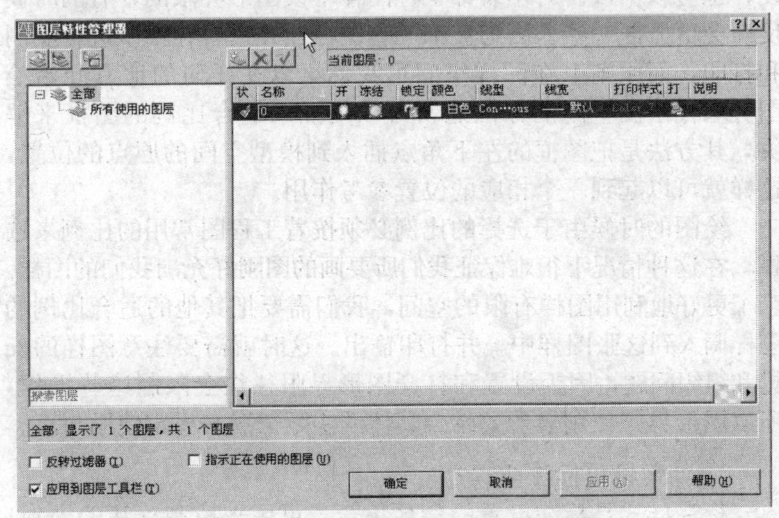

图4-2　“图层特性管理”对话框

其不仅可以显示图形中图层的列表及其特性，还可以添加、删除和重命名图层，修改图层特性或添加说明。图层过滤器用于控制在列表中显示哪些图层，还可用于同时对多个图层进行修改。

6. 怎样在AutoCAD中设置图形界限？

图形界限是AutoCAD绘图空间中的一个假想的矩形绘图区域，相当于所选择的图样大小。图形界限确定了栅格和缩放的显示区域。设置绘图单位后，打开“格式”菜单，选择“图形界限”命令。命令行将提示您指定左下角点，或选择开、关选择。其中“开”表示打开图形界限检查。当界限检查打开时，Auto-

CAD将会拒绝输入位于图形界限外部的点。但是注意，因为界限检查只检测输入点，所以对象的某些部分可能延伸出界限之外。“关”表示关闭图形界限检查，您可以在界限之外绘图，这是缺省设置；“指定左下角点”表示给出界限左下角坐标值。输入坐标值后，系统将提示您指定右上角坐标值。

图形界限的设置完全可以根据绘图者的做图习惯决定，可以设，也可以不设。对于装饰工程图样不设图形界限的，有的时候反而会更方便一些。因为装饰工程图样比较适合在模型进行绘制和打印，而原则上在图样空间里我们可以在任何的地方开始绘图。取代绘图空间的办法通常可以用插入适合比例的图框来解决，其方法是把图框的左下角点插入到模型空间的原点的位置，这样就可以起到一个相应的位置参考作用。

绘图的时候由于选择的比例必须按着工程图常用的比例来选择，在这种情况下很难保证我们所要画的图刚好充满我们的图样。为了更好地利用图样有限的空间，我们需要把其他的适合比例的图样调入到这张图样中，并打印输出。这时就需要注意图样的安排和组织问题，因为设置和打开图形界限往往会限制这些操作，所以图形界限使用异形要结合具体的实际情况来界定使用与否。

7. 如何设置标注样式？

标注样式是标注设置的命名集合，可用来控制标注的外观，如箭头样式、文字位置和尺寸公差等。用户可以创建标注样式，以快速指定标注的格式，并确保标注符合行业或项目标准。

创建标注时，标注将使用当前标注样式中的设置。如果要修改标注样式中的设置，则图形中的所有标注将自动使用更新后的样式。用户可以创建与当前标注样式不同的指定标注类型的标准子样式，如果需要，可以临时替代标注样式。

在装饰施工图的绘制过程中经常会遇到在同一张图中绘制不同比例的图形，这使得统一的标注样式不能适应标注不同比例的图形，这种场合下标准样式的设置必须满足下面的要求：

1）一张图样上的文字标注必须一致，而且这张图样和其他的配套图样的文字标注必须保持一样的大小。文字的大小应该以同行业的管理进行设置。

2）在标注不同比例的图形时，标注的文字大小应该保持一致，但标注的尺寸数之间不应该出现混乱或错误。

为了满足上面的要求我们有必要在同一张图样上设置不同的标注样式，以满足不同的要求。下面将具体的设置过程说明如下：

1）要研究标注的样式首先要了解比例的概念。所谓的比例就是打印的图样上的一个单位和实际尺寸的比例。例如图样上的1mm代表实际的100mm（以长度为准），那么这张图的比例就是1∶100。

2）在绘图中通常是在模型空间进行绘制。为了方便绘图，我们通常是以实际的尺寸进行绘制，例如实际是1m的长度，我们就在软件中输入1000mm来表示这条线，也就是说绘图时的比例是1∶1。

从绘制图形到实际的尺寸要经历这样一个过程：软件中绘制的图形⟶打印图样的图形⟶实际尺寸。

如点击“格式”菜单：“标注样式”，出现如图4-3所示的对话框。

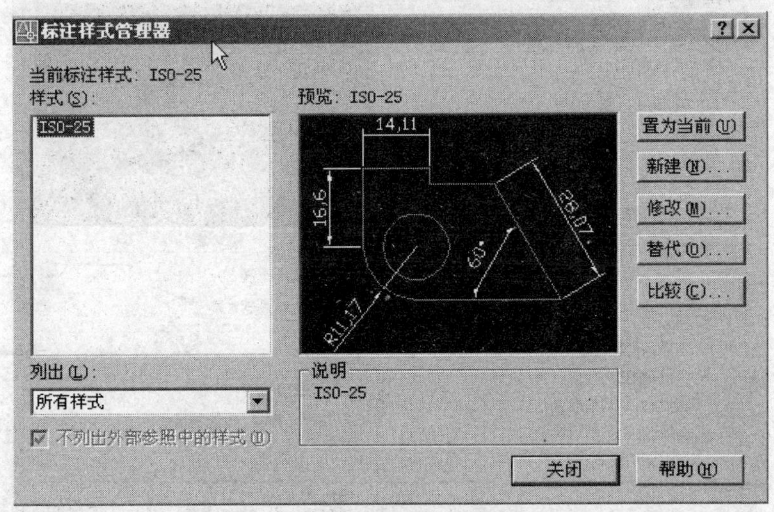

图4-3 “标注样式管理器”对话框

这里显示的是 ISO—25，是软件自带的标准标注样式，我们以这个样式为基础建立一个自己的标注样式。点击新建，出现如图 4-4 所示的对话框。

图 4-4 “创建新标注样式”对话框

在新样式名中键入一个图样比例为 1∶100 的标注样式的名称。然后点击“继续”按钮，会出现标注样式设置对话框，然后按着我国的相关的标准及每个公司的绘图习惯进行设置。调整选项，如图 4-5 所示。

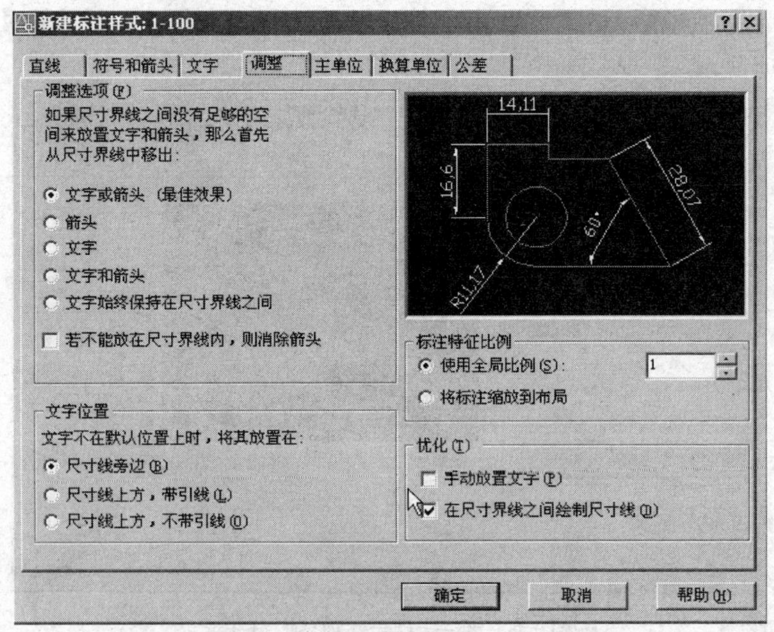

图 4-5 “新建标注样式”对话框

这时把“使用全局比例”的数值设为100，待其他的选项设置完成，点击“确定”就完成了。所谓的全局比例是为所有标注样式设置设定一个比例，这些设置指定了大小、距离或间距，包括文字和箭头大小。该缩放比例并不更改标注的测量值。

如果在这张图样上画一个比例为 1∶10 的图时，需要在 1∶100的标注样式的基础上新建一个比例样式，然后给它起名，方法同上，这时把样式管理器切换到单位选项，如图 4-6 所示。

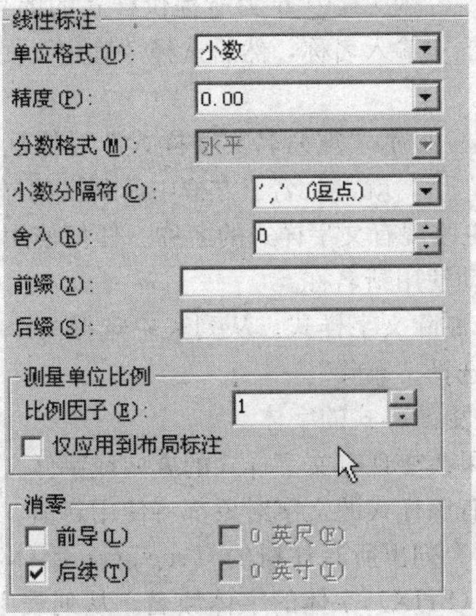

图 4-6 “线性标注”对话框

然后只需把测量单位的比例因子改为 0.1 就可以了，这个比例因子决定了在图中测量的数值和显示的数值之间的关系。

8. 如何设置文字样式？

1）点击“格式”菜单：“文字样式”。

2）命令行：style（或 'style，用于透明使用）。

3）创建、修改或设置命名文字样式。

其功能内容如下：

1）样式名。显示文字样式名、添加新样式以及重命名和删除现有样式。列表中包括已定义的样式名并默认显示当前样式。要更改当前样式时，需从列表中选择另一种样式，或选择“新建”以创建新样式。样式名称可长达 255 个字符，包括字母、数字以及特殊字符，例如，美元符号（$）、下划线（_）和连字符（-）。

2）新建。显示“新建文字样式”对话框并为当前设置自动提供“样式 n”名称（其中 n 为所提供样式的编号）。可以采用默认值或在该框中输入名称，然后选择“确定”使新样式名使用当前样式设置。

3）重命名。显示“重命名文字样式”对话框。输入新名称并选择“确定”后，就重命名了方框中所列出的样式。也可以用 RENAME 来更改现有文字样式的名称。任何使用旧样式名的文字对象都将自动使用新名称。

4）删除。删除文字样式。从列表中选择一个样式名将其置为当前，然后选择“删除”。

5）字体。更改样式的字体。

注意：如果改变现有文字样式的方向或字体文件，当图形重生成时所有具有该样式的文字对象都将使用新值。

6）字体名。列出所有注册的 TrueType 字体和 Fonts 文件夹中编译的形（SHX）字体的字体族名。从列表中选择名称后，该程序将读取指定字体的文件。除非文件已经由另一个文字样式使用，否则将自动加载该文件的字符定义。可以定义使用同样字体的多个样式。

7）字体样式。指定字体格式，比如斜体、粗体或者常规字体。选定“使用大字体”后，该选项变为“大字体”，用于选择大字体文件。

8）高度。根据输入的值设置文字高度。如果输入 0.0，每次用该样式输入文字时，系统都将提示输入文字高度。输入大于 0.0 的高度值则为该样式设置固定的文字高度。在相同的高度设置下，TrueType 字体显示的高度要小于 SHX 字体。

注意：在该程序提供的 TrueType 字体中，大写字母可能不能正确地反映指定的文字高度。

9）使用大字体。指定亚洲语言的大字体文件。只有在“字体名”中指定 SHX 文件，才能使用“大字体”。只有 SHX 文件可以创建“大字体”。

10）效果。修改字体的特性，例如高度、宽度比例、倾斜角以及是否颠倒显示、反向或垂直对齐。

11）颠倒。颠倒显示字符。

12）反向。反向显示字符。

13）垂直。显示垂直对齐的字符。只有在选定字体支持双向时“垂直”才可用。TrueType 字体的垂直定位不可用。

14）宽度比例。设置字符间距。输入小于 1.0 的值将压缩文字；输入大于 1.0 的值则扩大文字。

15）倾斜角度。设置文字的倾斜角。输入一个－85～85 的值将使文字倾斜。

注意：使用这一节中所描述效果的 TrueType 字体在屏幕上可能显示为粗体，屏幕显示不影响打印输出，字体按指定的字符格式打印。

16）预览。随着字体的改变和效果的修改动态显示样例文字。在字符预览图像下方的方框中输入字符，将改变样例文字。

17）预览文字。提供了要在预览图像中显示的文字。

18）“预览”按钮。根据对话框中所作的更改，更新字符预览图像中的样例文字。

注意：预览图像不反映文字高度。

19）应用。将对话框中所作的样式更改应用到图形中具有当前样式的文字。

20）关闭。将更改应用到当前样式。只要对“样式名”中的任何一个选项做出更改，“取消”就会变为“关闭”。更改、重命名或删除当前样式以及创建新样式等操作立即生效，无法取消。

21）取消。只要对“样式名”中的任何一个选项做出更改，“取消”就会变为“关闭”。

9. 怎样绘制图框?

图框的绘制首先要按着工程制图的有关规定和公司的习惯用法进行绘制。现以 A4 图的图框为例，说明一个图框的绘制过程。

首先在软件中画出 A4 图框的边线，应该是正规的尺寸 297mm×420mm。然后按着 A4 图样的图框线的要求画出内框线，左下角尽量以原点为起点。再按着要求画出标题栏，并把标题栏内的文字填好，如图 4-7 所示。

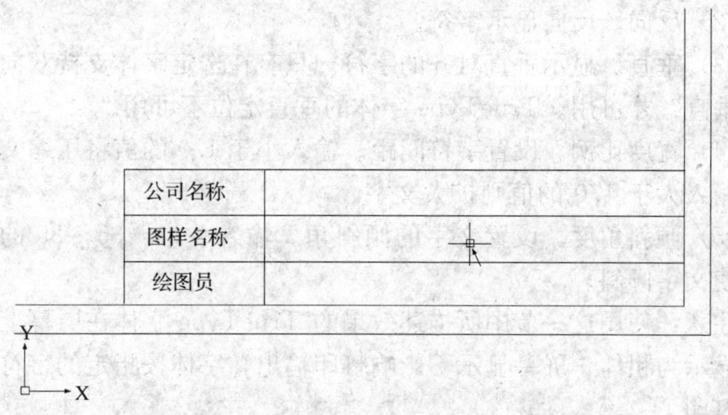

图 4-7　绘制图框

这里的标题栏只是个示意图，我们最终的目的是要把这个图框存成图块，然后在需要使用时将其调出。

在日常绘图过程中经常会遇见这样的情况，新调进来的图框上有许多文字需要重新的填写，例如标题栏的内容等。如果调进来以后再填写，又须完成重新设置文字的格式等一系列的程序。为了解决这个问题，我们只要利用图块的属性设置就可以了，其设置过程如下：

1）点击“绘图”菜单：“块”“定义属性”。

2）出现【属性定义】对话框如图 4-8 所示，在相应的栏目填好相应的文字，如在标记栏填入“公司名称”，在提示栏填入

“公司名称”。然后设置文字的属性和插入点，插入点击把此段属性放在公司名称后面的表格内。再以同样的方式插入另外两个属性，结果如图 4-9 所示。

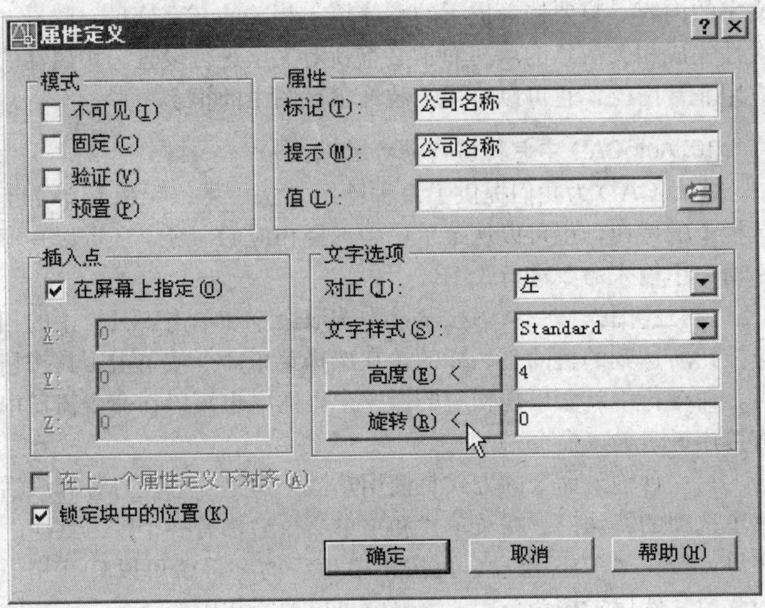

图 4-8　“属性定义”对话框

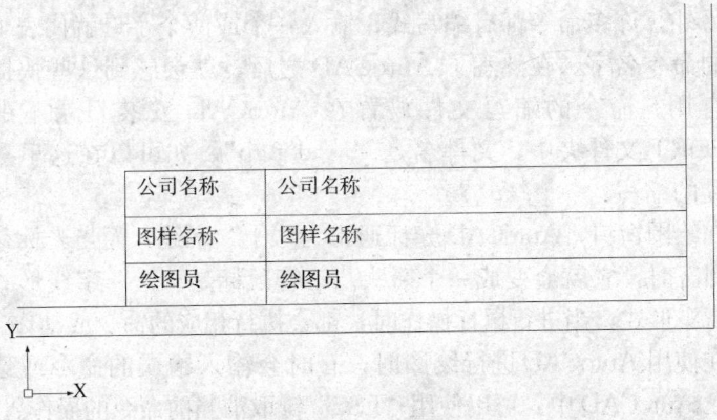

公司名称	公司名称
图样名称	图样名称
绘图员	绘图员

图 4-9　图框图样

完成这些步骤后，就可以把所画的图形和所定义的属性一起定义成一个块，这时工作就完成了。

带有属性设置的块再调入时，软件会逐步提示出应该填入的文字的内容。只要按着提示的顺序填入相关的文字信息，就可一次性完成相关信息的填写而不必重新对文字进行设置。块属性的应用非常广泛，它可以应用于装饰工程图中的很多图形。

10. AutoCAD 中怎样进行命令的输入？

AutoCAD 为我们提供了多种绘图方法，可以用鼠标单击工具栏上的按钮，也可以从菜单栏中选择相应的命令，还可以在命令窗口中输入命令进行绘图。

（1）绘图操作　从下拉菜单中选取命令和单击工具栏中的相应按钮所达到的目的是一样的，在选择菜单命令或单击工具按钮后，命令行中就会出现相应的命令。当然，也可以在命令窗口中直接用键盘输入命令。

另一种输入命令的方式是使用热键，这是一些能打开和激活菜单选项的特殊键。在菜单栏和菜单命令后都有一个带下划线的字母，按住“Alt”键后，再按菜单项后的字母就可以打开相应的菜单。然后，按命令后的字母就可以执行相应的命令，无须使用鼠标。

另外，许多命令都有缩写式，输入一个或两个字母就代表了完整的命令名字。在熟悉了 AutoCAD 之后，就会感到这些快捷键很有用。命令的缩写文件放置在 AutoCAD 安装目录下的 SUPPORT 文件夹中，文件名是“acad. pgp”，您可以在这里查找命令的缩写。

在绘图窗口，AutoCAD 光标通常为“十”字线，而当光标移出绘图区时，它就会变成一个箭头。不管鼠标是“十”字线形式还是箭头形式，当进行鼠标操作时，都会执行相应的命令或动作。

在使用 AutoCAD 进行绘图时，有时会输入错误的命令或选项，在 AutoCAD 中，可以使用“ESC”键取消当前命令的操作。

有时需要重复执行某个 AutoCAD 命令来完成设计任务时，

直接按“回车键”、“空格键”，或在绘图区域单击鼠标右键，并选择快捷菜单中的“重复××”命令，AutoCAD 就会重复执行您所使用的最后一条命令，如图 4-10 所示。

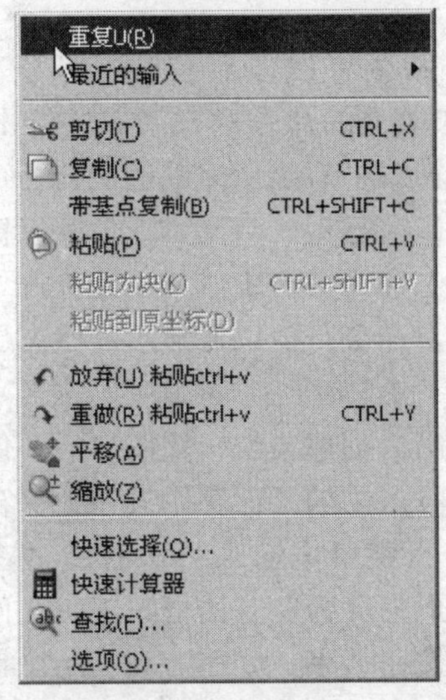

图 4-10　右键菜单（一）

要重复命令，还可以在命令行窗口中单击鼠标右键，在快捷菜单的“近期使用的命令”子菜单中显示最近使用过的命令（最多显示 6 条）。然后选择所需要的命令，如图 4-11 所示。

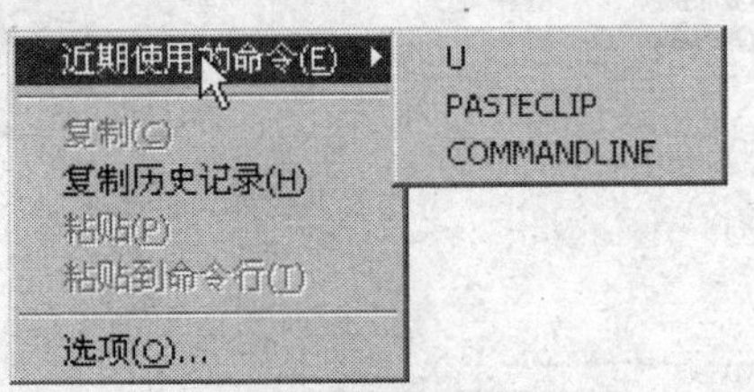

图 4-11　右键菜单（二）

在命令行中输入“MULTIPLE”并按“回车键”，然后根据命令行的提示，输入需要重复执行的命令。AutoCAD 会同样重复执行您输入的命令，直到按“ESC”键结束。

在 AutoCAD 中，有些需要在对话框中执行的命令也可以被强制在命令行中执行，只需要在命令前加一个“－”（减号）就可以了。

命令行窗口是一个可以停靠，也可以浮动的窗口，AutoCAD 在这里显示您输入的命令和选项，并给出提示信息。在默认情况下，命令行窗口中只显示以前的两行命令提示，而向上拖动窗口的边界就可以多显示几行文本。命令行窗口显示您当前所编辑图形的命令状态和命令历史。如果您打开了多个图形，在图形之间进行切换时，命令行窗口所显示的状态历史也会进行相应的切换。

（2）保存和退出　创建或编辑完图形后要保存图形文件，可以单击“标准”工具栏中的“保存”按钮。保存图形文件的另一种方法是：在命令行窗口中输入“Qsave”并按“回车键”，这时会就会弹出“图形另存为”对话框，输入文件保存的路径和名称，单击“保存”按钮结束，如图 4-12 所示。

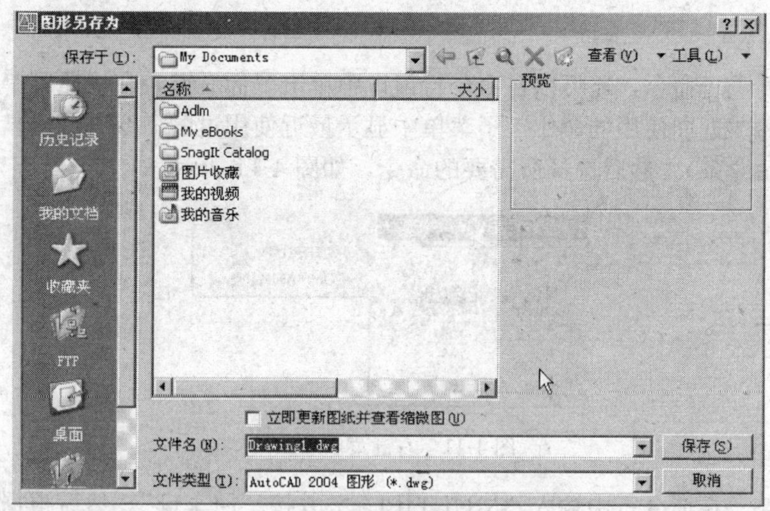

图 4-12　“图形另存为”对话框

保存图形文件第三种方法为：选择“文件”菜单中的“保存”命令，操作方法与其他 Windows 应用软件相同，这里就不再介绍了。

如果您在“图形另存为”对话框中单击“工具”下拉列表，选择“选项”命令，则会弹出“另存为选项”对话框。该对话框中有“DWG 选项”和“DXF 选项”两个选项卡。

1）DWG 选项卡表示如果您将图形保存为 R13 或以后版本的文件格式，并且图形包含来自其他应用程序的定制对象，则可以选中“保存自定义对象的代理图像”复选框，如图 4-13 所示。

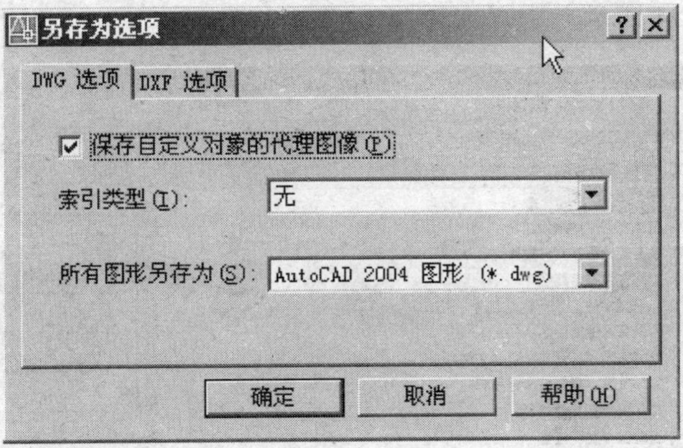

图 4-13　“另存为选项”对话框

该选项设定系统变量“PROXYGRAPHICS”的值。在“索引类型”列表中，可以确定当保存图形时，AutoCAD 是否创建层或空间索引。在“另存为”列表中，可以指定保存图形文件的缺省格式。如果改变指定的值，则以后执行保存操作时将采用新的文件格式保存图形。

2）DXF 选项卡表示设置交换文件的格式。在“格式”组合框中，可以指定所要创建 DXF 文件的格式。“选择对象”复选框可以决定 DXF 文件是否包含选择的对象或整个图形。“保存缩微预览”图像复选框可以决定是否在“选择文件”对话框中的“预览”区域显示预览图像，也可以通过设置系统变量“RASTER-RREVIEW”来控制该选项。在“精度的小数位数”框中可以设置保存的精度，该值的范围在 0～16 之间。

退出 AutoCAD 常用方法有三种：一种是打开“文件”菜单，选择“退出”命令；一种是在命令行中键入“Exit”或“Quit”；另一种是单击标题栏右侧的“关闭”按钮。

11. 怎样进行绘图环境设置？

如果对当前的绘图环境并不是很满意，可打开“工具”菜单，选择“选项”命令来定制 AutoCAD，以符合自己的要求，如图 4-14 所示。

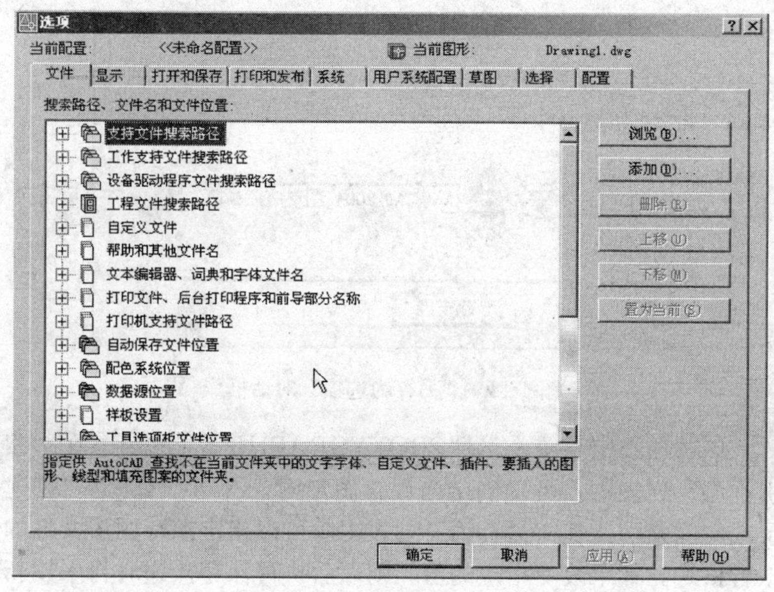

图 4-14 “选项”对话框

在弹出的“选项”对话框中：

1）在“文件”选项卡中设置文件路径，您可通过该选项卡查看或调整每种文件的路径。在“搜索路径、文件名和文件位置”列表中找到要修改的分类，然后单击要修改的分类旁边的加号框展开显示路径。选择要修改的路径后，单击“浏览”按钮，然后在“浏览文件夹”对话框中选择所需的路径或文件，单击“确定”按钮。选择要修改的路径，单击“添加”按钮就可以为该项目增加备用的搜索路径。系统将按照路径的先后次序进行搜索。若选择了多个搜索路径，则可以选择其中一个路径，然后单击“上移”或“下移”按钮提高或降低此路径的搜索优先级别。

2）“显示”选项卡用于设置：是否显示 AutoCAD 屏幕菜单；是否显示滚动条；是否在启动时最小化 AutoCAD 窗口；AutoCAD 图形窗口和文本窗口的颜色和字体等。

① 单击“颜色”按钮，在对话框上部的图例中单击要修改颜色的元素，在“窗口元素”框中将显示该元素的名称，“颜色”框中将显示该元素的当前颜色。然后在“颜色”下拉列表中选择一种新颜色，单击“应用关闭”按钮退出。

② 单击“字体”按钮将显示“命令行窗口字体”对话框，然后在其中设置命令行文字的字体、字号和样式。

③ 通过修改“十字光标大小”框中光标与屏幕大小的百分比，可调整十字光标的尺寸。

④“显示精度”和“显示性能”区域用于设置着色对象的平滑度、每个曲面轮廓线数等。所有这些设置均会影响系统的刷新时间与速度，并进而影响操作的流畅性。

3）“打开和保存”选项卡用于控制打开和保存相关的设置。“打印”选项卡控制打印输入的选项。您可以从“新图形的缺省打印设置”中选择一个设置作为打印图形时的缺省设备。单击“添加或配置打印机”按钮将打开 AutoCAD 目录下的“R16.0\chs\Plotters”文件夹，该文件夹中包含 AutoCAD 安装的打印机配置文件，另外还有一个添加打印机向导，可以用它来为 AutoCAD 添加打印机。“基本打印机选项”区域控制基本的打印设置，可以在“系统打印机后台打印警告”下拉列表中选择发出警告的方式；可以在“OLE 打印质量”下拉列表中选择打印 OLE 对象的质量。“新图形的缺省打印样式”中可以指定对象的颜色、抖动、灰度、画笔指定、屏幕显示、线型、线度、端点样式、连接样式和填充样式等。

4）“系统”选项卡用来控制 AutoCAD 的系统设置。“当前三维图形显示”区域中包含控制三维图形显示系统的相关选择。列表框中列出了当前有效的三维图形显示系统。缺省是“GS-HEIDI10”，即 Heidi 维图形显示系统。

① 单击“特性”按钮，显示“三维图形系统配置”对话框，在其中可以对当前的三维图形显示系统进行配置，设置完成后“应用”并关闭按钮返回“系统”选项中。

②“允许长符号名”复选框被选中时，可以在图标、标注样式、块、线型、文本样式、布局、用户坐标系、视图和视口配置中使用长符号名来命名，名称最多可以包含 255 个字符。“数据库连接选项”用于设置 AutoCAD 与外部数据库连接的相关选项。

5）“用户系统配置”选项卡用于设置优化 AutoCAD 工作方式的一些选项。“AutoCAD 设计中心”中的“源内容单位”设置在没有指定单位时，被插入到图形中的对象的单位。“目标图形单位”设置没有指定单位时，当前图形中对象的单位。

单击“线宽设置”按钮将弹出“线宽设置”对话框。用此对话框可以设置线宽的显示特性和缺选项，同时还可以设置当前线宽。

6）“草图”选项卡中包含了多个设置 AutoCAD 辅助绘图工具的选项。“自动追踪设置”控制自动追踪的相关设置。它有“显示极轴追踪矢量、显示全屏追踪矢量、显示自动追踪”工具栏提示。

7）“选择”选项卡中可控制 AutoCAD 选择工具和对象的方法，可以控制 AutoCAD 拾取框的大小、指定选择对象的方法和设置夹点。

8）“配置”选项卡用来创建绘图环境配置，还可以将配置保存到独立的文本文件中。如果用户的工作环境经常需要变化，可以依次设置不同的系统环境，然后将其建立成不同的配置文件，以便随时恢复，避免经常重复设置的麻烦。

12. 怎样进行坐标系设置？

绘图时通过坐标系在图形中确定点的位置。您可设置和使用自己的可移动的坐标系，从而更好地在视图中绘图。

笛卡尔坐标系用三个轴，即X轴、Y轴和Z轴。绘制新图形时，AutoCAD缺省将用户图形置于世界坐标系中。世界坐标系的X轴为水平方向；Y轴为垂直方向；Z轴垂直于XY平面。

图形中的任何一点都是用相对于原点（0，0，0）的距离和方向来表示的。世界坐标系的重要之处在于它总是要在绘图中用到，并且它不能被改变，其他任何坐标系都可以相对于它建立起来。

其余的坐标系称之为用户坐标系，可以用命令创建。虽然世界坐标系是固定的，但可以从任何角度来观察它或转动它而不用改变为另外的坐标系。

极坐标系是用一个距离值和角度值来定位一个点。也就是使用极坐标系输入的任意一点均是相对于原点（0，0，0）的距离和角度表示的。在二维空间中，绝对直角坐标是将点看成从原点（0，0）出发的，沿X轴与Y轴的位移。绝对极坐标也是将点看成是对原点（0，0）的位移，不同之处在于输入的是该点与原点的距离及与极轴的角度。在AutoCAD中，极坐标表示方法为“距离<角度”。例如，“100<45”表示距离为100个图形单位，角度为45°处的一点。

使用相对坐标是指，通过输入相对于当前点的位移或者距离和角度的方法来输入新点。AutoCAD规定所有相对坐标的前面添加一个@号，用于表示与绝对坐标的区别。“@40，15”表示距当前点沿X轴正方向40个单位、沿Y轴正方向15个单位的新点。“@100<72”表示距当前点的距离为100个单位，与X轴夹角为72°的点。（提示：同时按住“Shift”键和“2”键可以输入符号@）

坐标显示的作用是追踪作图时的光标位置。AutoCAD 在窗口底部状态栏中显示当前光标的位置坐标，可以按“F6”键或“Ctrl”＋“D”，在坐标的开、关模式间切换。

用户坐标系是可移动的坐标系。使用用户坐标系，可以将复杂的三维问题变成简单的二维问题。用户坐标系也可以通过平移和旋转来生成，从而指定新的 XY 平面和新的原点。用户坐标系图标通常显示在坐标原点或者当前视区的左下角处，表示用户坐标系的位置和方向。如果用户坐标系图标显示在坐标原点，那么在图标中有一个加号。如果用户坐标系图标位于视口的左下角，也就是没有位于坐标原点上时，那么用户坐标系图标中没有加号显示。当用户处于世界坐标系中时，用户坐标系图标 Y 箭头就会有一个“W”，表明当前视图正处于世界坐标系中。

13. 什么是绘图的比例？

如果从模型空间绘制和打印，则必须在打印前确定并为注释对象应用一个比例因子。

可从模型空间完整绘制和打印，此方法对具有一个视图的二维图形尤其有用，例如装饰施工图，可以按以下过程操作：

1）确定图形的测量单位（图形单位）。

2）指定图形单位的显示样式。

3）设置标注、注释和块的比例。

4）在模型空间中按实际比例（1∶1）进行绘制。

5）在模型空间中创建注释并插入块。

6）按预先确定的比例打印图形。

（1）确定图形的测量单位　在模型空间中进行绘制之前，先确定要使用的测量单位（图形单位），确定屏幕上每种单位所表示的实际测量单位，例如英尺、毫米、千米或其他测量单位。装饰工程一般采用毫米为单位，并参照装饰施工图有国家规定的常用比例进行确定。

（2）指定图形单位的显示样式　确定图形的图形单位之后，需要指定图形单位的显示样式，以显示图形单位，包括单位类型和精度。一般情况下施工图均以毫米为单位，取整数就能满足设计的要求。

（3）设置标注、注释和块的比例　在绘制之前，应该设置图形中的标注、注释和块的比例。事先对这些元素进行缩放可确保在打印最终的图形时其尺寸正确。

1）文字：创建文字时设置文字高度或在文字样式（STYLE）中设置固定文字高度。

2）标注：在标注样式（DIMSTYLE）中或使用 DIMSCALE 系统变量设置标注比例。

3）线型：使用 CELTSCALE 和 LTSCALE 系统变量设置非连续线型的比例。

4）填充图案：在“图案填充和渐变色”对话框（HATCH）中或使用 HPSCALE 系统变量设置填充图案的比例。

5）块：插入块时指定块的插入比例，或在“插入”对话框（INSERT）或“设计中心”（ADCENTER）中设置插入比例。用来插入块的系统变量是 INSUNITS、INSUNITSDEFSOURCE 和 INSUNITSDEFTARGET，这也适用于图形的边界和标题栏。

（4）确定打印比例因子　要从“模型”选项卡打印图形时，需要通过将图形比例转换为 1∶n 来计算精确的比例因子。此比例把打印单位当作表示正在绘制对象实际比例的图形单位。

例如，如果要绘制的绘图比例为 1cm ＝ 1m，可以按如下步骤计算出比例因子 100∶1（打印单位）＝ 100（图形单位）

（5）样例缩放比例　表格中的样例缩放比例可用于计算模型空间中的文字大小。

14. 如何编辑和使用块？

块是绘图过程中经常使用的概念。块是由一组图形对象构成并被赋予名称的一个整体。用户可以根据做图需要按不同的比例和旋转角度将其插入到相关图形中任意指定的位置。

块具有以下主要特点及功能：

（1）建立图形库　在绘图过程中，常常绘制一些重复出现的部件图形，如建筑设计中的门窗等。若把各种常用的部件图形定义成块，构成专用部件图形库，在以后绘图时则可以用插入块的方法来绘制这些图形，这样可以避免大量的重复工作，提高绘图速度与质量。

（2）节省存储空间　每一个绘图对象的构造信息，如图层、线型、颜色及其位置、类型等都要保存在图形文件中，因此要占用一定的磁盘空间。当一个图块被定义后，其全部图形信息在当前图形中只记录一次。当将其插入到当前图形中时，系统只需记录块的有关信息（如块名，插入点坐标，插入比例），从而节省了磁盘空间。对于比较复杂的图形，使用图块越多，这一优点越显著。

（3）便于修改图形　图形中含有多个同一部件时，若逐一修改则会带来相当大的工作量。但是，如果这些部件是以块的插入形式出现的，就可以通过块的重定义操作，使之自动更新。

创建属性，首先要创建描述属性特征的属性定义。特征包括标记（标识属性的名称）、插入块时显示的提示、值的信息、文字格式、位置和任何可选模式（不可见、固定、验证和预置）。创建属性定义后，定义块时可以将属性定义当作一个对象来选择。插入块时都将用指定的属性文字作为提示。对于每个新的插入块，可以为属性指定不同的值。要同时使用几个属性，应先定义这些属性，然后将它们包括在同一个块中。例如，可以定义标记为“公司名称”、“图样编号”、“图号”等属性，然后将它们包括在图框的块中。这样在插入图框时就可以根据属性的提示直接输入相应的值（文字）。

如果计划提取属性信息在图框中使用，可能需要保留所创建的属性标记列表。以后创建属性样板文件时，将需要此标记信息。

（4）纠正块属性定义中的错误　如果产生错误，在属性定义与块关联之前，可以使用“特性”选项板或 DDEDIT 命令编辑属性定义。然后在其中可以改变标记、提示和默认值。

（5）将属性附着到块上　在定义或重定义块时，可将属性附着到块上。当出现选择要包含到块定义中的对象的提示时，应将要附着到块的所有属性包含到选择集中。要将几个属性附着到同一个块中，应先定义属性，然后将它们包括在块定义中。选择属性的顺序决定插入块时提示属性信息的顺序。通常，属性提示顺序与创建块时选择属性的顺序相同。但是，如果使用交叉选择或窗口选择属性，则提示顺序与创建属性的顺序相反。可以使用块属性管理器来修改插入块参照时提示输入属性信息的次序。

使用块编辑器时，还可以使用“属性顺序”对话框来修改插入块参照时提示输入属性信息的次序。仅当在块编辑器中打开了块定义时才能执行此操作。

（6）使用属性而不将其附着到块中　也可以创建独立属性。定义属性并保存图形后，即可将此图形文件插入到另一图形中。插入图形时，将出现输入属性值的提示。

15. 施工图一般包括哪些图形元素？

要提高施工图的绘图效率，应该首先分析装饰施工图的组成和特点。一张施工图中一般包括下面的图形元素：

1）轴线。轴线通常是开始绘制装饰施工图的基础，准确地确定轴线的位置才能在以后的绘图过程中减少误差。

2）墙线。墙线确定是实际装饰尺寸的重要因素，它是室内装饰构件和结构的尺寸依据。因为轴线在实际过程中是不可测量的，所以它只能作为绘图的依据，而不能作为实际施工的测量依据。

3）装饰构件和装饰结构。这一部分通常由设计师来进行设计。一般在绘图之前通常已有绘制好的草图或参考图样，绘图时只要照样绘制上去，并进行适当的调整即可。

4）家具。家具是装饰施工图中的重要元素。在实际工作中有一部分是由设计师根据具体的装饰情况进行设计的，而大多数情况下我们只需要把现成的家具元素调入图中，并适当的调整大小就可以了。

5）植物。植物在室内装饰中起着图面装饰和点缀的作用。一般情况下是设计师根据设计的要求建议业主在某些部位放置植物。

6）文字的标注和尺寸标注。文字标注一般包含对装饰结构的要求和工艺，以及材料的特殊使用情况说明。尺寸标注是施工实际造作的主要依据。

7）结构详图。结构详图是某些结构复杂的剖面图和节点图。一般在布局时，通常集中放在专门的页面上或放在某些主要图样的空白处。

8）图框元素。图框元素是施工图的必备因素，主要用于图样的检索、阅读和分类保管等用途。

16. 如何提高施工图的绘图效率？

1）图框的绘制。图框的绘制以及调入方法已经在有关的问题中作出了解答，这里就不重述了。

2）家具和植物。家具和植物大多数是调用现成的图形，或者图块文件。调入图块文件的方法有两种：一种是通过调入图块的命令，一种是通过 CAD 的设计中心直接把其他图形的现成家具和植物图形调入当前正在绘制的施工图中。为了提高做图的效率应该注意以下几方面的工作：

① 平时注意收集和整理家具和植物（或其他常用的图形）。整理是指对收集来的图形进行编辑的整理，即打开文件，用 CAD 的文件清理命令清理无用的元素，并把图形放在规定的图层中，同时调整图形的插入点。

② 图层的设置要与画图的图层名称一致。这样就能保证图形调入时不再进行多余的操作，从而节省绘图时间。编辑图块文件要把颜色设置成“随层”。

③ 尽量把图形的尺寸变成整数尺寸，例如宽度（或）高度设成 100mm。这样在调入图形时可直接输入合适的比例，以便节省时间。

④ 图块尽量不要打散，尤其是在同一图块在图中用了很多

次时。其目的是需要修改的时候可进行批量修改。

3）详图不重画。所谓详图不重画是指在绘制施工图的时候，由于绘图通常是在模型空间中进行的，所以在画整体装饰结构的时候也应该把详细的节点画出来，画详图的时候只要把节点部分复制放大就可以了，以避免多余的工作。

4）文字及尺寸标注。文字和尺寸标注是施工图绘制最关键和最难的部分。在标注之前应该对文字和标注的比例进行详细的设置，并保存成模板文件。绘图之前调入相应的模板即可。若有大段的文字，建议在 word 软件或其他文字编辑软件中写好，然后复制到 CAD 当中。

5）其他部分。其他部分基本都是图形绘制的工作。CAD 绘制图形时要注意以下几个方面：

① 充分利用 CAD 的快捷命令。这是提高绘图效率的有效的方法。常用的绘图命令不是很多，记住这些命令并充分使用可以提高绘图的效率。

② 左右手并用。CAD 绘图的时候一定要注意左手的配合使用。一般左手的任务是负责输入命令和相应的数值，右手的用途是负责绘图时图形的捕捉等工作，如果两手能有效的配合使用，可以大大地提高绘图的效率。

③ 根据所要画的图形的特点选择合适的命令。在 CAD 中一个任务往往可以用几个方法来实现，而选用哪种方法就要根据图形的特点来定。例如墙线有两条线组成，我们可以用轴线复制的方式来画，也可以轮廓命令来画，也可以用双线命令来画，还可以用画直线的命令来画，至于选用哪种方法要根据图形的特点来确定，选用合适的方法可以节省时间、提高效率。

④ 合理的使用捕捉。使用捕捉命令要根据图形的情况设置，不能把所有的捕捉方式全部打开，这样有的时候反而起到事半功倍的效果。

⑤ 关闭或锁定不用的图层。画局部图的时候，如果不关闭其他图形会迫使你经常使用缩放命令，这样会降低绘图的速度。

以上是提高绘图效率的一些方法。不管使用什么方法，都必须熟练掌握CAD的基本命令的使用。

17. AutoCAD绘制复杂图样时有哪些注意事项?

1）养成经常存盘的好习惯。可在自己的硬盘上建立一个单独名称的文件夹，把平时做练习时绘制的图样都保存在这里。在平时制图的时候可用“Ctrl＋S”组合键保存自己的图样，养成保存图样的良好习惯。

2）存盘的技巧。做复杂的图样的时候使用“另存为”这种保存方法，并每隔半小时就把正在制作的图样另存为新的文件，且最好与原文件放在同一个文件夹内。

3）利用好CAD制作块与阵列功能。CAD本身提供的块与阵列功能能够很好的提高工作效率。如果能在平时工作中做好积累，把常用零部件做成块，在复杂图样中直接使用块插入，便可减少大量的重复工作。

4）利用图层工具。图层工具主要有图层的开关功能、冻结解冻功能、图层的锁定解锁功能等。在制图的过程中使用好这些功能可以方便查看图样上不同层的细节，避免已做好部分图样的误删、误动等。

5）做好个人说明。对于需要长时间才能完成的大型工程，在制图过程中被打断时，制图人员可以自己建立一个新图层，以醒目的颜色，用圆以和文字工具把未完成的位置标注出来，以便于下次制图打开文件的时候能够在第一时间找到，便于继续工作。

6）注意休息，保持旺盛的精力。在制图工作之前一定要保证自己休息好，并在大型的图样绘制过程中做间歇性的休息，以保证头脑的清醒。

18. AutoCAD绘制装饰设计图有哪些小技巧?

1）比例缩放随意设置。CAD里面的缩放，都是以整体按比例缩放的，也有按一个轴向缩放的。按轴向缩放：首先将选中的物体做成块，块名随便设置。然后插入该块。在对话框上有个

“缩放比例”栏，上面可以选“按任何比例”插入。

2）巧妙标注大样图。标注中有调比例的选项，在标注设置面板里新建一个标注，然后点“主单位→测量单位比例→比例因子”，就完成了标注比例的调整，这就是调标注比例的方法。

3）对齐命令的使用。对齐命令的使用可使绘图更方便快捷其方法是：输入命令，选对象（柜子），然后“指定第一个源点→指定第一目标点→第二源点→第二目标点”，再点“确定”，两目标点确定的直线就重合到一起了。

4）巧测量面积。如果是中文版时，把数值选中“Ctrl＋C”，然后在图形模型空间里面按“Ctrl＋V”就可以了。还有一种方法，先点“Bo”，出来的画面和填充一样，但是它描出的是一个闭合的边。

19. 如何在同一张图样中实现不同比例的标注？

一般情况下绘制大样图的过程是：首先要在模型空间中按1∶1的比例把大样图绘制出来，然后再按着出图的比例进行比例的设置，然后标出相应的尺寸。

假设非大样图的绘图比例为1∶100，而大样图的比例为1∶10。我们知道设定打印比例（绘图比例）的目的是图样按照一定的比例输出在一张合适幅面的纸张上。不论什么样的比例的图样都要求输出的文字的大小一致并符合国家规定的绘图标准。

1）把大样图的原图（1∶1的模型空间的图）复制到1∶100的图样上，这就意味着我们的图如果不进行缩放时，将以1∶100的比例输出。而我们要求的输出比例为1∶10。

2）现在把图形放大10倍，这样打印的图形的比例就是（1∶100）×10＝1∶10。但是现在如果按照1∶100的比例进行标注时，将会发现所有的尺寸都比原来大了10倍，也就是1m变成了10m。

3）新建比例，为了解决上面的问题我们在1∶100的基础上新建一个比例，使得大样图的标注符合实际情况。新建比例的方法是打开比例格式对话框，点击1∶100的比例名称（比如说

1 _ 100)，然后在它的基础上建立一个新的比例，把它起名为 1 _ 100 _ 10,则表示 1：100 的比例中输出 1：10 的图形。如图 4-15所示。

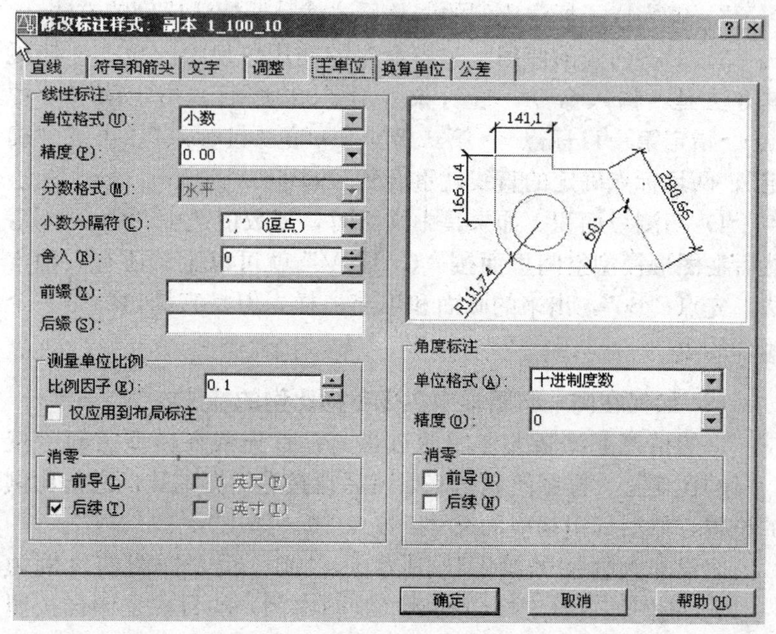

图 4-15 “修改标注样式”对话框

这时，只要把图 4-15 中所示的比例因子缩小为把图形放大的倍数，本例中的倍数为 10，就把比例因子改为 0.1。单击确定就完成了。

4）把设置好的比例置为当前比例，在进行标注时，图样的比例就正确了。

20. 怎样用好 AutoCAD 的线型比例?

绘制施工图时我们要使用各种不同的线型，如虚线、点划线、中心线等。一些 AutoCAD 用户常常会发现事先设置成了点划线，结果输出时却为实线，其原因往往是由于不了解线型比例的设置引起的。

在 AutoCAD 中使用各种线型绘图时，除了 CONTINUOUS 线型外，每一种线型都是由实线段、空白段、点、文字或形所组成的序列，在线型定义文件中已定义了这些小段的标准长度。显示在屏幕上的每一小段长度与显示时的缩放倍数和线型比例成正比，而输出到打印机或绘图仪的每一小段长度又与输出比例和线型比例成正比。当显示或者打印出的线型不合适时，可以通过改变线型比例系统变量的方法来放大或缩小所有线型的每一小段的长度。

线型比例分为三种："全局比例因子"、"当前对象的缩放比例"和"图样空间的线型缩放比例"。"全局比例因子"控制所有新的和现有的线型比例因子。"当前对象的缩放比例"控制新建对象的线型比例。"图样空间的线型缩放比例"作用为当"缩放时使用图样空间单位"被选中时，AutoCAD 自动调整不同图样空间视窗中线型的缩放比例。这三种线型比例分别由 LTSCALE、CELTSCALE 和 PSLTSCALE 三个系统变量控制。

1）"全局比例因子"的设置。"全局比例因子" LTSCALE 控制着所有线型的比例因子。通常值越小，每个绘图单位中画出的重复图案就越多。在缺省情况下，AutoCAD 的全局线型缩放比例为 1.0，该比例等于一个绘图单位。在"线型管理器"中"详细信息"下，可以直接输入"全局比例因子"的数值，也可以在命令行中键入 ltscale 命令进行设置。

2）"当前对象的缩放比例"。使用 CELTSCALE 系统变量控制新建对象的线型比例，其最终的比例是全局比例因子与该对象比例因子的乘积，设置方法和"全局比例因子"基本相同。所以在 CELTSCALE=2 的图形中绘制的点划线，如果将 LTSCALE 设为 0.5，其效果与在 CELTSCALE=1 的图形中绘制 LTSCALE=1 的点划线时的效果相同。

3）"图样空间的线型缩放比例"在处理多个视窗时非常有用。当在"线型管理器"中选择"缩放时使用图样空间单位"以激活图样空间线型缩放比例后，就可以使用两种方法来设置线型比例。一是按创建对象时所在空间的图形单位比例缩放，二是基于图样空间单位比例缩放。它使用 PSLTSCALE 系统变量控制，其值有两种选择：“0”或“1”。缺省值为“0”，表示无特殊线型比例，此时线型的点划线长度基于创建对象空间（图样或模型）的绘图单位，按 LTSCALE 设置的“全局比例因子”进行缩放。“1”表示视窗比例将控制线型比例，如果 TILEMODE 变量设置为 0，即使对于模型空间中的对象，其点划线长度也是基于图样空间的图形单位。在这种模式下，视窗可以有多种缩放比例，但显示的线型相同。对于特殊线型，视窗中的点划线长度与图样空间中直线的点划线长度相同。此时，仍可以使用 LTSCALE 控制点划线长度。注意：改变 PSLTSCALE 的设置或在 PSLTSCALE 设置为 1 时，使用诸如 ZOOM 这样的缩放命令，视窗中的对象并不能按照新的线型比例自动重新生成，如果需要，可以使用 REGEN 或 REGENALL 命令更新每一个视窗中的线型比例。

另外，在进行绘图前，最好根据图形将来要打印输出的比例首先设定好绘图的比例（即设定全局比例因子），这样绘制出的各种线型就能正常显示和打印了。

21. 如何编辑自己的填充图案？

在进行施工图的绘制时，为了更好地表现材质经常会用到各式各样的填充图案，而 AutoCAD 中只提供了少量的填充图案，远远不能满足表现的需要。尤其装饰的施工图，好的填充图案会使得图面非常的漂亮，给设计增色。这时候我们就需要根据自身的需要制作自己喜欢的填充图案，下面就介绍填充图案的制作做法：

（1）填充图案库文件的格式　将自定义填充图案加入库文件 acadiso. pat 或单独保存在一个 PAT 文件中。将图案单独保存时，文件名必须与图案名相同。例如，名为 ABC 的图案必须保存在文件 abc. pat 中。这是 BHATCH 和 HATCH 命令中要使用的一个支持文件，它描述的是若干种预置的填充图案，公制的图形单位绘图中将自动使用 ACADISO. PAT。每个图案定义的第一行是它的标题行：图案名［说明文字］。说明文字是在使用

HATCH 命令时在清单中出现的，也可不写。而图案名应是唯一的，不可重复，以下行是画线的描述：

线斜角，原点 X，Y 相邻单元沿线斜角方向的 X 增量，Y 增量，线长度编辑

注意：

1）每行描述不大于 80 字符。

2）线长度编辑描述（与线型定义的描述相同）中不多于六个片段。

3）所有的参数描述都是以线条的延伸方向为 X 轴进行的。

（2）生成自定义填充图案库 填充图案的基础是若干条有确定位置关系的线束，因此不能精确生成弧线的填充图案。对于交叉线的图案，每一个方向线都应当有一个独立的画线参数描述行。

如果从精确绘制的底图线上取出尺寸将会有较好的参数精度，就可以保证在较大面积的图案填充之后，右上角附近的图案仍然正确的。而且这也是 CAGD 功能的又一个实际用途。我们可以为设计填充图案而精确绘制的 1∶1 的底图，先生成一个单元，再用 Copy 或 Array 生成相邻的单元，并且移动整套图线，使 A 点在（0，0）处。然后再用 ID 和 Dist 命令提取有关数据。

1）有关 A 线方向的参数

① 原点从（0，0）起，线斜角为 90°。

② 从图中测量，线长度方向的编辑值：划线长＝11.547；空移长＝5.7735。

③ 从图中测量，相邻单元以 WCS－Y 方向为 X 轴的位移量：X＝ 8.6603；Y＝5。即 90，0，0，8.6603，5，11.547，－5.7735。

2）有关 B 线方向线的参数

① 原点从（5，2.8868）起，线斜角为 30°。

② 线长度方向的偏移量：划线长 ＝ 11.547；空移长＝5.7735。

③ 相邻单元以 WCS－30 度方向为 X 轴的位移量：x＝8.6603；y＝5。

3）有关 C 线方向线的参数

① 原点从（－2.5，－1.4434）起，线斜角为 90°。

② 线长度方向的偏移量：划线长 ＝ 5.7735；空移长 ＝ 11.547。

③ 相邻单元以 WCS－Y 方向为 X 轴的位移量：x ＝ 8.6603；y ＝ 5

4）有关 D 线方向线的参数

① 原点从（5，2.8868）起，线斜角为 120°。

② 线长度方向的偏移量：划线长 ＝ 11.547；空移长 ＝ 5.7735。

③ 相邻单元以 WCS－120 度方向为 X 轴的位移量：x ＝ 8.6603；y ＝－5

对于那些只有用三角函数的运算才能确定描述参数的图案，在相当多的单元重复之后才能填满指定区间的情况下，填充区左上角的图案有可能出现各条线之间位置的累积误差，这是由于图案描述尺寸误差造成的。因此，在所有斜线的描述中，应尽可能地精确，用较多位数的小数来描述，这样的需求，用 AutoCAD 的 CAGD 功能能够达到最好的精度。关于线长度方向的编辑描述，与线型定义的规则相同。

22. 怎样使用 CAD 快捷命令？

AutoCAD 提供的命令有很多，绘图时最常用的命令只有其中的百分之二十。采用键盘输入命令时由于有些常用命令较长，如 BHATCH（填充）、EXPLODE（分解），在输入时击键次数多，将会影响绘图速度。虽然 AutoCAD 提供了完善的菜单和工具栏两种输入方法，但是要提高绘图速度，必须要掌握 AutoCAD 提供的快捷的命令输入方法。

（1）概述　所谓的快捷命令，是 AutoCAD 为了提高绘图速度定义的快捷方式。它是用一个或几个简单的字母来代替常用的命令。所有定义的快捷命令都保存在 AutoCAD 安装目录下 SUPPORT 子目录中的 ACAD. PGP 文件中，我们可以通过修改该文件的内容来定义自己常用的快捷命令。

当每次新建或打开一个 AutoCAD 绘图文件时，CAD 本身会自动搜索到安装目录下的 SUPPORT 路径，找到并读入 ACAD. PGP 文件。当 AutoCAD 正在运行的时候，我们可以通过命令行的方式，用 ACAD. PGP 文件里定义的快捷命令来完成一个操作，比如要画一条直线，只需要在命令行里输入字母“L”即可。

（2）快捷命令的命名规律

1）快捷命令通常是该命令英文单词的第一个或前面两个字母，有的是前三个字母。

比如，直线（Line）的快捷命令是“L”；复制（COpy）的快捷命令是“CO”；线型比例（LTScale）的快捷命令是“LTS”。

在使用过程中，可试着用命令的第一个字母或者前两个字母，最多用前三个字母。也就是说，AutoCAD 的快捷命令一般不会超过三个字母。如果输入一个命令用前三个字母都不行，则只能输入完整的命令。

2）另外一类的快捷命令通常是由“Ctrl 键 ＋ 一个字母”组成的，或者用功能键 F1～F8 来定义。比如 Ctrl 键＋“N”，Ctrl 键＋“O”，Ctrl 键＋“S”，Ctrl 键＋“P”分别表示新建、打开、保存、打印文件；F3 表示“对象捕捉”。

3）有的命令第一个字母都相同，那么常用的命令取第一个字母，其他命令可用前面两个或三个字母表示。如“R”表示 Redraw，“RA”表示 Redrawall；如“L”表示 Line，“LT”表示 LineType，“LTS”表示 LTScale。

4）个别例外的需要去熟记，比如“修改文字”（DDEDIT）就不是“DD”，而是“ED”；还有“AA”表示 Area，“T”表示 Mtext，“X”表示 Explode。

（3）快捷命令的定义　AutoCAD 所有定义的快捷命令都保存 ACAD. PGP 文件中。ACAD. PGP 是一个纯文本文件，用户可以使用 ASCⅡ文本编辑器（如 DOS 下的 EDIT）或直接使用 WINDOWS 附件中的记事本来进行编辑。用户可以自行添加一些 Auto CAD 命令的快捷方式到文件中。通常，快捷命令使用一个或两个易于记忆的字母，并用它来取代命令全名。快捷命令定义格式如下：快捷命令名称，* 命令全名。如，CO，* COPY。即键入快捷命令后，再键入一个逗号和快捷命令所替代的命令全称。AutoCAD 的命令必须用一个“*”号作为前缀。

23. 常见的快捷命令有哪些？

（1）对象特性

1）ADC，* ADCENTER（设计中心“Ctrl＋2”）。

2）CH，MO * PROPERTIES（修改特性“Ctrl＋1”）。

3）MA，* MATCHPROP（属性匹配）。

4）ST，* STYLE（文字样式）。

5）COL，* COLOR（设置颜色）。

6）LA，* LAYER（图层操作）。

7）LT，* LINETYPE（线形）。

8）LTS，* LTSCALE（线形比例）。

9）LW，* LWEIGHT（线宽）。

10）UN，* UNITS（图形单位）。

11）ATT，* ATTDEF（属性定义）。

12）ATE，* ATTEDIT（编辑属性）。

13）BO，* BOUNDARY（边界创建，包括创建闭合多段线和面域）。

14）AL，* ALIGN（对齐）。

15）EXIT，* QUIT（退出）。

16）EXP，* EXPORT（输出其他格式文件）。

17）IMP，* IMPORT（输入文件）。

18）OP，PR * OPTIONS（自定义 CAD 设置）。
19）PRINT，* PLOT（打印）。
20）PU，* PURGE（清除垃圾）。
21）R，* REDRAW（重新生成）。
22）REN，* RENAME（重命名）。
23）SN，* SNAP（捕捉栅格）。
24）DS，* DSETTINGS（设置极轴追踪）。
25）OS，* OSNAP（设置捕捉模式）。
26）PRE，* PREVIEW（打印预览）。
27）TO，* TOOLBAR（工具栏）。
28）V，* VIEW（命名视图）。
29）AA，* AREA（面积）。
30）DI，* DIST（距离）。
31）LI，* LIST（显示图形数据信息）。
（2）绘图命令
1）PO，* POINT（点）。
2）L，* LINE（直线）。
3）XL，* XLINE（射线）。
4）PL，* PLINE（多段线）。
5）ML，* MLINE（多线）。
6）SPL，* SPLINE（样条曲线）。
7）POL，* POLYGON（正多边形）。
8）REC，* RECTANGLE（矩形）。
9）C，* CIRCLE（圆）。
10）A，* ARC（圆弧）。
11）DO，* DONUT（圆环）。
12）EL，* ELLIPSE（椭圆）。
13）REG，* REGION（面域）。
14）MT，* MTEXT（多行文本）。
15）T，* MTEXT（多行文本）。

16）B，* BLOCK（块定义）。

17）I，* INSERT（插入块）。

18）W，* WBLOCK（定义块文件）。

19）DIV，* DIVIDE（等分）。

20）H，* BHATCH（填充）。

（3）修改命令

1）CO，* COPY（复制）。

2）MI，* MIRROR（镜像）。

3）AR，* ARRAY（阵列）。

4）O，* OFFSET（偏移）。

5）RO，* ROTATE（旋转）。

6）M，* MOVE（移动）。

7）E，DEL 键 * ERASE（删除）。

8）X，* EXPLODE（分解）。

9）TR，* TRIM（修剪）。

10）EX，* EXTEND（延伸）。

11）S，* STRETCH（拉伸）。

12）LEN，* LENGTHEN（直线拉长）。

13）SC，* SCALE（比例缩放）。

14）BR，* BREAK（打断）。

15）CHA，* CHAMFER（倒角）。

16）F，* FILLET（倒圆角）。

17）PE，* PEDIT（多段线编辑）。

18）ED，* DDEDIT（修改文本）。

（4）视窗缩放

1）P，* PAN（平移）。

2）Z+空格+空格，* 实时缩放。

3）Z，* 局部放大。

4）Z+P，* 返回上一视图。

5）Z+E，* 显示全图。

(5) 尺寸标注

1) DLI, * DIMLINEAR (直线标注)。

2) DAL, * DIMALIGNED (对齐标注)。

3) DRA, * DIMRADIUS (半径标注)。

4) DDI, * DIMDIAMETER (直径标注)。

5) DAN, * DIMANGULAR (角度标注)。

6) DCE, * DIMCENTER (中心标注)。

7) DOR, * DIMORDINATE (点标注)。

8) TOL, * TOLERANCE (标注形位公差)。

9) LE, * QLEADER (快速引出标注)。

10) DBA, * DIMBASELINE (基线标注)。

11) DCO, * DIMCONTINUE (连续标注)。

12) D, * DIMSTYLE (标注样式)。

13) DED, * DIMEDIT (编辑标注)。

14) DOV, * DIMOVERRIDE (替换标注系统变量)。

(6) 常用 CTRL 快捷键

1)【CTRL】+1 * PROPERTIES (修改特性)。

2)【CTRL】+2 * ADCENTER (设计中心)。

3)【CTRL】+O * OPEN (打开文件)。

4)【CTRL】+N、M * NEW (新建文件)。

5)【CTRL】+P * PRINT (打印文件)。

6)【CTRL】+S * SAVE (保存文件)。

7)【CTRL】+Z * UNDO (放弃)。

8)【CTRL】+X * CUTCLIP (剪切)。

9)【CTRL】+C * COPYCLIP (复制)。

10)【CTRL】+V * PASTECLIP (粘贴)。

11)【CTRL】+B * SNAP (栅格捕捉)。

12)【CTRL】+F * OSNAP (对象捕捉)。

13)【CTRL】+G * GRID (栅格)。

14)【CTRL】+L * ORTHO (正交)。

15）【CTRL】+W *（对象追踪）。

16）【CTRL】+U *（极轴）。

（7）常用功能键

1）【F1】* HELP（帮助）。

2）【F2】*（文本窗口）。

3）【F3】* OSNAP（对象捕捉）。

4）【F7】* GRIP（栅格）。

5）【F8】* ORTHO（正交）。

24. AtuoCAD 中实体的选择方式有哪些？

在 AtuoCAD 中，在对做图对象的编辑时会牵涉到选取对象的问题。如何最快捷、方便地利用 AutoCAD 所提供的选择工具快速地选中物体是快速编辑图形的关键。下面介绍 AtuoCAD 中选择实体（Select Objects）的一些方法：

（1）直接点取方式　通过鼠标或其他输入设备直接点取实体后，实体呈高亮度显示时，表示该实体已被选中，我们就可以对其进行编辑。这时可以在 AutoCAD 的“Tools”菜单中调用“Options…”，弹出“Options”对话框，选择“Selection”选项卡来设置选择框的大小。如果我们在“选择实体：”的提示下输入 AU（auto），效果就等同于“直接点取方式”。

（2）窗口方式　当命令行出现“Select Objects：”提示时，如果将点取框移到图中空白地方并按住鼠标左键，AtuoCAD 会提示：另一角。此时如果将点取框移到另一位置后按鼠标左健，AtuoCAD 会自动以这两个点取点作为矩形的对顶点，确定一默认的矩形窗口。如果窗口是从左向右定义的，则框内的实体全被选中，而位于窗口外部以及与窗口相交的实体均未被选中；若矩形框窗口是从右向左定义的，不仅位于窗口内部的对象被选中，而且与窗口边界相交的对象也被选中。事实上，从左向右定义的框是实线框，从右向左定义的框是虚线框。对于窗口方式，也可以在“Select Objects：”的提示下直接输入 W（Windows），则进入窗口选择方式。但是，在此情况下，无论定义窗口是从左向右还是从右向左，均为实线框。如果在“Select Objects:”提示下输入BOX，然后再选择实体，则会出现与默认的窗口选择方式完全一样。

(3) 交叉选择　当提示“Select Objects:”时，键入C (Crossing)，则无论从哪个方向定义矩形框，均为虚线框，均为交叉选择实体方式。只要虚线框经过的地方，无论实体与其相交或包含在框内，均被选中。

(4) 组方式　将若干个对象编组，当提示“Select Objects:”时，键入G (group) 后回车，接着命令行出现“输入组名:”在此提示下输入组名后回车，那么所对应的图形均被选取，这种方式适用于那些需要频繁进行操作的对象。另外，如果在“Select Objects:”提示下，直接选取某一个对象，则此对象所属的组中的物体将全部被选中。

(5) 前一方式　利用此功能，可以将前一次编辑操作的选择对象作为当前选择集。在“Select Objects:”提示下键入P (previous) 后回车，则将执行当前编辑命令以前最后一次构造的选择集作为当前选择集。

(6) 最后方式　利用此功能可将前一次所绘制的对象作为当前的选择集。在“Select Objects:”提示下键入L (last) 后回车，AtuoCAD则自动选择最后绘出的那一个对象。

(7) 全部方式　利用此功能可将当前图形中所有对象作为当前选择集。在“Select Objects:”提示下键入ALL (注意：不可以只键入“A”) 后回车，AtuoCAD则自动选择所有的对象。

(8) 不规则窗口方式　在“Select Objects:”提示下输入WP (wpolygon) 后回车，则可以构造一任意闭合不规则多边形，在此多边形内的对象均被选中 (此时的多边形框是实线框，它类似于从左向右定义的矩形窗口的选择方法)。

(9) 不规则交叉窗口方式　在“Select Objects:”提示下键入CP (cpolygon 交叉多边形) 并回车，则可以构造一任意不规则多边形，在此多边形内的对象以及一切与多边形相交的对象均被选中（此时的多边形框是虚线框，它类似于从右向左定义的矩形窗口的选择方法）。

（10）围线方式　该方式与不规则交叉窗口方式相类似（虚线），但它不用围成一封闭的多边形，执行该方式时，与围线相交的图形均被选中。在“Select Objects：”提示下输入F（fence）后即可进入此方式。

（11）扣除方式　在此模式下，可以让一个或一部分对象退出选择集。在“Select Objects：”提示下键入R（remove）即可进入此模式。

（12）返回到加入方式　在扣除模式下，即“Remove Objects：”提示下键入A（add）并回车，AtuoCAD会再提示：“Select Objects：”则返回到加入模式。

（13）多选　同样，要求选择实体时，输入M（Multiple），指定多次选择而不高亮显示对象，从而加快对复杂对象的选择过程。如果两次指定相交对象的交点，“多选”也将选中这两个相交对象。

（14）单选　在要求选择实体的情况下，如果只想编辑一个实体（或对象），我们可以输入SI（SIngle）来选择要编辑的对象，则每次只可以编辑一个对象。

（15）交替选择对象　当在“Select Objects：”提示下选取某对象时，如果该对象与其他一些对象相距很近，那么就很难准确地点取到此对象。但是我们可以使用“交替对象选择法”，在“Select Objects：”提示下，按下Ctrl键，将点取框压住要点取的对象，然后单击鼠标左键，这时点取框所压住的对象之一被选中，并且光标也随之变成“十”字状。如果该选中对象不是所要对象，松开Ctrl键，继续单击鼠标左键，随着每一次鼠标的单击，AtuoCAD会变换选中点取框所压住的对象，这样，用户就可以方便地选择某一对象了。

（16）快速选择　这是AutoCAD2000的新增功能，通过它可得到一个按过滤条件构造的选择集。输入命令QSELECT后，弹出

“快速选择”对话框，就可以按指定的过滤对象的类型和指定对象欲过滤的特性、过滤范围等进行选择。也可以在 AutoCAD2000 的绘图窗口中按鼠标右键，菜单中含有“QUICKSELECT”选项。不过，需要注意的是，如果我们所设定的选择对象特性是“随层”的话，将不能使用这项功能。

(17) 用选择过滤器选择（FILTER） 在 AutoCAD2000 中，新增加了根据对象的特性构造选择集的功能。在命令行输入 FILTER 后，将弹出“对象选择过滤器”对话框，我们就可以构造一定的过滤器并且把它存盘，以后可以直接调用，就像调用“块”一样方便。

在选择过滤器选择过程中，应注意以下三点：

1）可先用选择过滤器选择对象，然后直接使用编辑命令，或在使用编辑命令提示选择对象时，输入 P，即前一次选择来响应。

2）在过滤条件中，颜色和线型不是指对象特性因为“随层”而具有的颜色和线型，而是用 COLOUR、LINTYPE 等命令特别指定给它的颜色和线型。

3）已命名的过滤器不仅可以使用在定义它的图形中，还可用于其他图形中对于条件的选择方式。使用者可以使用颜色、线宽、线型等各种条件进行选择。

25. AutoCAD 设计中心有何用途？

使用 AutoCAD 设计中心可以管理块参照、外部参照、光栅图像以及来自其他源文件或应用程序的内容。

重复利用和共享图形内容是有效管理绘图项目的基础。使用 AutoCAD 设计中心可以管理块参照、外部参照、光栅图像以及来自其他源文件或应用程序的内容。不仅如此，如果同时打开多个图形，就可以在图形之间复制和粘贴内容（如图层定义）来简化绘图过程。

AutoCAD 设计中心也提供了查看和重复利用图形的强大工具。用户可以浏览本地系统、网络驱动器，甚至从 Internet 下载文件。

使用 Autodesk 收藏夹（AutoCAD 设计中心的缺省文件夹），不用一次次地寻找经常使用的图形、文件夹和 Internet 地址，从而节省了时间。收藏夹汇集了到不同位置的图形内容的快捷方式。例如，用户可以创建一个快捷方式，指向经常访问的网络文件夹。

使用 AutoCAD 设计中心可以：

1）浏览不同图形内容源，从经常打开的图形文件到网页上的符号库。

2）查看图形文件中的对象（例如块和图层）的定义，将定义插入、附着、复制和粘贴到当前图形中。

3）创建指向常用图形、文件夹和 Internet 地址的快捷方式。

4）在本地和网络驱动器上查找图形内容。例如，可以按照特定图层名称或上次保存图形的日期来搜索图形。找到图形后，可以将其加载到 AutoCAD 设计中心，或直接拖放到当前图形中。

5）将图形文件（DWG）从控制板拖放到绘图区域中即可打开图形。

6）将光栅文件从控制板拖放到绘图区域中即可查看和附着光栅图像。

7）可通过在大图标、小图标、列表和详细资料视图之间的切换来控制板的内容显示，也可以在控制板中显示预览图像和图形内容的说明文字。

在 AutoCAD 设计中心中可以使用下列内容：

1）图形、可用作块参照或外部参照。

2）图形中的外部参照。

3）其他图形内容，如图层定义、线型、布局、文字样式和标注样式。

4）光栅图像。

5）由第三方应用程序创建的自定义内容。

26. 怎样对图形进行打印?

(1) 怎样打印黑白的图形　在 AutoCAD 制图时，为区分不同的图层而为不同的图层分配不同的颜色。但进行打印时，大多情况下都要求以黑白的图形输出（不是彩色，也不是灰度级）。

AutoCAD 的打印样式表分为颜色相关的打印样式表和命名的打印样式表。颜色相关打印样式表是为了在 2000 版中打开旧版本图形而设置的，而命名的打印样式表才是新格式的打印样式表。在颜色相关打印样式表中，每种颜色都有自己独立的打印格式，总共有 255 种打印格式。命名的打印样式表中，用户可自定义新的打印格式，并分配给不同的图层，多个图层可共享同一种打印格式，这样就节省了部分资源。

为了打印黑白的图形，打印样式表中的每种打印格式都必须将打印对象的颜色更改为黑色。

另外，如果所使用的图形是从其他机上复制过来或你的系统重新安装过，也可能会出现打不出黑白的图形。这是由于该图形所使用的打印样式表丢失或在相同名称的打印样式表中找不到相同的打印样式名。在这种情况下，如果没有打印样式表，AutoCAD 将不通过打印样式表格式化图形的打印样式，所输出的就是彩色的。而在打印样式表中找不到相同名称的打印样式，系统将会默认为“normal”打印样式。这样，打印出来也是彩色的。

注意：要利用 AutoCAD 所提供的打印样式表，而不要去创建新的打印样式表；也不要去更改 AutoCAD 打印样式表中打印样式名称以及格式，以保证文件能在其他机上正常地打印。

(2) 怎样打印粗细线　一般情况下，图栏的框线、零件的轮廓线都必须为粗线（0.5mm），而其他的线条都为细线（0.25mm）。

在 R14 中采用区分颜色的方法来打印粗细线，而在 2000 版或以后版中，粗细线可直接在图形中设置，也就是使用线宽来设置。

在线宽设置对话框中将线宽的默认值设置为 0.25mm，这就意味着在图形中所有未设置过线宽的图元都为0.25mm的线宽。一般情况下，将零件轮廓线及图栏框线所在的图层设置为粗线的图层。操作方法是在图层对话框中点中要设置线宽的图层，在对话框的下侧显示出图层的所有属性，然后点击线宽的下拉列表，并选取0.5mm线宽就可以了。

图形是否显示线宽可以在状态栏中点击“线宽”进行切换，该状态不影响图形打印时的线宽控制。

以上的设置都设置正确后，还要在打印选项的右下角选中“是否输出线宽”这一项，才能打印出粗细线。

（3）怎样才能合理安排打印的页面　一般来讲，图样者要按1∶1输出。绘图仪（大型打印机），使用的是卷筒打印纸。由于有些绘图仪具有自动排版功能，它可以自动安排图样的方向，可以将多张图样安排后一起打印出来。

对于小型的普通打印机，大多数都只能打印A3纸或大A3纸，所以在打印图样时为了能节省纸张，只能作缩小处理。当然，比例越接近1∶1是最好的。

对于A4图样，一般采用A4复印纸打印；对于A3图样，也是用A3复印纸打印。由于纸张的边界容易打印不完整，所以实际打印的图形必须经过缩小处理才能完整。

注意，对于有图栏的图样，如果选择的打印区域为图形的范围，就可以打印完整的图样。对于A4图，用A4纸时使用纸张方向为纵向；对于A3图，用A3纸时使用纸张方向为横向。打印比例都是“调整到页面大小（Scale to fit）”，为了图形能打印到纸张的中央，应该选中“自动调整纸张对中”，这样就不需要手动去调整坐标。

每次打印前要选预览一下，保证无差错后再打印，以避免浪费纸张。

27. 在AutoCAD中怎样使用鼠标的功能？

（1）三键式鼠标

1）左键：选择功能键（选像素、选点、选功能）。

2）右键：绘图区——快捷菜单或［ENTER］功能。

① 变量 SHORTCUTMENU 等于 0——［ENTER］。

② 变量 SHORTCUTMENU 大于 0——快捷菜单。

③ 或用于环境选项——使用者设定——快捷菜单开关设定。

3）中间键：Mbuttonpan＝1（系统默认值）。

① 压着不放并拖曳实现平移。

② 双击 ZOOM——E，缩放成实际范围。

③［Shift］＋压着不放并拖曳，作垂直或水平的实时平移。

④［Ctrl］＋压着不放并拖曳，随意式实时平移。

⑤ Mbuttonpan＝0，对象捕捉快捷菜单。

⑥［Shift］＋右键，对象捕捉快捷菜单。

（2）二键＋中间滚轮鼠标

1）左键：选择功能键（选像素、选点、选功能）。

2）右键：绘图区——快捷菜单或［ENTER］功能。

① 变量 SHORTCUTMENU 等于 0——［ENTER］。

② 变量 SHORTCUTMENU 大于 0——快捷菜单。

③ 或用于环境选项——使用者设定——快捷菜单开关设定。

3）中间滚轮

① 旋转轮子向前或向后，实时缩放、拉近、拉远。

② 压轮子不放并拖曳实时平移。

③ 双击 ZOOM——E，缩放成实际范围。

④［Shift］＋压轮子不放并拖曳，作垂直或水平的实时平移。

⑤［Ctrl］＋压轮子不放并拖曳，随意式实时平移。

⑥ Mbuttonpan＝0（系统默认值＝1），按一下轮子对象捕捉快捷菜单。

⑦［Shift］＋右键，对象捕捉快捷菜单。

28. 如何解决 AutoCAD 中的文字乱码问题？

设计师在绘图的过程中经常会发现，下载的图样打开以后经常出现乱码文字，有的时候文字全部显示为问号，给工作带来了不少麻烦。

文字乱码问题出现的原因是打开的文件找不到绘图时用的字体或字体样式，解决这个问题通常有以下几种解决的办法：

1）如果可能找到相应的字体文件，然后复制到CAD文件夹中相应的字体目录，然后重新打开文件，问题就会得到解决，而这种方法使用起来很麻烦。

2）如果只是想知道某一行文字的内容的话，双击编辑文字或者在选中文字后按“Ctrl＋1”打开对象特性管理器，都可以达到查看文字内容的目的。

3）打开一个可以正常显示文字的DWG文件，复制一行能够正常显示的文字到有乱码问题的图样之中，鼠标点击工具栏上的特性匹配工具，以正常显示的字体为源对象，使乱码显示的文字特性匹配正常显示的字体。

4）如果CAD文件中出现多处字体问题，使用特性匹配也较为不便。这时，可选择CAD中的格式——文字样式，打开文字样式对话框：点新建按钮，名字任意，这里我们用默认的“样式1”；选择电脑中有的字体，并进行简单的设置，应用文字样式1，关闭对话框；鼠标选中所有需要修改的乱码，在文字样式管理器中选择刚刚保存的文字“样式1”；此过程后，文件中的乱码已经正常显示为文字。

29. 如何将AutoCAD文件导入其他的软件？

在绘制平面图的时候经常会遇到要求绘制成彩色平面图的情况，这时就要将CAD文件导入其他的图形或文字处理软件进行进一步的加工或说明，常用的软件有Photoshop、word等。

下面介绍将AutoCAD图形插入Word、Photoshop的一些方法。

（1）在Word文档中插入AutoCAD图形　Word绘图功能有限，一旦遇到较复杂的图形，就难以处理。AutoCAD是专业绘图软件，功能强大，很适合绘制比较复杂的图形。用AutoCAD绘制好图形，然后插入Word制作就能解决问题。

插入方法：

1）用 AutoCAD 提供的 Export 功能先将 AutoCAD 图形以 BMP 或 WMF 等格式输出，然后插入 Word 文档。

2）把 AutoCAD 图形复制到剪贴板，再在 Word 文档中粘贴。需要注意的是，由于 AutoCAD 默认背景颜色为黑色，而 Word 背景颜色为白色，所以事先应把 AutoCAD 图形背景颜色改成白色，使用菜单命令“工具→系统配置”，在弹出的对话框中选中 Display 标签，单击 color 按钮，弹出一对话框，在其中将屏幕做图区的颜色改为白色（即 R=G=B=255）后，按下确定按钮，注意此时屏幕做图区的底色变为白色。

另外，AutoCAD 图形插入 Word 文档后，往往空边过大，效果不理想。利用 Word 图片工具栏上的裁剪功能进行修整，空边过大问题即可解决。

这个方法既可用于 Word，也可用于微软 Office 系列的其他软件，如 PowerPint、Excel 等。

（2）在 Photoshop 中插入 AutoCAD 图形

1）屏幕抓图法。在 AutoCAD 中打开自己需要的图形，然后按下键盘的“Print Screen”按键，将当前屏幕以图像的形式存入剪贴板，然后关闭 AutoCAD，打开 Photoshop（简称 PS），使用菜单“Edit →Paste”，将剪贴板中暂存的图像粘贴到当前文件之中，利用 Crop（剪切）工具将周围不用的区域剪裁掉，利用 Magic Wand（魔术棒）工具选择不同区域，并加以润色渲染即可。

2）输出 EPS 格式法

① 启动 AutoCAD，打开需要转化的图并关闭不需要的图层。使用菜单命令“文件→输出 ...”，在保存类型中选择“*. eps”选项。单击“保存”按钮。

提示：此步骤也可以改为在命令行输入 PSOUT 命令。

② 在 PS 中使用菜单命令“File →New”新创建一个文件，根据最后的出图要求确定文件的分辨率，并确定 Contents 组中

White 选项为选中状态，单击 OK 按钮。

3）使用菜单命令“File →Place...”，选择刚才所输出的 eps 格式的文件。这样新加入的图形自动新建一层，处理起来就较灵活。然后在按下 Shift 键的同时拖动矩形框四个角上的处理柄，以调整输入图形的大小（按下 Shift 键的作用是保持输入图形的长宽比例不变），拖至合适位置后，按下回车键，最后利用 Magic Wand（魔术棒）工具选择不同颜色区域，并加以润色即可。

当然，也可以将 AutoCAD 图形以 BMP 或 WMF 等格式输出，然后导入 PS。

30. 如何将 AutoCAD 中的文件输出为位图文件？

如果需要将 CAD 的文件输出为高分辨率的位图时，通常用下面的方法：

（1）在 AutoCAD R14 中

1）首先输入 Config 命令或选择菜单“Tools（工具）/Preferences...”系统配置，进行打印机配置，出现 Preferences 对话框，选择 Printer 标签，一般在打印机列表中会有一个 User-defined名称的打印机，单击，说明栏会出现 Raster files export ADI 4. 3-by Autodesk，Inc（光栅文件输出）的说明。这时我们可以单击 Modify（修改）按钮，在出现的 Reconfigure a Printer 对话框中单击 Reconfigurer 按钮来进行用户配置。

2）如果没有 User-defined 名称的打印机，单击“New...”按钮，在 Add a Printer 对话框的 Available printer driver 列表中选 Raster files export ADI 4. 3-by Autodesk，Inc 选项。单击 OK 之后，系统会弹出文本窗口，然后对其进行配置。

3）首先设置分辨率的大小，如列表中没有合适的，输入 11 进行用户配置，分别输入宽度方向和长度方向的像素数值大小，接下来选择文件类型和颜色类型。最后系统会提示是否进行其他改变，按 N 不进行改变；按 OK 完成。

4）输入 Plot 命令或选择菜单“File/Print...”，出现 Print/Plot Configuration 对话框，单击 Device and Default Selection...

按钮，在出现的对话框中选择 User-defined 项，按 OK 返回，单击 File Name... 按钮输入文件名后，即可打印为图形文件了。

(2) 在 AutoCAD 2000 或以上的版本中

1) 选择菜单“工具/选项…”，在出现的选项对话框中的打印机标签下单击添加打印机按钮。在出现的窗口中双击添加打印机向导图标。在向导中按下一步进行到打印机型号步骤时，在生产商列表中选择光栅文件格式，型号列表中选择要输出的文件格式，例如选择 TIFF Version6 不压缩，按下一步到端口项时，选打印到文件项，继续按下一步进行到完成项时，可以单击编辑打印机配置进行配置，也可以直接单击完成，以后在打印时进行配置。

2) 输入 Plot 命令，出现打印对话框，选择打印机配置/名称项下拉列表中的“TIFF Version6 不压缩.pc3”项，单击特性按钮进行配置。在设备和文档设置标签下进行一些用户设定，单击用户定义图样尺寸与标准项下的自定义图样尺寸项设定分辨率大小。单击添加按钮，选创建新图样，在介质边界对话框中输入需要的尺寸大小，完成设置后可以单击另存为按钮进行保存。最后输入文件名进行打印。

31. 参考追踪捕捉怎样使用?

在绘制或编辑对象时，对象捕捉追踪可以帮助选择沿着基于对象捕捉点的对齐路径上的位置。要使用对象捕捉追踪，必须首先打开对象捕捉追踪，并设置一个或多个执行对象捕捉。可以在“草图设置”对话框“对象捕捉”选项卡中打开对象捕捉，或单击状态栏中的“对象追踪”按钮，或按功能键 F 11。

一旦激活对象捕捉追踪，并且设置了一个或多个对象捕捉模式，在一个命令提示指定一个点时，将光标移动到所要追踪的对象点上，并在该点短暂停留。不要单击该点。一旦 AutoCAD 获得该点，将在该点附近出现一个小加号“+”。如果激活自动捕捉标记，在所需点处还将显示对象捕捉标记。然后，将光标移出该点，AutoCAD 将会出现临时对齐路径。

在默认状态下，当光标位于重要的点时，AutoCAD将自动获得对象捕捉追踪点。在“选项”对话框“草图”选项卡中修改“对齐点获取”选项，可以修改该特性。如果选择了“用SHIFT获取”按钮，则在光标经过对象的捕捉点时，必须按SHIFT键得到该点。

32. AutoCAD执行一个绘图命令的过程是什么？

AutoCAD中有很多绘图的命令，对于初学者往往不知道怎样才能快速的掌握每个命令的用法。其实在AutoCAD中每个命令的执行过程都是类似的过程，每执行一个命令时软件都给了我们非常详尽的提示，我们只要按着软件的提示进一步的操作就可以了。

33. AutoCAD常用的绘图命令有哪些？

（1）直线（命令：line，快捷键l，图标为 ） Line命令用于生成一条直线段，该直线的两端点可通过如下方法输入：

1）用鼠标自由选取点。

2）用捕捉、正交及对象捕捉控制点的选取。

3）从键盘上直接输入坐标值：计算机默认采用的是笛卡尔坐标系，在输入坐标数值，可以以绝对坐标、相对坐标及极坐标来输入。

（2）矩形（命令：Rectangle，快捷键“rec”，图标为 ）这一命令允许用户直接给出矩形对角线顶点坐标来绘图。

用鼠标点击绘图（Draw）工具条中的按键，则命令窗中可看到如下选项：

指定第一个角点或［倒角（C）/标高（E）/圆角（F）/厚度（T）/宽度（W）］

1）倒角：以倒角的两个边到定点的距离确定。

2）标高：确定将要画的矩形在z轴方向上的高度。

3）圆角：确定矩形圆角的半径。

4）厚度：画矩形同时拉伸出的高度。

5）宽度：矩形的线宽。

(3) 多线段（命令：pline，快捷键“pl”，图标）　可以连续画出直线段和圆弧相连接的线。执行命令后的提示如下：

指定起点：

用户可根据需要选择多线段的起点，然后再按着软件的提示进行下一步的操作，多线段的图形如图 4-16 所示。

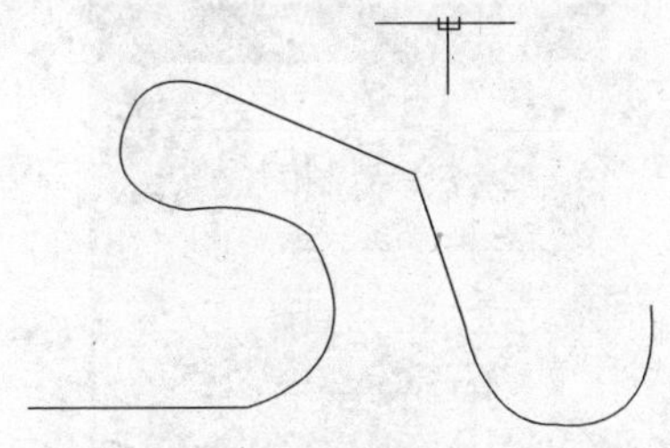

图 4-16　绘制多线段

(4) 正多边形（命令：Polygon，快捷键“pol”，图标）这一命令用来绘制正多边形。用鼠标点击绘图（Draw）工具条中的按键，则命令窗中可看到如下选项：

POLYGON 输入边的数目 <4>：

缺省为四边形，在这里可以输入边的数量，如 6。

指定多边形的中心点或[边（*E*）]：

选择画正多边形的三种方法：定边长（Edge）、内接(Inscribed)和外切（Circumscribed）。

(5) 画圆（命令：Circle，快捷键“c”，图标）　用 Circle 命令画圆共有五种方式：给出圆心和半径绘制圆；给出圆心和直径绘制圆；给出圆周上任意三点（3P）；给出圆周上直径两端点(2P)；给出与圆相切的两个对象和圆的半径（TTR）绘制圆。

(6) 画圆弧（命令：Arc，快捷键“a”，图标）　执行圆弧命令后的提示：

命令：ARC 指定圆弧的起点或［圆心（C）］：

在这里可以在图中直接点击点，然后按回车键，继续按提示执行该命令。也可以打开“绘图”下拉菜单后把鼠标放在“圆弧”的菜单命令上，它会自动打开下一级菜单，如图 4-17 所示。

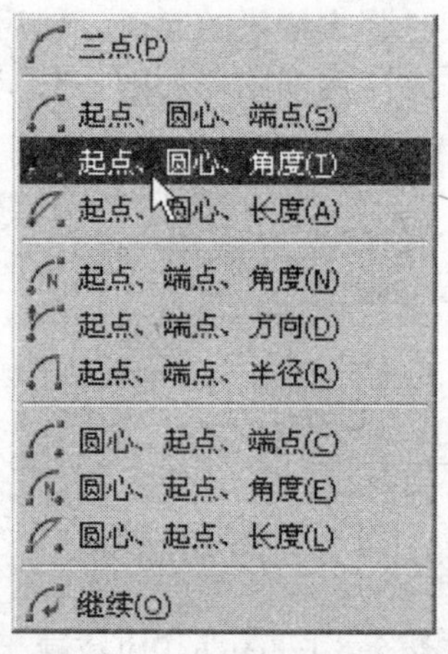

图 4-17　打开下一级菜单

可以直接根据具体的绘图情况选择相应的命令。

（7）椭圆（命令：ellipse，快捷键“el”，图标）

34. AutoCAD 中常用的编辑命令有哪些？

AutoCAD 提供了丰富、强大的编辑功能，可以从下拉菜单、工具条按钮或在“命令”提示下输入命令来选择这些编辑命令。

（1）取消与重做　取消与重做是一组帮助用户改正绘制过程中误操作的命令。

1）取消命令（命令：Ctrl＋z）。在绘图过程中，难免有绘制错的地方，使用取消命令，可以帮助用户改正一些错误。

2）重做命令。在操作取消命令时难免会发生操作失误，重做能帮助用户挽回最近一次失误。

（2）删除与恢复　在绘图过程中可对图样中无用的实体进行删除。

1）删除命令。在绘图过程中可能有一些错误或没用的图形，在最终的图样上不应出现这些痕迹，删除命令将提供这项服务。

2）恢复命令。在执行删除命令时若操作失误，恢复命令可帮助改正这一错误。

（3）对象的复制

1）复制命令。在一张图样中，往往有些实体是相同的，如果重复这些相同的操作，比较麻烦。复制命令能省去这些麻烦。

2）偏移命令。用偏移命令建立一个与原实体相似的另一个实体。

3）镜像命令。在绘图过程中常需绘制对称图形，调用镜像命令可以帮助用户完成对称图形的绘制。

4）阵列命令。在一张图形中，当需要把一个实体组成矩形方阵或环形阵时，阵列命令可帮助用户完成这一任务。

（4）改变对象的位置与大小

1）移动命令。在一张图样上为了调整各实体的相对位置和绝对位置，常常需要移动图形或文本试题的位置，移动命令能帮助用户完成实体的位置移动。

2）旋转命令。在一张图样中，为保证各个实体与整张图之间的一致，常常需要旋转实体，旋转命令就执行该功能。

3）缩放命令。这是一个非常有用和节省时间的编辑命令。它可按照用户的需要任意将图形放大或缩小，而不需重画。

（5）改变对象的形状及其特性

1）拉伸命令。用拉伸命令可以在一个方向上，按用户所确定的尺寸拉伸图形。

2）修剪命令。当操作一个有多个对象的图形，若要剪去图形的一些对象的一部分时，逐个剪切，将需要很多的时间；而修剪命令可以剪去对象上超过需要交点的那部分。

3）延伸命令。可认为延伸命令与修剪命令相反。用延伸命令可以拉长或延伸直线或圆弧，使它与其他的实体相接。

4）倒圆角命令。使用 AutoCAD 提供的倒圆角命令，可以用光滑的弧把两个实体连接起来。

5）倒角命令。在工程图样上，为了避免出现尖锐的角，使用倒角命令定义一个倾斜面代替。

6）断开命令。用该命令可以把实体中某一部分在选中的某点处断开，进而删除。

7）分解命令。利用分解命令可以将所选实体分解，以便进行其他的编辑命令的操作。

8）修改命令。可以利用修改命令修改所选对象。

9）对象特性管理器（OPM）。对象特性管理器集中了老版本特定对象编辑命令的功能，它能够在一个简单明了的表格里综合显示出 AutoCAD 全部对象的属性，并且能够实时编辑。无论是对单个对象的编辑，还是对多个对象的整体编辑，对象特性管理器都提供了极大的方便。

35. 在 AutoCAD 中如何确定文本的样式?

在实际绘图时，常常需要在图形增加一些注释性的说明，把文字和图形结合在一起来表达完整的设计思想。

每种文字都有不同的字体。例如，英文中的 Romanic、Italics；中文的黑体、楷体、宋体、仿宋体等。在图形中添加文字时，除了可选用不同的字体外，还可以指定文字的高度，甚至还可以让文字按一定的角度倾斜等。

定义文字样式有两种方法：

1）下拉菜单：格式/文字样式。

2）命令：STYLE。

激活 STYLE 命令后弹出“文字样式”对话框，如图 4-18 所示。

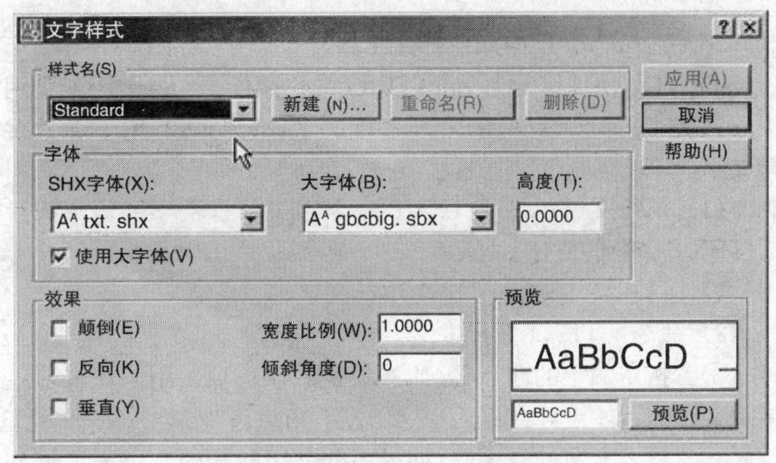

图 4-18 “文字样式”对话框

该对话框主要功能分为四个部分：样式名、字体、效果和应用。

1）样式名。在样式名下拉列表框中选择文字样式名，缺省的文字样式名为“标准”。

① 新建文字样式。建立新的文字样式时，单击（新建）按钮，弹出“新建文字样式”对话框，该对话框供用户为新建文字样式命名。

② 重命名已有文字样式。从“样式名”下拉列表框中选择要更名的文字样式，单击“重命名”按钮，弹出“重命文字样式”对话框，用户可通过该对话框对已有的文字样式改名。

③ 删除文字样式。从“样式名”下拉列表框中选择要删除的文字样式，单击“删除”按钮，即可将不再需要保存的文字样式（必须是在当前图形中没有使用过的）删除。

2）字体。AutoCAD 所有字体均保存在字体文件(. SHX 或 . TTF) 中，其中 SHX 为 SHAPE 编译字体，TTF 为 TRUE TYPE 字体。

36. 在AutoCAD中如何标注字体？

TEXT（快捷键dt）和MTEXT（快捷键t、mt）用于在图中放置文本，TEXT用于输入单行文字，MTEXT用于输入多行文字。

（1）单行文字标注　TEXT命令用于单行文字的输入。激活TEXT命令的方法如下：

1）下拉菜单：绘图/文字/单行文字。

2）命令：TEXT（dt）。

①“指定文字的起点”。此选项是默认选项，用于在屏幕上指定文字的起始点，此点为文字的左下角点。

②“输入文字的高度”。如果当前文字样式的文字高度不是0，则不出现该提示，取文字样式中规定的固定高度。

③“输入旋转角度”。文字的旋角度是按照文字的基线相对于X轴方向的角度来计量的，逆时针方向为正，反之为负。

注意，这里的“旋转角度”与STYLE命令中的“倾斜角度”的区别在于：“旋转角度”是指文本行基线相对于X轴方向的倾斜角度，“倾斜角度”是指文字中每个字符相对于Y轴方向的倾斜角度。

④“输入文字”。输入所需要的文字。输入一行文字回车后，会再次提示：

输入文字：

这时可以继续输入新的一行文字，新的一行文字的缺省起始位置在前一行文字的正下方。也可以在其他位置拾取一点，则该拾取点将作为新一行文字的起始点。用户可以一直输入所需要的多行文字，直到在“输入文字：”提示下键入回车，退出TEXT命令。

⑤“对正（J）”。当在“指定文字的起点或［对正（J）/样式（S）］：”的提示下输入J，则AutoCAD提示：

输入选项

A. 将文字嵌入两点之间。若以“A”响应选择“对正”项，提示“指定文字基线的第一个端点:”，要求确定文本的开始点响应后再提示“指定文字基线的第二个端点:”，要求输入文本的终止点，定义好文本的终点后即可输入文本的内容。输入的文本正好嵌入两点之间，文本的高度自动按字符宽度相应调整至合适的比例。若键入“F”响应“调整”项，除提示输入起点和终点外，还有高度提示，使输入的文本以指定的高度嵌入两点之间。

B. 中心对正、中间对正和右对正。分别用“C”、“R”响应“中心”、“右”选项，则下一步提示输入的点分别是文本行的中点和右端点的位置。多行文本输入时，分别为中点对正和右对正方式。若以“M”响应后，则下一步提示输入的点为文本的中心点。

C. 用双字符响应。双字符项中的第一个字符代表文本在垂直方向的线，第二个字符代表文本在水平方向的点，由它们共同确定文本的对齐方式。字符 T、M、C 和 B 分别代表顶线（Top）、中线（Middle）、基线（Center）和底线（Bottom）；L、C、R 分别代表相应线上的左（Left）、中（Center）、右（Right）点。

⑥“样式（S）”。在“指定文字的起点或［对正（J）/样式（S）］:”提示下输入 S，选择“样式”选项。该选项用于改变当前文字样式，可输入图形中已定义的其他文字样式。在当前图形中，文字样式可以有很多种，但当前文字样式只能有一个。当前文字样式决定着当前及以后文字的标注样式，直至再次重新改变文字样式。

（2）多行文字标注　MTEXT 命令用于输入多行文字。激活 MTEXT 命令的方法有三种：

1）下拉菜单：绘图/文字/多行文字。

2）工具栏：点击A。

3）命令：MTEXT。

当指定了第一个点后再拖动光标，屏幕上会出现一个动态的矩形框，矩形框中显示了一个箭头符号用于指示文字的扩展方向，此时确定的矩形框即为多行文字的放置位置。当指定对角点

"固定"矩形框后，则弹出"多行文字编辑器"对话框，如图4-19所示。

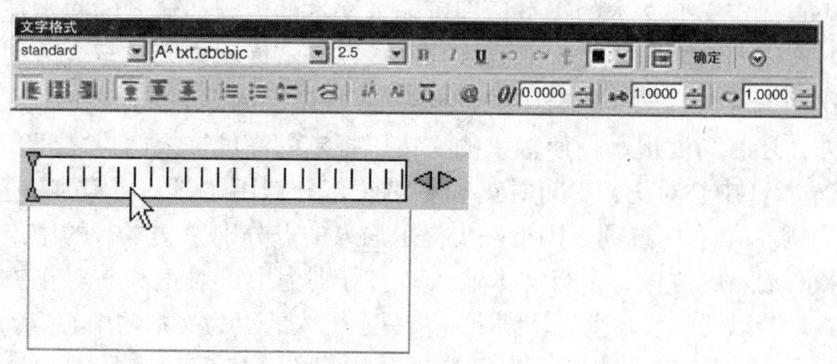

图 4-19 "多行文字编辑器"对话框

通过"多行文字编辑器"对话框输入文字时，所输入的文字会显示在对话框的大矩形框中。此外，用户可以通过"字符"、"特性"、"行距"以及"查找/替换"选项卡对将要输入或已经输入的文字进行设置、编辑。下面分别介绍它们的功能。

1）字符。用户可以事先设置文字样式，也可以改变已输入文字的样式。改变文字样式时，可用以下三种方式选择文字（使文字加亮）：

① 将光标放到选择文字的起始处，按下鼠标左键，然后拖动鼠标到要选择文字的终止点处。

② 双击某一个字，该字所在的句子被选中。

③ 三击鼠标左键可选择光标所在段落。

2）特性。"特性"选项卡用来设置、改变文字的样式、对齐方式、文字行的宽度、旋转角度等特性。

3）行距。"行距"选项卡用于设置段落标注时的行间距。在"行距"下拉列表框中提供了"至少"和"精确等于"两个选项。"至少"选项将根据文字行中最大字符的高度来高速文字行间的距离，这是默认选项。"精确等于"选项是将强制多行文字对象的各行文字间有同样的间距。

第二个下拉列表框可供用户选择或输入一个行距值。用户可以从下拉列表框中选择一项，也可以自己输入一个行距值，其后跟“”符号，表明是单倍行距的多少倍的数值。单倍行距是指文字行中最大字符高度的1.66倍。还可以根据当前图形单位输入一个绝对值而不管文字的高度。

4）查找/替换。“查找/替换”选项卡用来搜索某一字符串，用指定的字符串替换，确定搜索替换时对大小写是否敏感等。

37. 在AutoCAD中如何进行文字的编辑?

与其他对象一样，文字对象作为一个整体可以移动、旋转、删除、复制以及镜像，也可利用夹点对文字对象进行拉伸、移动及旋转等。单行文字对象的夹点在基线的左下角和对正点，多行文字对象的夹点在文本的插入点。

一般来讲，文字编辑包括文字内容的修改和文字特性的修改。可用DDEDIT命令修改文本内容；用PROPERTIES命令修改文本特性（包括颜色、所在图层、线型、线型比例、打印样式、超级链接、厚度、文字样式、对正方式、文字高度、方向、倾斜角等）。

1）用DDEDIT修改文本。该命令用于修改TEXT及MTEXT文本，也可用于修改ATTDEF（属性定义），并根据不同对象显示不同的对话框。

激活DDEDIT命令的方法如下：

① 下拉菜单：修改→对象→文字。

② 命令：DDEDIT。

选择要编辑的文字，如果所选文字是用TEXT命令标注的，会弹出“编辑文字”对话框，并在编辑框中显示出欲修改的文字内容以供修改。由于单行文字对象是单独的对象，故一次只能编辑一行。如果所选文字是用MTEXT命令标注的，会弹出“多行文字编辑器”对话框，并显示出欲修改的文字供用户编辑。

2）修改文字特性。AutoCAD对特性的管理作了重大改进，新增了“对象特性管理器”。通过“对象特性管理器”可方便地实现对文字特性的修改。

38. 在 AutoCAD 中如何进行尺寸的标注?

尺寸标注是绘制施工图的一项重要内容。尺寸标注描述了图形及各部分的实际大小和位置关系。AutoCAD2000 提供了多种尺寸标注方法，以适应于不同专业的各种类型的尺寸标注。

(1) 尺寸标注概述

1) 尺寸标注的组成。完整的尺寸标注是由尺寸线、尺寸界线、尺寸箭头、尺寸文字组成的。这四个组成部分是以特殊的块形式出现的，用户可把一个尺寸标注作为一个整体进行处理。

2) 激活尺寸标注命令的方法。以下几种方式可激活尺寸标注命令：

① 下拉菜单。选取“标注”下拉菜单后，即可直接点取所需的尺寸标注命令。

② 标注工具栏。使用标注工具栏，可直接拾取标注工具栏的命令图标按钮，激活相应的尺寸标注命令。

③“命令”提示符。在命令行直接键入 DIMLINEAR（或其快捷键）。

(2) 标注尺寸

1) 线性尺寸标注。线性尺寸标注分水平标注、垂直标注、旋转标注三种类型，可以自动测量标注的两点间的距离，对直线和斜线进行线性尺寸标注。

2) 对齐尺寸标注。对齐尺寸标注的尺寸线与两个尺寸界线起始点的连线相平行，这种标注方式可以反映出倾斜段的真实大小。激活对齐尺寸标注命令 DIMALIgned 后，出现的系统提示及其相应操作与线性尺寸标注命令 DIMALIgned 类似。

3) 基线标注。基线标注是从一基线尺寸界线到各尺寸界线的尺寸标注。新的尺寸线位置将偏离前一尺寸线一段距离。

4) 连续标注。连续标注是用前一尺寸标注的第二条尺寸界线作为下一尺寸档注的第一条尺寸界线进行尺寸标注。

激活连续标注命令 DIMCONTinue 后，出现的系统提示及其相应操作与基线标注命令 DIMBASEline 类似。

5）角度尺寸标注。角度尺寸标注可以对两条非平行线、圆、圆弧等进行角度尺寸标注。激活角度标注命令 DIMANGular 后，系统提示：

选择圆弧、圆、直线或<指定顶点>：

6）直径尺寸标注。DIMDIAmeter 命令用于标注圆或弧的直径。激活该命令后，系统提示：

选择圆弧或圆：（选择需要标注直径的圆弧或圆）

指定标注弧线位置或［多行文字（M）/文字（T）/角度（A）］：

指定尺寸线位置即按系统测量出直径的值标注，也可以选择其他选项进行操作。若取系统测量值会在该值前自动加上“Φ”字符，若要输入另处的尺寸文本，则须按“%%C”的形式表示“Φ”字符。图是直径与半径标注的示例。

7）半径尺寸标注。DIMRADius 命令用于标注圆或弧的半径。激活该命令后的系统提示与相应操作与直径尺寸标注相似。

8）圆心标记。圆心标记用来标注圆或圆弧的圆心标记或中心线。激活圆心标记命令 DIMCENTER 后，系统提示：

选择圆弧或圆：

在该提示下选择圆弧或圆即可标注其圆心标记或中心线。圆心标记的形式由系统变量 DIMCEN 确定，当该变量的值大于 0 时，作圆心标记，且该值是圆心标记线长度的一半；当变量的值小于 0 时，画出中心线，且该值是圆心处小十字线长度的一半。

9）坐标标注。使用 DIMORDinate 命令可以标注点的坐标，所有的坐标标注都是以图形原点为基点的绝对坐标值。

10）快速标注。快速标注可快速地一次性标注出多个图形对象的基线、连续、坐标等尺寸。激活快速标注命令 QDIM 后，系统提示：

选择要标注的几何图形：（在此选择图中图形对象进行标注）

指定尺寸线位置或［连续（C）/相交（S）/默认基线（B）/

坐标（O）/半径（R）/直径（D）/基准点（P）/编辑（E）。

11）引线标注。引线是从图形引出的直线或曲线并在其后端标注注释与说明的一种标注方式。快速引线标注 QIEADER 命令可使用户快速创建多种格式的引线和注释。

（3）尺寸标注样式

1）尺寸变量与尺寸标注样式。尺寸变量的设置直接影响着尺寸标注方式。一般情况下，尺寸变量不需要改变其缺省值，如前面所介绍的尺寸标注方法中绝大多数尺寸变量均为缺省值。例如尺寸变量 DLMTXT 用来指定尺寸文字的高度，其缺省值为 0.18。

尺寸标注样式是一组尺寸变量设置的有名集合，它控制着尺寸线、尺寸文字、尺寸箭头、尺寸界线的外观及尺寸标注方式。通过建立尺寸标注样式，用户不必去记忆或搜索繁琐的尺寸变量名称及用法，就可以方便直观地设置所有相应的尺寸变量，并控制尺寸标注的外观和标注方式。

在 AutoCAD 中，增加了 ISO、ANSI 等系列尺寸标注样式，这些尺寸标注样式比较适用于我国的制图标准，对一般图形要求都能适用。但在实际制图过程中，有时仍然需要根据标注尺寸的意图，另外建立尺寸标注样式。

2）标注样式管理器。"标注样式管理器"用来创建和管理尺寸标注样式。其主要功能如下：

① 创建新的尺寸标注样式。

② 修改已有的尺寸标注样式。

③ 设置一个尺寸标注样式的替代。

④ 设置当前尺寸标注样式。

⑤ 比较尺寸标注样式。

⑥ 重命令尺寸标注样式。

⑦ 删除尺寸标注样式。

修改样式一般把箭头改为建筑标记，主单位的比例因子改为 100。

39. 在 AutoACD 中如何进行图案填充?

(1) 图案填充的概念和作用　在绘制图形时经常会遇到这种情况，比如绘制物体的剖面或断面时，需要使用某一种图案来充满某个指定区域，这个过程就叫作图案填充（Hatch）。图案填充经常用于在剖视图中表达对象的材料类型，从而增加了图形的可读性。

在 AutoCAD 中，无论一个图案填充多么复杂，系统都将其认为是一个独立的图形对象，可作为一个整体进行各种操作。但是，如果使用“Explode”命令将其分解，则图案填充将按其图案的构成分解许多相互独立的直线对象。因此，分解图案填充将大大增加文件的数据量，建议用户除了特殊情况不要将其分解。

在 AutoCAD 中绘制的填充图案可以与边界具有关联性(Associative)。一个具有关联性的填充图案是和其边界联系在一起的，当其边界发生改变时会自动更新以适合新的边界；而非关联性的填充图案则独立于它们的边界。

如果对一个具有关联性填充图案进行移动、旋转、缩放和分解等操作，则该填充图案与原边界对象将不再具有关联性；如果对其进行复制或带有复制的镜像、阵列等操作，则该填充图案本身仍具有关联性，而其复制不具有关联性。

(2) 使用 HATCH 命令创建填充图案

1) 选择填充图案和填充区域，注意区域一定要封闭。

2) 角度可以改变填充图案的倾斜程度，比例可以改变图案的疏密。

3) 建筑平面图中柱子和地缸砖图案需要填充。

40. 在 AutoCAD 中如何使用对象的捕捉功能?

对象捕捉是 AutoCAD 中最为重要的工具之一，使用对象捕捉可以精确定位，使用户在绘图过程中可直接利用光标来准确地确定目标点，如圆心、端点、垂足等。

在 AutoCAD 中，用户可随时通过如下方式进行对象捕捉模式：

1）使用“Object Snap（对象捕捉）”工具条。

2）按 Shift 键的同时单击右键，弹出快捷菜单。

3）在命令中输入相应的缩写。

下面我们分别来介绍各种捕捉类型：

1）“Endpoint（端点）”：缩写为“END”，用来捕捉对象（如圆弧或直线等）的端点。

2）“Midpoint（中点）”：缩写为“MID”，用来捕捉对象的中间点（等分点）。

3）“Intersection（交点）”：缩写为“INT”，用来捕捉两个对象的交点。

4）“Apparent Intersect（外观交点）”：缩写为“APP”，用来捕捉两个对象延长或投影后的交点。即两个对象没有直接相交时，系统可自动计算其延长后的交点，或者空间异面直线在投影方向上的交点。

5）“Extension（延伸）”：缩写为“EXT”，用来捕捉某个对象及其延长路径上的一点。在这种捕捉方式下，将光标移到某条直线或圆弧上时，将沿直线或圆弧路径方向上显示一条虚线，用户可在此虚线上选择一点。

6）“Center（圆心）”：缩写为“CEN”，用于捕捉圆或圆弧的圆心。

7）“Quadrant（象限点）”：缩写为“QUA”，用于捕捉圆或圆弧上的象限点。象限点是圆上在 0°、90°、180°和 270°方向上的点。

8）“Tangent（切点）”：缩写为“TAN”，用于捕捉对象之间相切的点。

9）“Perpendicular（垂足）”：缩写为“PER”，用于捕捉某指定点到另一个对象的垂点。

10）“Parallel（平行）”：缩写为“PAR”，用于捕捉与指定直线平行方向上的一点。创建直线并确定第一个端点后，可在此捕捉方式下将光标移到一条已有的直线对象上，该对象上将显示平行捕捉标记，然后移动光标到指定位置，屏幕上将显示一条与原直线相平行的虚线，用户可在此虚线上选择一点。

11）“Node（节点）”：缩写为“NOD”，用于捕捉点对象。

12） “Insert（插入点）”：缩写为“INS”，捕捉到块、形、文字、属性或属性定义等对象的插入点。

13）“Nearest（最近点）”：缩写为“NEA”，用于捕捉对象上距指定点最近的一点。

14）“None（无）”：缩写为“NON”，不使用对象捕捉。

15）“From（起点）”：缩写为“FRO”，可与其他捕捉方式配合使用，用于指定捕捉的基点。

16）“Temporary track point（临时追踪点）”：缩写为“TT”，可通过指定的基点进行极轴追踪。关于极轴追踪参见第3章。

除了如上各种方式进行对象捕捉以外，用户还可将某些捕捉方式设置为自动捕捉状态，AutoCAD将自动判断符合捕捉设置的目标点并显示捕捉标记。

第5章

电脑效果图表现

1. 什么是电脑效果图?

效果图就是将一个还没有实现的的构想，通过笔、电脑等工具将它的体积、色彩、结构提前以形象化地手段展示在我们的眼前，以使我们能更好的认识这个物体。它主要用于建筑业、工业、装饰业。

效果图向下细分有建筑效果图、装饰效果图、工业产品效果图等。在这里，重点介绍建筑效果图，建筑效果图又可以分为以下两种：

1）广告效果图。这种效果图的表现方法是重点突出建筑周边的环境、绿化，对建筑本身的表现要求很少。还有就是对室内效果图的色彩更加强调，特别在冷暖色对比、整个图片的色彩饱和度、明暗对比都相对更艺术化、理想化。广告效果图不仅被建筑商看好，也能让普通老百姓接受。其优点是视觉效果很好、容易吸引购房者；缺点是可信度低，所开发的产品往往达不到效果图上的预期效果。

2）照片效果图。这种表现方法重点在于整个建筑的真实再现。通常这类效果图画面比较灰，对周边环境的真实性要求较严谨，要尽可能追求照片效果。制作方法一般需要通过大量真实数码图片进行合成。其优点是可信度高，通过它基本能想像出整个建筑完工后的效果；缺点是制作难度较大，视觉冲击力不太好。

2. 绘制电脑效果图常用的软件有哪些？

绘制电脑效果图的基本步骤可以分为建模、环境设置（灯光和材质）以及渲染、出图几个基本步骤。和这几个基本步骤相关联的常用的软件有以下几个，现分别加以说明：

（1）AutoCAD　这是一款应用比较广泛的矢量图绘制软件。由于它有较好的界面和绘图特性，所以它已经成为室内设计师必须掌握的工程绘图软件之一。原则上用这个软件可以完成效果图的建模、灯光设置、材质设置、摄像机设置和渲染的所有工作。但就是和其他软件比较来讲，除了绘制施工图和建模为其优势外，其他的功能还有很多的不足之处。所以要想得到一幅好的效果图，一般不在 AutoCAD 中进行渲染工作，而是将在 AutoCAD 中完成的模型导入其他的软件中进行后续的处理。

（2）3dsmax　3dsmax 是专门为动画设计师准备的软件，强大的动画功能已经使其在动画行业占有很重要的位置。用这个软件可以轻松的为一个需要的场景进行建模、灯光设置、材质的设计和渲染工作。由于整个操作非常的直观方便，尤其在后期的版本中还加进了工程绘图的一些特别的功能，在 5.0 版本以后还引入了光能传递的渲染方式，这使其渲染的结果甚至可以和专业的渲染软件相媲美，所以这款软件现在已经被广泛的用于室内设计行业中。但是每个软件都有它的优缺点，它毕竟不是专门的为工程设计而制作的软件，尽管它的功能已经足以满足我们的工作要求，但是在某些方面和我们的要求还有一定的差距。例如它的精确度不够好，某些个别的命令还不够稳定，这些常给我们进行复杂的建模带来一定的麻烦。还有，虽然加入了光能传递的渲染方式，然而操作性和参数的可控性和专业的渲染软件相比还有一定的差距，所以很多的设计是常常根据 3dsmax 软件的特点使用其一部分功能，再结合其他的软件共同完成一项任务。

（3）LightScape　LightScape 是一个专门做灯光效果研究和场景渲染的软件。由于它的体积小、操作方便、渲染的效果非常真实，所以被广泛的用于室内效果图的渲染领域，长期以来一直是室内设计师的必备工具软件。但 LightScape 应该是专门研究灯光效果的软件，而在实际室内设计时，只是作为渲染工具。LightScape 软件采用的是光能传递的渲染原理，所以能够渲染出和实际情况相接近的照片级的渲染效果图。

（4）Photoshop　Photoshop 是一款非常成熟的图片处理软件，我们渲染出来的效果图的后期处理工作大多数都是由这个软件来完成的。原则上讲，对于美术基础比较好的设计师完全可以用这个软件作出一幅完美的效果图，但是这样耗时比较长，所以目前它只用作后期处理的软件。效果图渲染出来之后可以在这个软件里进行图片的完善工作，加入一些配饰的和环境图片，使一幅效果图更加完整。

综上所述，制作室内效果图时并不是用一个软件进行所有的工作，而是利用各软件的优势并结合自己的工作习惯综合运用这些软件作出令客户满意的效果图。

3. 绘制电脑效果图需要了解哪些基本知识？

绘制电脑效果图的最终目的是向业主表达设计师的设计思想。如果只会软件的使用知识则很难完美的表达设计师的设计想法。从最基本的角度讲，即便是抛开了对设计的思想的考虑，所画出来的图也应该是一张非常美的图，这样别人才会欣赏，有助于客户接受设计师的想法。

作为一个绘图员至少应该掌握以下几方面的知识才能够更准确的表达设计师的设计思想：

（1）对装饰施工图的识图能力　绘制效果图的依据是设计师所画的平面施工图样，所以绘图人员最基本的要求是能够读懂这些图样，包括理解图样上的各种符号所表达的意思，正确的解读各种结构和结构详图，读懂各种尺寸等。只有准确地了解了施工图的全部内容，所绘出的效果图才能准确的表达设计师的设计思路。

（2）具备一定的美术基础　绘制效果图实际上也是一个创作的过程，这个过程包含了两方面的内容：

1）绘制效果图的同时可修正施工图中不正确的解构和尺寸。

设计师所提供的施工图或者施工草图一般情况下是没有经过施工的图样，所以图样中多少会存在一些不足之处，而不足之处可能是各个方面的。效果图绘制时将把这些结构和尺寸反映到效果图上，在这个过程中会发现这些错误和不足之处，发现了以后应该根据实际的情况对原图样提出一些修改建议，以便完善施工图。

2）绘制效果图的过程就是一个创造美的过程，最基本的要求是绘制出来的效果图应该符合一定的美学原则，其中包括了色彩的搭配、构图、对比度、空间结构等诸方面的合理安排。这就要求绘图人员具备一定的色彩构成、平面构成，甚至是立体构成和素描方面最基本的知识。只有掌握了这些知识才能够把图画得漂亮，从而达到传达设计思想的目的。

（3）掌握室内设计理论方面的知识　绘制效果图也是室内设计的一个环节，因此必须满足室内设计方面的基本要求。比如绘制效果图经常会接触到结构和家具的尺寸问题，最根本的原则是满足人体工程学的要求。而在不同的环境中同样的家具尺寸所表现的结果是不一样的，必须根据室内设计的相关知识来调整家具的尺寸，使其满足不同场合的要求。

（4）了解一些材料和施工方面的知识　绘制效果图是必须给对象赋上与实际材料相符合的材质。如果有了工艺方面的知识，就可以避免这些类似情况的发生。

总之，为了使效果图更好地表达设计者的思想，光学会使用软件是不够的，还必须掌握一些和设计、美术和施工方面相关的知识。

4. 绘制电脑效果图的步骤是什么？

一张效果图的制作通常是由几个软件合作来完成的。现在，一般是由 AutoCAD、3dsmax 和 LightScape 共同来完成的。下面就这几个软件的具体操作流程对这个问题作简要的回答。

1）认真阅读施工平面布置图和相关的立面图，把空间的结构和划分方法分析透彻，为进一步开始做效果图做好充分的准备。

2）在 CAD 中调入平面布置图，删去不用的线，保留有用的线段，清除文字标注等，并把处理后的图形另存一个文件。

3）打开3dsmax软件，对绘图环境进行必要的设置，包括单位设置、捕捉设置等。一般情况下单位和系统单位均设置成毫米。

4）把已经做好的CAD文件导入3dsmax软件中。如果是单张效果图的制作，最好把导进来的图形移至世界坐标的圆点附近，这样在以后导入LightScape中时可以得到准确的照度计算。

5）按着导进来的文件的轮廓用画线的命令（把捕捉打开），沿着已经准备好的轮廓线，把要建立内墙的重新描一遍，或者直接利用导进来的墙线经稍微整理后，直接用积压命令把墙的模型建立起来。

6）做基础装饰部分的模型，这部分包括门窗口、踢脚线、地面、墙面装饰线、壁龛、顶棚等。

7）设置相机和简单的场景灯光，这一步是为了更准确的在场景中观察模型。灯光的设置不必很精确，但必须接近实际照明的情况，把相机放到需要的视角的位置。

8）给基础模型赋材质，基础模型建立以后，效果图的整体轮廓已经形成。为了更好的观察效果图的大体效果和室内空间的结构的情况，这时候需要给基础模型赋上材质。材质可以用与实际材质接近的颜色代替，这一阶段是为了观察效果图的大致效果，以便在观察后作相应的调整。

9）挑选或制作室内家具和陈设的模型。室内的大体轮廓定下以后，紧接着我们就应该根据设计师的意图，精心地挑选室内家具和陈设的模型（特殊的家具，我们需要制作模型）。家具和陈设的模型在使用前一定要进行整理，重新规划材质以便和场景内的材质统一，同时对家具和陈设的模型面数进行整理，使其在不影响视觉感官的情况下达到最少。

10）导入家具和陈设的模型，连同材质一起导入。如果使用了与场景一致的材质就应该使用场景内的材质。把家具放在相应的位置，进一步观察大体的效果，如果有什么不妥的地方可以作进一步的调整，直至达到满意的效果为止。材质在命名时一定要统一。

11）灯光的设置。灯光的设计要根据最后的渲染方式来进行。现在大多数绘图人员都采用光能传递的渲染方式，这样就给我们的灯光设置带来了很大的方便。因为光能传递渲染得特点就是可以模拟真实的光照效果，所以在这种情况下我们只要根据实际灯光的类型和位置设置灯光就可以了。如果是采用模拟灯光，就要根据 3d 场景的布光原则进行布光。

12）精确的设置材质。材质的设置方式也要根据渲染的方式进行设置，这方面的问题在以后的问题中有详细的解答，这里不再赘述。

13）渲染出图。

5. 如何学习 3dsmax 软件？

3dsmax 是一个比较复杂而且庞大的软件，如何才能快速的掌握这个软件，可以从下面几个方面考虑：

1）首先要分析清楚软件的用途。

2）确定我们要做什么。

3）重在解决问题的思路。

4）用什么样的书进行学习。

① 选择软件商出版的书最好。

② 简单的原则。一些命令手册比较简单的书籍，可以让我们快速查到该命令的使用方法和相关的参数设置。

5）小心对待所谓的技巧。技巧并不是学习的本质，而是通过技巧来熟练掌握软件，达到解决问题的目的。

6）不要让细节挡住你的眼睛。

6. 使用 3dsmax 绘制电脑效果图要养成哪些良好的习惯？

学习 3dsmax 同其他日常工作一样要养成良好的工作习惯，才能做到事半功倍。根据 3dsmax 软件自身的特点和所要完成工作的特点和性质，使用 3dsmax 软件时应该养成如下良好的习惯：

（1）在硬盘上建立合理的文件目录，根据软件的特点这些目录应该包括：

1）存放模型文件的目录。这个目录用于保存效果图的模型文件，可在这个目录下每一个项目中建立一个子目录，以便于文件的查找和管理。这个子目录里含有一切与此项目有关的原始文件，例如cad参考平面图、max模型文件，还有和渲染有关的ls、lp等文件。

2）经常使用的家具和配饰的模型文件夹里最好按着家具和配饰的类别建立相应的子目录。如果有条件可以把每个家具的模型配上相应的检索图片，这样会提高做图效率。

3）材质库文件夹。材质库文件夹经常被忽略，因为从实际观察来看很少有人使用现成的材质文件。材质文件是指一组含有材质参数配置的材质的库文件，它只包含材质参数设置了的材质类型，其中的贴图可以根据具体情况进行更换。

我们可以建立一个自己的材质库文件，当遇到保存过的材质时，就可以不必重新进行设置，直接把材质库中的文件拿来使用就可以了，这样可以大大地提高我们的工作效率。

4）贴图文件夹。这个文件夹用于保存经常使用的贴图文件。

5）灯光文件夹，存放各种灯光文件。

6）成品文件夹。作品完成之后可用3dsmax存档命令将文件进行存档，以便长期的保存。3dsmax的存档文件包含了所有的与场景有关的数据，包括贴图文件，这个文件可以脱离以上的目录限制而在任何的场景中使用。

（2）经常的搜集和整理常用的模型和灯光文件。一个好的模型库和灯光库无疑会使做图的效率和效果有很大的提高，应经常的整理和搜集有用的模型和灯光。在搜集和整理模型时应该注意以下几点：

1）要统一模型的单位。我们经常会遇到模型调入场景中或大或小的情况，是因为模型和场景的尺寸不一致造成的，所以一定要在把模型放入模型库之前把模型的单位统一了。

2）对模型进行优化。评价一个模型好坏的标准之一是这个模型的面数是不是合理，合理的标准不是越少越好，而是能达到表现效果的前提下越少越好。所以模型存入模型库之前要进行优化处理。

3）重新定义模型及其部件的名称和材质。平时使用现成的模型时会发现模型的各部分构件的名称很混乱，有的材质已经丢失，这给我们的使用带来了很大的麻烦。为了提高做图的效率，应重新按着自己的习惯给模型和它的组成部分重新命名，并重新分配材质和贴图。贴图一定要保存在应该保存的目录下，这样在每次调用的时候可以直接使用，或只做简单的调入即可，从而提高做图效率。

（3）正确地给对象和材质命名　正确地给对象和材质命名，一方面可方便编辑工作，另一方面也提高了模型的可交换性。

（4）简化细节的表现　一个效果图的表现必须要有突出表现的东西，有的是为了表现某个结构，有的是为了表现整体的气氛。不论是哪种情况，都应该把握一个原则，那就是能用贴图表现的一定不用模型。因为我们的目的是为了表现设计思想，而现在的设计中陈设和配饰往往是后期才进行设计的东西，所以一些不重要的东西可不用模型来渲染，这会节约很多时间。

（5）事先定好方案　事先制定好计划对于快速完成任务有很大的帮助。方案的制定要结合对各种软件的使用程度来制定。这里所说的方案就是首先应该确定好在哪个软件中做哪一步，制定其严格的执行，这样会提高做图的效率。

7. 绘制效果图前要进行哪些准备工作？

为了能使绘制效果图的过程不间断地进行，在开始做效果图之前应该做一些准备工作，这些准备工作包括：

1）认真地研读平面布置图和相关的结构图样，明确所要画的效果图的有关平面布局尺寸和装饰造型的尺寸。

2）明确室内装饰的风格和色彩倾向，为绘制效果图过程中材质和灯光的设置确定一个参考方向。

3）明确室内各部分所用的装饰材料，并根据装饰材料的表面色彩和肌理选出一些合适的材质贴图，以备在设置材质时调用。

4）根据装饰风格确定室内家具、灯具等主要配饰的模型和图片。

5）用 CAD 软件整理平面图布置图样，以便在 3dsmax 中调用。整理平面图的过程如下：

① 把 CAD 的平面图打开，并另存到相应的目录当中，以免不小心把原来的图样覆盖掉。

② 选择要绘制效果图的空间，删除其他不必要的图形元素，如图框、文字标注、尺寸标注、其他没有用的房间墙线等；只保留所用空间的内墙线；门窗口处要断开，以方便以后在 3dsmax 中捕捉相应的点进行门窗的定位；把所有的图线移至统一图层内，删除不必要的图层和图块（建议用 CAD 的图形清理命令），再把整个图形移到世界坐标的原点附近，目的是为了保证在 LightScape 中尽可能得到准确的效果。

有了这些准备工作后我们就可以进行效果图的绘制了。

8. 怎样建模才能使模型的面数最少？

减少模型的面数目的是为了减少软件的负担，尤其是在后期的渲染过程中，文件的大小（面数）对渲染速度的影响甚大。所以在 3dsmax 中已开始建模时就应该考虑这个问题。为了解决这个问题，应从以下几个方面进行考虑：

（1）面的建模　面的建模是效果图制作中较为常见的一种建模手段。比如一个房间的四面墙、顶棚和地面都是由面来建模的。

面的建模，最好的方式是用线的积压来完成，也就是先画一条线，然后再用这条线积压建模。

而对于地面和顶棚这样的通常具有一定形状的面可用样条曲线建立封闭的去向，然后变成网格物体形成面。

面有曲面和平面两种形式。曲面建模的方法同平面建模一样采用积压的方式。但是曲面的基础线一定要用折线来代替弧线，除非有特别的表面要求，一般情况下不要直接用弧线。因为弧线的节点比较多，积压之后会形成很多面，所以可用直线先代替弧线进行积压，然后渲染时采用光化处理。同样对于那些不规则的曲面也尽可能地用折线或多个平面进行光化处理来得到想要的效果。

（2）关于放样命令的控制　装饰线类建模是效果图建模过程中最常见到的工作，几乎每个效果图都绘用到装饰线，比如踢脚线、门窗套、画框、腰线、挂镜线等，所以如何画好和控制好装饰线的面数很重要。

装饰线的建模通常用放样的命令（loft）。放样命令控制面数的控制有以下几个方面：

1）路径步数。路径步数是指基线直线的两个点之间被分的段数。被分的段数越多，最后生成的面就越多。对于那些直线形的装饰线模型，可以将步数设为0，也就是只有在转角处才增加一个节点，这样会使模型的面数最少。而对于那些弧形装饰线，可以根据具体情况适当的增加路径步数，以便获得良好的弧线效果，这时也可用渲染时进行光滑处理的办法，使我们在获得好的效果的前提下尽量地减少模型的面数。

2）图形步数。图形的步数指我们用作放样的界面曲线两个节点之间被分的段数。除非有装饰线的特写镜头，否则应尽可能地减少图形的步数，一般情况下设为2～3就可以了。如果有条件，放样之后单独地把弧形面分离出来加上光滑，最终的结果会更加令人满意。

3）自适应路径步数最好不使用，这样会使得到的面不够规整，从而导致渲染的时候出现难以控制的结果。

（3）尽量使用面来建模　实体建模有它的方便之处，比如操作方便、参数容易控制等，但实体建模带来的坏处是增加了很多没有用的面。所以提倡在允许的情况下尽量的使用面组合的方式来建立模型，对于那些看不到的面完全可以省略掉，这样会大大地减少图形的面数。

（4）谨慎使用别人的或者购买来的模型　作为商品出售的模

型或者别人自建的模型往往从视觉上考虑的效果多一些，为了达到更好的效果，往往面数较多。所以在使用别人的模型时，一定要对根据自己的实际情况对模型进行面数的优化处理，然后再进行使用。

9. AutoCAD 和 3dsmax 建模的区别是什么？

从建模的角度讲，AutoCAD 和 3dsmax 软件各有其优缺点，现在就两个软件的特点及差异分别作一下比较和说明。

(1) 关于图层的使用　AutoCAD 的图层功能不仅施工图的绘制方便，在效果图的建模上也方便。在 CAD 软件中，可以把同一个材质的物体存放在同一个图层里，这样在导入到 LightScape 中后，我们可以把不同的图层变成不同的块，方便地进行材质的编辑。

(2) 物体的命名　AutoCAD 软件给物体命名只能通过给图层命名的方式来实现，而 3dsmax 却能很方便地给不同的物体命名，这样的优点在对单个物体进行编辑时带来了极大的方便。再结合图层的使用功能及编组功能，在 3dsmax 中，既可以对单个物体进行编辑，又可以利用图层对同一材质的物体同时进行编辑，也可以对一个组的相关物体进行编辑。

(3) 面的方向　使用 AutoCAD 进行建模时，面的方向不容易控制，往往需要在渲染软件 LightScape 里进行面的方向的转化，模型大的时候很不方便。而在 3dsmax 中，由于它在视图中通常是以单面的形式显示的，当面的方向和视角相反时，我们可以及时地调整。

(4) 二维编辑方面　在二维曲线编辑方面，AutoCAD 具有独特的优势，而 3dsmax 中虽然加强了二维曲线的编辑功能，但对 CAD 来说是不可比拟的。所以涉及复杂的二位曲线（或基础轮廓线）时，常常要在 CAD 中画出，然后再导入到 3dsmax 中使用。

(5) 灯光和材质编辑　灯光和材质的设置和编辑是 AutoCAD 的薄弱环节，而 3dsmax 软件则具有强大的材质和灯光编辑系统，所以要制作好的效果图一般不用 CAD 的灯管和材质编辑系统。

（6）布尔运算　在 3dsmax 软件中，无论是进行二维或三维实体的布尔运算会经常出错，而在 AutoCAD 中则不存在类似的问题。所以在 3dsmax 中我们应尽可能少地使用布尔运算。

（7）使用对象　AutoCAD 比较适合建效果图的基础模型，例如房子的框架等。因为这些模型的基础图都是在 CAD 中画好的平面图或立面图，以平面图为基础可以在 CAD 中很快的建立起模型的框架结构，而且尺寸准确。而像一些装饰性的东西，例如家具、配饰等则比较适于在 3dsmax 中建立模型。

10. 怎样绘制效果图的基本框架？

效果图的基本框架是指效果图模型的基础部分，或者说相当于实际装饰过程中的土建部分（原始空间），这是开始做效果图建模的第一步。为了更准确地进行装饰部分的建模，基本框的建模应该满足以下几方面的要求：

1）单位设置合理，一般情况下以毫米为单位。

2）选用合适的建模方法，建议采用单面建模的方法。

3）有正确的命名系统，对象的命名应尽量和实物的名称一致，以方便查找和管理，例如墙体可以命名为“墙”等。避免用软件中的默认的名称，如 box01、box02 等，这样会导致以后编辑时非常的混乱。

基础部分建模一般包括以下几方面的内容：

1）房间的基础墙面，包括门窗口要一并留出，门窗口的位置留上下通口，方便调入门窗。墙面的建模比较简单，做效果图之前要在 CAD 中把平面图作一些使用前的准备，然后只需把那个图形调进来，积压一个高度就可以了。之后赋上相应的材质。

2）顶棚和地面。如果是规则的顶棚和地面，可以用规则的二维图形直接捕捉相应的点画出；不规则的顶棚和地面可以用样条曲线捕捉相应的点画出封闭的曲线，然后将这些图像变成网格物体就可以了。

3）门窗的建模。在装饰工程中，窗的样式一般都是由建筑部分来完成的，而不是由室内设计师来完成。室内设计师所做的事情只是考虑门窗套和窗台的做法问题。如可以把这些窗的样式做成模型备用，做模型时最好把窗套和贴脸装饰线以及窗台一块做出来，还可把窗口上下的墙面也做出来，作为一个整体的模型保存。

门在做效果图处理时有两种方式：一种是建立门的模型，另一种是用门的贴图代替一些细节的建模工作。这两种情况在一般的情况下视觉效果的差别不是很大。为了节省面的原则，建议用贴图代替模型。无论哪种情况都和窗的处理情况类似，把门、门套和门上面的墙面保存为一个模型。

在制作这些模型时要注意几个原则：

1）各部件的命名一定要一致。

2）门窗的建模也采用单面的建模方式，尽量的节省空间。

3）相同材质的命名要一致。

踢脚线的建模。踢脚线在实际装饰时有各种各样的形状，截面有方形的，有弧形的。但是在做效果图时，由于踢脚线离摄像机距离一般较远，因此可不必要按着实际的复杂情况去建模，用方形代替就可以了。这时，只要沿着墙面画一条曲线，然后向里面等距操作，再挤压一个常用的高度就可以了。

11. 地面建模应该注意哪些事情？

地面建模相对来说比较简单，一般有以下几种情况：

（1）一个材质的地面　这种地面的建模方法很简单，只要建一个方形或封闭的样条曲线就可以了，无需进行其他的操作。

（2）分块材质的地面　具有不同材质的地面有两种不同的处理方法：

1）把每一块做成一个封闭的曲线，然后赋上不同的材质。这种方法的优点是材质比较容易更换。缺点是跑光的时候容易增加计算机的负荷以及产生不规则的三角面。

2）把整个地面分成每一种材质来处理。先把地面按着一定的分辨率渲染出一个图出来，然后调到图像处理软件中，在图像处理软件中把不同的材质贴进去，形成一个统一的材质，再贴回

3dsmax 软件中。这种方法的优点是可以减少复杂地面的模型的面数，并得到良好的跑光效果。缺点是当材质需要调整和更换的时候，操作起来比较麻烦。

（3）拼花地面的处理　拼花地面在实际装饰设计中有两种处理方式，和上面的方法一样，可以把拼花作为一个部分处理，再做地面的模型时只要把这部分用封闭的样条曲线分离出来，然后把整个的拼花贴图贴上去就可以了。但这种方式有一个显著的缺点：贴图的尺寸是大致一定的，而实际地面的拼花尺寸有的时候和贴图的尺寸不一致，这样就会使得渲染出来的图像有些失真。另外有很多拼花是设计师根据实际情况自己设计出来的，找不到合适的贴图，这时就要在软件中把贴图的模型制作出来。

在 3dsmax 中制作拼花的模型的方法是把不同的材质部分单独用样条曲线区分开，然后敷上不同的材质。

（4）地面模型的优化　地面模型的优化对不规则的地面而言，其目的是为了在最后的渲染时得到一个规则的地面，使渲染时产生良好的反光效果，并节省运算的时间。

模型的优化原则是尽量采用方形的地面。如图 5-1 所示，在 3dsmax 中做一个简单的地面：

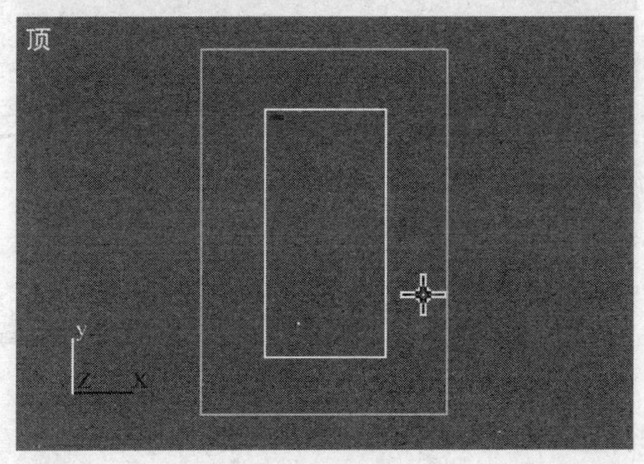

图 5-1　建模

这个地面是先画外面的矩形，然后用 3dsmax 轮廓命令完成的。把它调入 LghitScape 软件中，可得如图 5-2 所示的图形。

图 5-2　轮廓图形

然后换一种方法来建同样的模型，用几个矩形来代替刚才的图形，如图 5-3 所示。

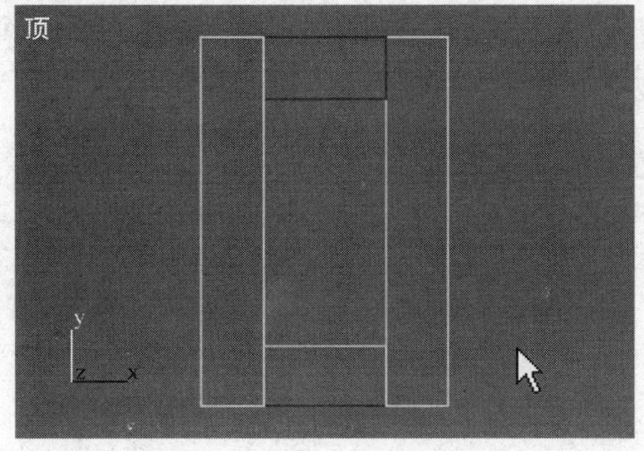

图 5-3　再建模

同样再导入到 LS 软件中，结果如图 5-4 所示，会看见这种方法得到的地面模型要比前一种方法得到的模型规整得多，不仅减少了三角面的出现，还减少了面数，在渲染时地面的反光就会很均匀，使室内可得到比较良好的光照效果。

在 3dsmax 的文件信息统计中我们会看到同样的面数，只是节点增加了一些，但在 LS 中的结果却有很大的改善，这就是我们所要的优化结果。因此，如果要在 LS 中渲染得到良好的光照效果，优化建模方法会起到很大的作用。

对于不规则形状的地面建模的优化原则是，把中间大面积的部分用规则的方形来代替，而把那些容易产生不规则图形的部分放在边角不容易看见的地方。

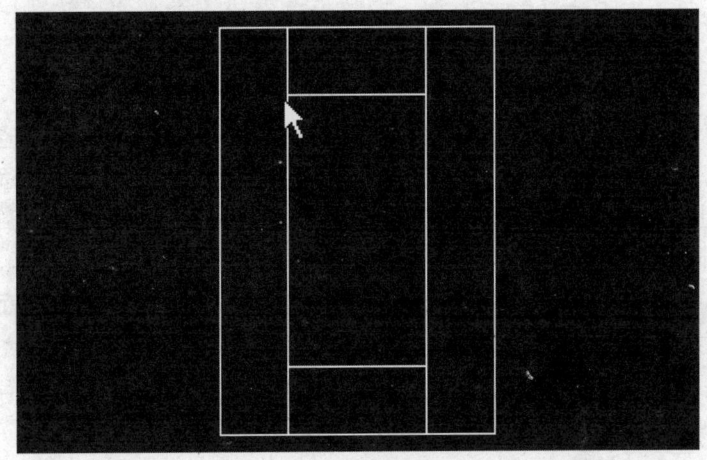

图 5-4 完成建模

12. 怎样进行顶棚的建模?

顶棚建模是效果图建模中很复杂的一部分工作，因为顶棚的花样比较多，还有很多带有曲线的形状造型，所以顶棚的建模工作相对来说要复杂一些。但不管建模工作多复杂，都是由最简单的命令组合来完成的，所以只要采取合理的方式建模，就可以化复杂为简单。

常见顶棚的类型及处理方式：

（1）平顶顶棚　平顶顶棚是较常用的顶棚形式之一，建模的方法与普通地面的建模方式相同，此处不赘述。

（2）具有高差但没有造型的顶棚　这类顶棚的建模相对简单，只要将不同的高度部分用封闭的样条曲线做出来，编成网格物体，然后移到相应的高度，过度部分的立面用边缘交界处的曲线（沿着交界曲线描出一条曲线，然后挤压）挤压出来，再与相应的位置对其即可。

（3）单个藻井造型　藻井一般有两种基本形式：一种圆形，一种是方形。不论是哪种形式的造型均采用单面建模的方式。建模的顺序为：

1）先不计高度的差别，把整个棚看成一个平面，然后用不同区域用封闭的样条曲线分离出来，变成网格物体。

2）按着平面图的标高把不同的部分移到相应的高度。

3）按着（2）中提示的方法做出高低邻接处的立面。应注意，阶梯立面的基线一定要沿着两个不同高度的面的交界线逐点捕捉，这样才能使立面和平面很好的结合不产生裂缝（针对弧形或曲线而言）。

4）圆形的藻井建模时一定要注意，复杂的时候，从平面上看，是由很多的同心圆组成的，同心圆可参照 CAD 的平面图在 3dsmax 软件中重新用圆的命令重新画一边，这样可以使所有圆的节点保持一致，得到一个严密的模型。

5）基本藻井画出以后就是装饰线的画法。装饰线的画法可以参照装饰线的有关问题的答案进行操作。

（4）有很多藻井重复形成的顶棚　有很多藻井重复形成的顶棚的做法是只要把一个藻井做好，然后进行复制就行了。复制的时候最好采用关联复制，这样如果需要对藻井进行修改时，只要修改其中的一个就行了。

（5）其他形式的顶棚　顶棚的样式可以有很多，有的规则，有的不规则。不管顶棚多么复杂，只要认真进行分析，都可以用最简单的命令来完成。

所以做顶棚的时候最关键的是解决建模的思路问题。把复杂的顶棚模型分解成简单的绘图单元，经常思考就会形成一套有自己特色的快速的建模方法。

13. 常用的绘制效果图的命令有哪些?

3dsmax 的命令有几百个，然而做效果图的常用命令仅其中的一小部分，对于初学者而言，迅速的掌握这些命令再加上好的建模思路，就可以在很短的时间内绘制出一幅很好的效果图。

(1) 二维的绘图命令　二维的绘图命令是一切建模工作的开始，顺利地使用二维绘图命令可以提高绘图的效率，但是和 CAD 相比，3dsmax 的二维绘图命令的精确度比较差，尤其在做二维曲线的编辑时经常会出错。所以遇到复杂的二维曲线造型，比如地面拼花图案、放样用的石膏线的截面曲线，在要求很高时，建议在 CAD 中完成。在 3dsmax 中常用的二维曲线绘图命令面板如图 5-5 所示。

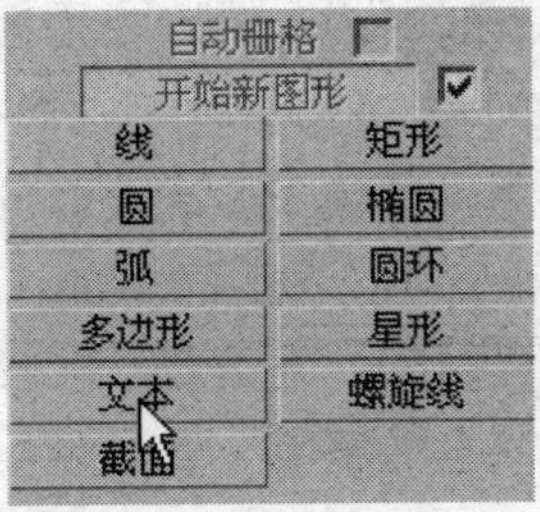

图 5-5　二维曲线绘图命令面板

画曲线时，应该注意插值参数，如图 5-6 所示。插值参数一般决定绘制曲线的光滑程度。在 3dsmax 中一条曲线的光滑程度上限是由这条曲线的节点的数目来确定。然后就是节点之间的插值，如果是绘制直线，可以把这个数值设为 0。

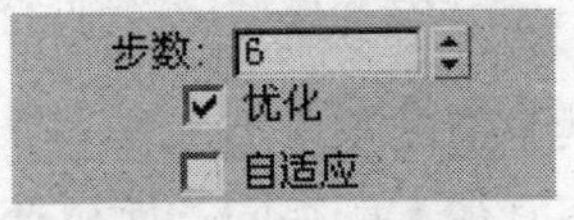

图 5-6　插值参数

(2) 三维绘图命令　绘制效果图常用的三维绘图命令有规则几何体、挤压和放样命令。

1）规则几何体建模命令面板如图 5-7 所示。

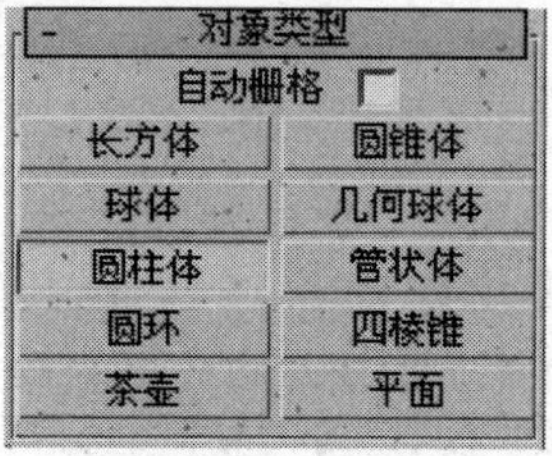
对象类型
自动栅格
长方体
圆锥体
球体
几何球体
圆柱体
管状体
圆环
四棱锥
茶壶
平面

图 5-7　规则几何体建模命令面板

2）标准基本体中的门窗和楼梯。标准基本体中的门窗是基于西方的标准设计的，因此光凭他们本身的参数设置一般很难达到我们国家的各种门窗的样式，所以很少被应用刀效果图的设计当中。楼梯的命令和门窗的命令类似，楼梯虽然样式变化也很多，但是大部分情况楼梯还属于标准楼梯的情况比较多，另外楼梯的建模相对来说复杂一些，利用 3dsmax 提供给我们的楼梯命令可以节省我们的建模时间，尤其像旋转楼梯这样的模型我们可以利用楼梯命令建立基本的框架，然后再配上扶手或其他的装饰就可以了。

3）AEC 扩展体。AEC 扩展体包括的命令如图 5-8 所示。

对象类型
自动栅格
植物
栏杆
墙

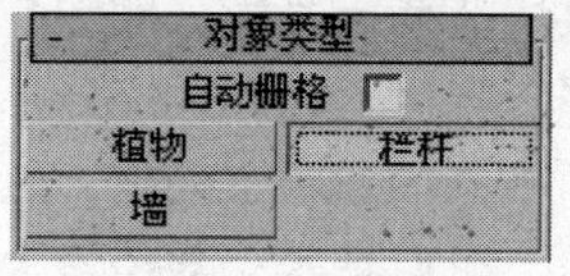

图 5-8　AEC 扩展体命令

植物命令由于其渲染的效果不太真实，因此很难调出我们所需要的植物，且又占有很大的空间，所以在做室内效果图时很少采用。墙的命令虽然可结合软件的门窗命令配合使用，达到可以调整参数的程度，但是软件所提供的墙的命令不容易和实际的墙柱以及特殊结构相结合，实际做图时也很少采用。只有栏杆命令可以帮助我们很快地作出我们所需要的各种栏杆，所以我们必须要掌握栏杆命令。

4）放样命令（loft）。放样命令是室内效果图制作常用的命令，对于制作效果图只需要掌握放样的基本控制参数就可以了。

5）挤压命令。挤压命令是我们能够利用二维的图形变成所需要的三维立体图形最直接、最快速的命令，所以熟练地掌握这个命令的使用方法对我们非常有利。

（3）常用的选择命令

1）选择命令。选择命令是编辑对象的起始命令。绘图者最常见的命令就是直接点取对象，来对对象进行进一步的操作。当对象较少时，这种选取方法很直接、有效，但当效果图的建模达到一定量的时候就很容易选错物体，给操作带来不便。

选择命令中的颜色选择方式就是按着对象的颜色来选择物体，对批量选择物体特别的有效，尤其在进行对相同的材质对象进行选择的时候。

为了提高编辑的效率，效果图在对对象进行建模的时候，要把相同材质的物体赋予一个相同的颜色，再结合颜色选取命令，这样就会大大地提高我们的编辑效率。

2）命名选择集的使用。所谓的命名选择集就是把相关的对象放在一起，为了选择的方便给它取一个名字，然后通过点取这个名字来选择这一组相关的物体，由于它不影响单个对象的编辑，所以是一个非常高效的好用的命令。

14. 怎样准备和优化他人的模型?

做效果图的时候需要有一个自己的模型库，模型库包括两部分文件：一部分是自己制作的模型，一部分是他人的模型。在使用别人的模型的时候，经常会发现以下一些问题：

1）模型的面数比较大。

2）模型各部件的命名比较混乱。

3）找不到材质库的文件。

因此，在收集模型的时候就应该对模型进行一些调整，否则每次调用的时候都需要整理和调整材质和模型的面数，这样就会降低做图的效率。调整工作一般按下列方法进行：

（1）模型面数的调整和优化　由于别人的模型出于商业目的为了使模型更加逼真，只注重模型的渲染效果，在建模的方法上没有进行更多的优化处理。当引用别人的模型时，如果直接调用这些模型就会使文件面数增多，体积加大，增加渲染的时间。模型优化的办法有两种方法：

1）用 3dsmax 软件的优化命令进行优化。使用 3dsmax 软件的优化命令可以迅速的降低模型的面数，但是使用优化命令优化的结果会导致模型的不规则面的产生，并使模型发生变形，从而导致渲染效果的失真，因为优化命令是以整体模型作为对象的，并不能根据具体的需要有针对地进行优化。所以在使用软件的优化命令时，最好用在效果图的细节表现不是很强调的地方的模型。比如一些小摆设和边角处摆放的模型，这样即使有些失真也不会影响整体的效果。

2）对于很重要的模型，像电视机、家具、灯具等在效果图中比较显眼处的模型最好采用手工处理的方式，这种手工处理的方式虽然比较麻烦，但可以使模型更好地满足我们的要求。手工处理的原则是：

① 删除处在模型内部的看不到的面。

② 对于及其不合理的模型重新建模。

（2）对模型的对象重新命名　合理的命名可以提高编辑的速度。命名的原则是把统一材质的对象用合并的方式使其成为一个对象。比如一个不锈钢椅子，一般都有两种材质，一种是不锈钢架子的材质，一种是坐垫的材质。这样我们就可以把所有的不锈钢的材质的对象合成一个对象，并命名为“椅架”（按自己的习惯命名），把椅垫命名为“椅垫”，这样就会变得条理清晰，再作效果图调用的时候，就可以很轻松的选择这两个对象并赋予材质。尤其是用 LS 进行渲染时，不规则的命名方式会给我们带来很多的麻烦。

(3) 梳理模型的材质 经过了以上两个步骤后，就可以进行材质的梳理，材质梳理的要点是：合理的对材质对象进行命名，这种命名的方式一般按着自己的习惯来定。

15. 怎样给对象赋材质?

给对象赋材质是效果图制作中非常重要的环节之一，好的材质会使效果图效果逼真，更贴合实际情况。给对象赋材质之前，首先要对3dsmax的材质有个基本的认识。3dsmax中的材质和做效果图相关的有下列几种：

1) 标准材质，标准材质是3dsmax默认的材质类型。

2) 建筑材质，是3dsmax软件中专门为制作工程效果图而使用的材质。

3) 高级灯光材质，高级灯光材质是只有在使用高级灯光时才用到的材质。

4) LightScape材质，这种材质是专门用于将来把3dsmax模型导入LS软件中渲染时才使用的材质。

由于对象材质的赋予与渲染得方式有很大的关系，所以除了考虑材质的类型外还要首先考虑采用什么样的渲染方式。目前做效果图所采用的渲染方式一般有以下几种情况：

1) 使用3dsmax默认的线性扫描渲染方式。这种方式使用较普遍，主要用于对图像的渲染效果要求不是很高的效果图和需要有特殊表现的效果图，即高级和低级两个层面。

2) 高级灯光渲染方式。高级灯光渲染方式是3dsmax为照片级渲染提供的渲染方式。它有光线跟踪和光能传递两种渲染方式。光线跟踪主要用于室外效果图的制作，光能传递用于室内效果图的制作。

3) 后期采用LS进行渲染。LS进行渲染采用的也是光能传递的渲染方式。

了解了这些情况后，我们就可以有针对性地给场景中的对象赋材质。材质的编辑命令可以参照有关的软件使用手册。

16. 怎样设置灯光？

3dsmax 的灯光设置是做效果图的关键所在，灯光设置的合理性直接影响着最后的渲染效果。设置灯光的目的有三个：一是为了照亮场景，这是灯光设置最基本的要求；第二个目的是使场景产生阴影，增加场景的立体感和空间感；第三个目的就是合理地配置灯光，使场景中的材质得以比较真实地表现。

3dsmax 的灯光设置可以从下面的几个方面来考虑：

（1）普通渲染　即采用 3dsmax 的线性渲染方式进行渲染。这种方式渲染的灯光采用模拟灯光的方式设置，一般根据所模拟的情况采用光源的类型。所谓模拟渲染，是指利用 3dsmax 中各种类型的灯光来模拟现实世界中真实的光照效果。与光能传递的灯光设置相比，模拟灯光设置结果的好与坏主要取决于制作者对实际灯光效果的掌握和灯光参数的设置，而光能传递的灯光相对要求低一些。比如要使一个对象产生阴影，如果按着光能传递的方式设置灯光，只要在实际位置放置与实际灯光类型相匹配的灯光，通过计算机的计算就会得出比较真实的效果。而采用灯光模拟的方式则不一样，要产生合理的阴影，首先要能想象出这种场景在实际光照情况下的情况，然后再用 3dsmax 软件中的灯光来模拟。要模拟出好的阴影效果，往往需要几盏灯的配合，这就是为什么普通方式渲染往往需要比光能传递的方式渲染需要在场景中设置更多的灯光的原因。

在普通方式渲染的情况下，灯光的布置一般考虑以下几个方面：

1）主光。所谓的主光就是照亮场景的光。如果在夜间，就是室内的主要光源；如果在白天，就要考虑阳光的照射效果，主光的设置一般采用泛光灯或聚光灯，并放在真实的位置。亮度值（倍增）不要设得太高，要根据实际情况设置灯光的衰减范围，使主光灯周围的物体产生合理的光照和阴影效果。

2）辅助光。辅助光是指除了主光源以外，为了达到理想的效果而设置的光源。

注意：光源的参数要根据经验和试验来掌握，没有固定的数值，因为不同的效果图有不同的灯光类型和不同的尺寸，而且还和实际光照的情况掌握有关。灯光的多少也需根据具体的需要确定。

(2) 光能传递方式渲染的设置　光能传递方式渲染时，一般情况下我们只要根据场景的情况按着实际位置放置灯光就可以了。注意，在 3dsmax 中使用光能传递的方式渲染，必须采用 Photomatric 灯光，这种灯光可以根据灯具的出厂有关参数进行设置，进而达到接近实际光照的效果；同时模型的建立必须按着实际的尺寸进行，否则灯光的计算就会与实际情况相差甚远。如果最后是在 LS 中渲染，这时只要把灯光的位置摆正，然后到 LS 中进行灯光设置就可以了。

(3) 注意事项

1) 要注意使用灯光的色彩，合理地使用灯光的色彩可以比较真实地模拟环境光的效果，灯光的色彩要配合材质来设置，考虑综合的效果。

2) 灯光设置时，要注意亮暗一定要合适，避免把所有的场景统统都照亮，导致效果图没有层次。

3) 在满足使用要求的前提下尽可能的少放置灯光，这样会增加渲染的时间。

总之，灯光的设置是一项既复杂又细致的工作，只有通过经验慢慢的积累才能在以后的设计中快速地设置灯光。

17. 什么是全局光照？

在 3dsmax 中的全局光照系统实际主要指的是高级光照 (Advanced Lighting) 功能模块。使用该功能，通过计算场景中物体之间反射光的相互作用，能够在渲染的画面中实现更真实的光照效果。高级光照功能模块为不同的用户级别提供了两套全局光照方案，均可为其达到特定的真实渲染目的。

全局光照（也被称为 GI）是一个三维动画专业术语。其实，全局光照就是利用 3dsmax 模拟真实世界中的光照效果，以最终达到照片质量级的渲染输出效果。传统的渲染引擎只计算光源直射的光效果，忽略了场景中的环境光线反射，而环境光线反射恰恰是场景光效处理的关键。

相同的场景在全局光照系统下渲染，只需要创建几盏必要的灯光对象就可以达到真实的环境光的效果，场景中的自发光物体也就成了真正的光源，可以直接照射场景中的其他对象。全局光照系统的光源比用多盏灯去模拟的效果要真实得多。

18. 材质的运用和渲染方式有什么关系？

在 3dsmax 中材质的运用和渲染方式有着直接的关系。

在普通的渲染模式下，我们可以直接采用 3dsmax 提供的标准材质，而在其他情况下可参照以下的说明使用材质：

1）Architectural（建筑材质）。通过为建筑材质设置物理属性并配合光能传递和高级灯光（Photometric Light 和 Radiosity）可以创建更为真实可信的材质效果。如果在场景中使用了 3dsmax 标准灯光和 Light Tracer 灯光的，则最好不要使用建筑材质。

2）Lightscape Material（LS 材质）。该材质用于导入和导出 Lightscape 的光能传递数据，该材质不能与 3dsmax 的高级灯光配合使用。要配合高级灯光时，必须选择 Advanced Lighting Override材质。

3）Advanced Lighting Override 材质。该材质可用于直接控制材质的光能传递属性，可以配合其他基础材质一同使用。Advanced Lighting Override 材质在一般的渲染过程中没有任何效果，除非在场景设置了光能传递和合光线跟踪高级灯光。其主要作用在于：

① 调整材质的属性。

② 创建特殊效果，如自发光对象可以照亮场景中的其他物体。

19. 什么是建筑材质？

（1）建筑材质的功能　通过为建筑材质设置物理属性并配合

光能传递和高级光（Photometrie lights 和 Radiosity）可以创建更为真实可信的材质效果。如果在场景中使用了 3dsmax 标准灯光或 Light Tracer 灯光的，则最好不要使用建筑材质。

（2）参数设置

1）Tcmplates（模板）。在模板下拉列表中可以选择当前所设置的材质类型，模板下拉列表中的材质类型如下：

① CeramicTile-Glazed。

② Fabric。

③ Glass-Translucent。

④ IdeaDiffuse，中性白材质。

⑤ Masonry，适于指定 Diffuse 贴图。

⑥ Matal，发光、闪耀的材质。

⑦ Metal-Brashed，较少反光。

⑧ Metal-Flat，平坦缺少反光。

⑨ Metal-Polished，高反光。

⑩ Mirror，十分有光泽。

⑪ PnintFat，中性白材质。

⑫ PaintGloss，具有光泽的白材质。

⑬ PaintSemi-Gloss，有些光泽的白材质。

⑭ paper。

⑮ Paper-Translucent。

⑯ Plastic。

⑰ Stone，适于 Diffuse 贴图。

⑱ Stone Polished，具有光泽，并适于 Diffuse 贴图。

⑲ User Defined，中性，适于 Diffuse 贴图。

⑳ User-Defined Metal，适于 Diffuse 贴图。

㉑ Water 模拟水的效果。

㉒ Wood Unfinished 中性，适于贴图。

㉓ Wood Varnished。

2）Physical Qualities（物理质量）展卷栏。可以分别设置

Diffuse 区域的色彩和贴图，设置 Shininess、Transparency、Translucency、Luminance cd/m^2 的贴图和贴图强度，还可以设置 Index of Refraction（折射率）参数。

注意：常见的折射率包括 1.0（绝对真空），1.0003（空气），1.333（水），1.5 到 1.7（玻璃）和 2.419（钻石）。

3）Special Effects（特殊效果）展卷栏。在该展卷栏中可以分别设置 Bump（凹凸）、Displacement（置换）、Intensity（强度）、Cut-out（挖剪画面）的贴图和贴图强度。

4）Advaced Lighting Override 展卷栏

① Emit Energy（发射能量）：勾选该选项，材质基于其自身的明度属性为光能传递计算贡献能量。

② Reflectance Scale（反射放缩）：该参数用于增加或降低材质反射的量，取值范围为 0.1～5.0，默认值为 1.0。

③ Color Bleed Scale（色彩外溢放缩）：该参数用于指定在全局光照系统下场景对象之间色彩映射的饱和度。该参数数值越大，对象之间互相映射的色彩越浓烈。当该参数数值为 0 时，对象之间互相映射的色彩为白色，默认设置为 1.0。

④ Transmittance Scale（发射放缩）：该参数用于增加或降低材质发射的量，取值范围为 0.1～5.0，默认值为 1.0。

⑤ Indirect Bump Scale（间接凹凸放缩）：指定在间接光照条件下，基础材质的凹凸贴图量，取值范围为－999.0～999.0。

5）Super Sampling（超级采样）展卷，与标准材质的超级采样展卷栏相同。

20. 3dsmax 的灯光有哪些类型?

光源对象是 3dsmax 的一种特殊类型的对象，用于形成场景的光环境（室内、室外或影棚中的光照环境）。光源对象既可以隐藏在场景之外来照亮场景中的对象；也可以直接显示在场景中，模拟真实世界中的光源对象。灯光是创建真实世界视觉感受和空间感受的最有效手段之一，正确的灯光设置为最终的动画场景增添了重要的信息与情感。例如，低明度、冷色调、正反差的灯光可以表现悲哀、低沉或神秘莫测的场景效果，而明艳、暖色调、阴影清晰的灯光运于表现热烈的场面。场景中对象的材质效果往往也依赖于适当的环境布光。

3dsmax 中的光源有三种类型：Standard（标准）灯光、日光、Photomatric（光度控制）灯光。

（1）标准灯光　在灯光创建命令面板中一共提供了八种类型的标准灯光：omni（泛光灯）、Target Spot（目标聚光灯）、Free Spot（自由聚光灯）、Target Direct（目标平行光灯）、Free Direct（自由平行光灯）、Skylight（天光）、Areaomni Light（区域泛光灯）、Area Spot Light（区域聚光灯）。

不同类型的标准灯光对象以不同的投射方式照射场景，以模拟真实世界中不同类型光源的效果。与 Photometric 灯光对象不同，标准灯光对象采用的光强度参数与真实世界中光源照度的实际物理参数无关。

（2）日光

（3）Photomatric（光度控制灯光）　3dsmax 中光度控制灯光包括一下几种类型：Target Point9（目标点光源）、Free Point（自由点光源）、Target Linear（目标线光源）、Free Linear（自由线光源）、Target Area（目标面光源）、Free Area（自由面光源）、IES Sun（IES 阳光）、IES Sky（IES 天光）。

其中点光源、线光源、面光源的参数设置项目与普通光源的参数基本相同。它们区别仅在于光亮和光色的设置，任何时候都可以把灯的类型改为点状、线状和面状。

Photomateric 灯光系统的照射范围和衰减程度是基于真实物理世界的，可以直接按照真实世界的光源属性在全局光系统中进行布光，而且天光和阳光系统是模拟自然阳光的多种状态而设计。

光度控制灯始终使用平方倒数衰减方式，其亮度可以在特定距离处用 cd（坎德拉）单位、lm（流明）单位或 lx（勒克斯）单位表示。光度控制灯在与光线跟踪功能结合使用的时候非常有用，两者的结合可以模拟真实世界的现象，并适用于进行光照的精确分析。

使用光度控制灯时，建模中使用真实世界物体的单位尺度非常关键，如灯泡属性为100W的光度控制灯无法照亮城市这样大的范围，因此要确保单位和物体的尺寸符合真实的世界。

21. 光能传递的工作流程是什么？

当使用光能传递去模拟现实光照场景时，要注意以下几点：

1）场景尺寸：确认场景拥有正确的尺寸，和一致的单位。

2）灯光：必须使用 Photometric lights，并确保这些灯的亮度在正确的范围内。

3）自然光：要模拟自然光，确定所使用的是 IES sun 和 IES Sky。它们能根据特定的地点、日期、时间，给出正确的光照信息。

4）材质反射度：必须保证场景中材质的 Reflectance value 与现实中相一致。例如，一面漆有白色油漆的墙，它的反射度大约是80%；但是，一个纯白的材质（RGB：255，255，255）所拥有的反射度是100%，这时就必须去手动的调节反射度。

5）曝光控制：曝光控制相当于照相机的光圈，可用它去控制最后的渲染结果，优化渲染图像。

（1）使用照片光度灯光基于物理的光能传递工作流程

1）检查并调节场景中物体的尺寸，使其符合物理大小，调整材质的反射度符合其物理属性。

2）放置 Photometric lights 到场景中。

3）选择 Rendering 菜单 Environment 对话框，选择想使用的曝光类型。

4）渲染场景预览灯光效果。在这一步时，光能传递并不进行处理，但可快速地确定直接光的位置和强度，调节好直接光的位置强度等。

5）选择 Rendering 菜单 Advanced Lighting 对话框，在高级灯光选项中选择光能传递。（确定 Active 前的小方块打上了

勾）

6）在 Radiosity Parameters 卷展栏中，点击 Start 计算光能传递。当计算完成时，就能在视图里看见效果了。灯光效果直接显示在几何体上，可很方便地在视图中观察调整而不必重新计算。

7）再次点击渲染场景。渲染器计算直接光和阴影，完成渲染工作。

（2）标准灯光的光能传递工作流程

1）确定场景中几何体的尺寸符合真实的大小。

2）在场景中放置 standard lights。

3）渲染场景预览灯光。在这一步时，光能传递并不进行处理，但可快速地确定直接光的位置和强度，调节好直接光的位置强度等。

4）选择 Rendering 菜单 Advanced Lighting 对话框，在高级灯光选项中选择光能传递。（确定 Active 前的小方块打上了勾）

5）在 Radiosity Parameters 卷展栏中，点击 Start 计算光能传递。当计算完成时，就能在视图里看见效果了。灯光效果直接显示在几何体上，可很方便地在视图中观察调整而不必重新计算。

6）选择 Rendering 菜单 Environment 对话框，选择想使用的曝光类型。

7）当在光能传递中使用标准灯光时，一定要使用 Logarithmic Exposure Control，并选择 Affect Indirect Only。使得曝光控制只影响光能传递的效果。这样，就可在不影响直接光的情况下，使用亮度与对比度控制调整间接光效果，使光能传递效果控制在正确的范围内。

8）再次点击渲染场景。渲染器计算直接光和阴影，完成渲染工作。

在缺省情况下，光能传递计算当前帧。如果场景中有动画的物体或需要光能传递计算动画的每一帧时，选择渲染场景对话框中的 Compute Radiosity 选项。

22. 如何将 3dsmax 文件输出到 LightScape 文件?

在很多情况下我们会直接将 3dsmax 文件直接倒入 LightScape 进行渲染，为了减少在 LightScape 中的工作内容，有必要在 3dsmax 中对文件进行一些准备工作，准备工作包括以下内容：

1）面的准备。LightScape 中所能接受的标准的面是 3dsmax 中挤压形成的面，因此模型的建模应该尽量使用挤压命令。这是为了在 LightScape 中得到良好的光能的分布效果。

2）材质的编辑和设置。3dsmax 专门为输出到 LightScape 准备了 LightScape Material 材质。使用这种材质能够将 3dsmax 中的光能传递参数导入 LightScape 中，这样可以节省在 LS 中大量的材质编辑工作。同一种材质不要以不同的名字在文件中出现多次，同一种材质在一个场景汇总只用一个名字。

3）关于基础模型以外的家具模型。这些属于家具和陈设方面的类型不要同文件一起导出，这样会增加出现错误的几率。如果经常使用 LS 软件，应该为 LS 软件专门准备一些常用的陈设的块文件（材质已经设置好的文件)。LS 块文件的制作很简单，只要把平时用的 3dsmax 模型导成 LS 块文件即可。

4）3dsmax 中对象的命名原则。命名原则关系到导出后在 LS 中的操作单元问题。在 LS 中常用的操作单元一个是面，一个是块，还有一个是层，可将 3dsmax 中的一个组件（例如一组沙发）在 3dsmax 中组成一组，然后倒入 LS 后变成一个块文件。

5）灯光的设置。灯光的设置最好采用 Photomateric 灯光控制系统，这样可以按着灯光的真实参数设置灯光，避免在 LS 中重新设置灯光，提高工作效率。灯光的位置基本上可以根据灯具的实际位置进行布置。同样参数的灯光在复制的时候要采用关联复制的方式，这样倒入 LS 后就可以以一格灯光的形式出现，而每个相同的灯光都不需要重新设置。

6）相机的设置。相机的设置可以在 LS 中设置，但就软件本身的操作性而言，LS 的可操作性比 3dsmax 的操作性差一些，所以应尽量把工作放在 3dsmax 中进行。

23. LightScape 中渲染的步骤是什么？

LightScape 是一个渲染软件，它只包括材质、灯光、渲染、摄影机动画四个部分的内容，而没有建模系统，其场景模型来源于外部（如 3dsmax 等）。对于大多数的 LightScape，项目工作流程都是相同的，分为五个阶段：

1）输入几何模型。被引入的模型在 CAD 或 3dsmax 建模系统中生成。

2）准备阶段。为光能传递准备几何数据。

① 确保模型的表面处于正确的方向，定义表面材质。因为 LightScape 是基于光的物理属性的，所以精确地调整材质的表面属性相当重要，确定它的物理性质（金属、砖石……）、反射率、折射率，努力使它与真实世界中的材质属性相接近。

② 设定表面的特殊处理参数。这些特殊的参数会影响模型最终的外观和光能传递的精确性和处理速度。

③ 定义光源的光学属性。光源包括人工光和自然光，需正确地设定它们的物理参数（颜色、型号、功率、方向、照射面积等）。

④ 调整模型。此阶段形成的文件为 . lp。

3）定义处理参数。一旦为模型定义了材质和光属性，就可以开始计算直接和间接的光照效果了。在这个阶段，需要处理初始化几何模型。

① 定义处理参数以控制求解的速度和精度（好的设置能够生成更精确的方案及更好的图像质量，通过系统提供的向导，可以快速地设置参数）。

② 进行光能传递求解。该步由计算机完成，自动计算场景中光能的分布。该阶段生成的文件为. ls 文件。

4）优化光能传递处理。在光能传递求解过程中，可以随时中断计算，对不满意的材质或光源进行调节（不能改变物理模型），然后从中断除继续计算。

5）输出结果：它相当于三维软件中的渲染处理，可以产生多种类型的文件，并且可提供多种参数来控制光线跟踪、抗锯齿计算。

24. LightScape 渲染技术的优势是什么？

与其他渲染技术相比，LightScape 的优势主要在于光线、交互性、逐步优化等方面：

1）光线。LightScape 的突出性能是能精确地模拟漫射光线在环境中的传播，微细但非常重要的光线效果，直接和间接的漫射光线效果，柔和阴影以及表面间的颜色混合效果，这些效果是其他渲染技术所不能得到的。LightScape 可支持标准的光度测量格式和自然光。

2）交互性。LightScape 光能计算的结果不仅仅是一幅图像，还是模型环境中光线分布的全三维描述。由于光线已被完全渲染过，模型的特定视图比用传统计算机图形技术显示要快得多。使用硬件加速，可以在被渲染的各种环境之间相互移动图形，进行实时动画漫游，使用其他专业动画系统、高质量的电影或视频漫游能在短时间内产生。

3）逐步优化。LightScape 能提供即时的视频反馈，逐步不断地改进质量。在处理的任一阶段，可以改变表面的材料或光参数，且系统会修改和显示新结果，而无需重新开始处理。LightScape 的逐步优化算法有助于精确地控制所需完成的设计或产生的图像质量。

25. 怎样减少所谓的“阴影漏”？

（1）在 LS 中渲染、建模的方法

1）全部在 CAD 里面完成建模，而且使用的是 surface，而不是 3D 实体。主要是因为 surface 导入到 LS 中后，都是矩形的表面；而 3D 实体导入后，是三角形的表面。虽然这两种类型的表面，在进行光能传递的计算之前，都会被转化成 LS 的 Mesh，但矩形表面的使用效率更高。因为大多数三角形的表面，在角度很小的（尖锐的）一端，特别容易形成黑影。

2）在3dsmax里面建模，这样的模型导入到LS中时，强制性地把三角形的面转变为矩形的面。在CAD里面建模，还有一个好处就是表面对齐的精度很高，因为CAD的物体捕捉能力很强。而表面不对齐、有重叠都是产生漏影的原因。在3dsmax中，要慎用布尔运算，虽然它是解决对齐的很好的方法，但它会“破坏”原三角表面的分布，特别是在墙体上开圆形的洞口。圆边会分裂成很多细小的、狭长的三角表面，而且三角表面的锐角汇集到一处，就会给LS转化成Mesh和计算光照带来麻烦。

（2）表面的属性　首先是Mesh精度的问题，在Process Parameters对话框中设置Mesh的精度将会应用到所有的表面中，过高的精度虽然可以降低漏影，但过密的Mesh会使计算的时间变得更长。在表面属性的对话框中，应增加主要表面的Mesh的精度。主要表面就是可以充分体现出照明光斑和阴影特征的表面，而其他的表面，可以根据情况把Mesh的精度降低到1以下。

另外，照明光斑和阴影的锯齿，通常出现在Mesh精度较低的地方。在同样的Mesh精度下，光源与表面的夹角越小，光斑产生锯齿就越大。

而LS的默认设置对所有的表面都可以投掷阴影，都接受、反射光线，这使得漏影的几率更大。对于某些表面，完全可以关闭它的阴影，或者只接受光照而不反射光照。

26. 效果图的后期处理包括哪些内容？

用各种软件渲染出最终的效果以后，需要用图像编辑软件对效果图进行后期的润色工作，我们称这种润色工作为效果图的后期处理。效果图的后期处理工作包含以下几部分内容：

1）整体和局部色调的调整。无论是什么渲染软件渲染出的作品都是机器计算的结果，不论机器计算得如何精确或者渲染软件的参数设置得如何准确，都不能和实际存在的场景的效果完全的接近或相同，这样就需要对比实际存在的效果来对效果图的色彩进一步的润色和校对。

2）亮度的调节。对于渲染出来亮度很差的效果图要进行亮度的调节。

3）补充换面的内容。由于在 3dsmax 中无限制地增加表达细节内容的模型，无疑会增加渲染时机器的负担，有的时候还会导致机器的瘫痪。所以有些细节表达的内容要通过后期处理添加，比如牌匾上的文字等内容。

4）材质的精确表现。通过 3dsmax 渲染表达出来的材质不够清晰准确，有些特殊的材质也无法表现时，就可以充分地利用后期处理软件的优势，把现成的材质贴上去，来丰富效果图表达的内容。

5）特殊灯光的表现。特殊灯光的表现体现在一些特殊光晕的表现上。LS 渲染虽然可以利用光域网文件得以实现，但是光域网文件的开发不如实际灯光技术开发的速度快，所以用后期处理解决特殊灯光的表现效果图不失为一种理想的办法。

6）室内配饰的添加。室内配主要包括人物、植物和一些常用的饰物，如装饰画等。用 PS 进行添加比在 3dsmax 中添加速度要快。

7）添加文字说明。文字说明是效果图必不可少的一个部分，必要的文字说明可以帮助用户理解装饰效果图表现的内容。

27. Photoshop 常用的图像处理概念有哪些？

Photoshop 是由 Adobe 公司开发的图形处理系列软件之一，主要应用于图像处理、广告设计。下面是 Photoshop 中一些基本概念：

1）位图。又称光栅图，一般用于照片品质的图像处理，是由许多像小方块一样的“像素”组成的图形。由其位置与颜色值表示，能表现出颜色阴影的变化。在 Photoshop 主要用于处理位图。

2）矢量图。通常无法提供生成照片的图像物性，一般用于工程技术绘图。如灯光的质量效果很难在一幅矢量图表现出来。

3）分辨率。每单位长度上的像素叫作图像的分辨率，即是电脑的图像给读者观看的清晰与模糊。分辨率有很多种，如屏幕分辨率、扫描仪的分辨率、打印分辨率。如图像尺寸大，则分辨率大、文件较大、所占内存大，这样电脑的处理速度会慢；相反，任意一个因素的减少，处理速度都会加快。

4）通道。在 PS 中，通道是指色彩的范围。一般情况下，一种基本色为一个通道。如 RGB 颜色，R 为红色，所以 R 通道的范围为红色，G 为绿色，B 为蓝色。

5）图层。在 Photoshop 中，一般多是多个图层的制作。每一层好像是一张透明纸，叠放在一起就是一个完整的图像。对每一图层进行修改和处理，对其他的图层都不会造成任何的影响。

6）图像的色彩模式

① RGB 彩色模式：又叫加色模式，是屏幕显示的最佳颜色，由红、绿、蓝三种颜色组成，每一种颜色可以有 0～255 的亮度变化。

② CMYK 彩色模式：由品蓝、品红、品黄和黄色组成，又叫减色模式。一般打印输出及印刷都是这种模式，所以打印图片一般都采用 CMYK 模式。

③ HSB 彩色模式：是将色彩分解为色调、饱和度及亮度。通过调整色调。饱和度及亮度得到颜色的变化。

④ Lab 彩色模式：这种模式通过一个光强和两个色调来描述，一个色调叫 a，另一个色调叫 b。它主要影响着色调的明暗。一般 RGB 转换成 CMYK 都要先经 Lab 的转换。

⑤ 索引颜色：这种模式下，图像像素用一个字节表示，它最多包含 256 色的色表储存并索引其所用的颜色。它图像质量不高，占空间较少。

⑥ 灰度模式：即只用黑色和白色显示图像，像素 0 值为黑色，像素 255 为白色。

⑦ 位图模式：像素不是由字节表示，而是由二进制表示，

即黑色和白色由二进制表示，从而占磁盘空间最小。

28. 怎样添加背景贴图?

室内效果图的背景贴图是指透过窗户所看到的室外的场景。添加背景贴图的方法很简单，这里只说明添加背景贴图的注意事项。

1）背景贴图的大小一定要与室内的场景成比例，也就是要满足视角所在位置的透视关系。这就要求我们要考虑背景的选择，或者对背景图片进行精细的调整。

2）背景图片的色彩调节一定要注意符合色彩的空间透视规律，因为图片所代表的是室外的景物。所以在图片处理时，一定要给窗外的景物图片加上天光的色彩，减少它的透明度和清晰程度，尽量使其看上去自然、协调。

3）注意光影的变化和透视关系。既然是在白天的场景，则选择背景图片时一定要选择太阳的位置和室内光照位置接近或一样的背景图片，这样才能使得画面显得自然。另外，还要考虑透视关系。

4）夜景图片，除了考虑上面的因素外，还要注意效果图在渲染时要把玻璃的反光选出来，然后在制作夜晚的背景贴图时把室内的反光内容叠加到背景上去，以取得真实的效果。

29. 怎样在效果图中加入后期配饰?

在 PS 中，给效果图添加上各种配饰是效果图后期制作的一项重要内容，基本操作步骤如下：

1）选择所要添加的陈设图片，把要添加的部分用 PS 的选择工具做出选区。做选区的时候一般要选取一个羽化值，羽化值的大小要根据效果图的尺寸大小来定，效果图的尺寸越大，羽化值就应该越大。

2）复制当前的选区，切换到效果图画面，然后复制选区的内容，这时所需要的图片就复制到了效果图的画面里，并自动建立了一个图层。

3）去掉边缘杂色。利用PS去边缘杂色的命令，把复制进来的图片边缘的杂色去掉。

4）调整拷入图片的大小和透视关系。利用PS调整图片大小的工具（Ctrl+T）按着需求调整图片的大小和透视关系，直至达到我们的要求。

5）调整色彩。调入的图片由于拍摄时所处的环境不同，可能会产生换面的色彩和效果图的色彩不能很好的吻合，这时就需要对调入图片的色彩进行调整。调整的方法很多，可参照PS有关的教程。当所有的调色工作结束后，还要跟据效果图的整体环境的色彩，给调入的图片罩上一层效果图的环境色彩，以便使调入的图片更好的和效果图融为一体。

6）调整灯光效果，就是根据调入图片所在位置的光影关系调整局部图片的色彩的明暗关系，使其尽量地接近效果图场景中灯光的关系。

7）阴影和倒影。遇到应该有阴影和倒影的时候，应该把图片复制到一个新的图层，然后把新图层的图像做成选区（虚线），再变换选区的大小和透视关系。满足要求后，切换到效果图的图层，把效果图的显影区域变暗（对于阴影来说）。倒影的制作基本相同，只是把新复制的图层变换好以后，调整其透明度至满足我们的要求。

经过这七个步骤后就可以完成一个配饰贴图的添加。当所有的配饰添加后了以后，合并图层即可。

30. 怎样调效果图的色彩？

色彩在设计中的重要性不言而喻，理解和运用好Photoshop的“色彩调整”，将会对设计带来很大的帮助。

在Photoshop中打开一幅图片，选择“Image>Adjust”，就进入了Photoshop的调色。其中包括：Levels（色阶）、Auto Levels（自动色阶）、Auto contrast（自动对比度）、Curves（曲线调节）、Color Balance（色彩调节）、Brightness/Contrast（亮度/对比度）、Hue/Saturation（色相/色彩饱和度）、Desaturation（去除彩色）、Replace Color（替换颜色）、Selective Color（选定颜色）、Channel Mixer（通道混合者）、Invert（反转）、E-qualize（相等）、Threshold（阈值）、Posterize（色调分离）、Variations（变更）等指令。

1）Levels、Auto Levels、Auto contrast、Curves、Bright-ness/Contrast 主要对图像的对比度进行调整。它们可改变图像中像素值的分布，并能在一定精度范围内调整色调。

2）Levels、Auto Levels、Color Balance、Selective Color 可以调整图像的色彩平衡。

3）Hue/Saturation、Replace Color、Selective Color、In-vert、Equalize、Threshold、Posterize、Variations 等指令可对图像中特定颜色进行修改。

以下是对这些指令的详细陈述：

1）Photoshop 色彩调整——色阶调整。色阶图是根据图像中每个亮度值（0～255）处像素点的多少进行区分的。右面的白色三角滑块控制图像的深色部分，左面的黑色三角滑块控制图像的浅色部分，中间的灰色三角滑块则控制图像的中间色。

2）Photoshop 色彩调整——曲线和亮度/对比度调整。

① Curves（曲线调节）。曲线图有水平轴和垂直轴，水平轴表示图像原来的亮度值，相当于 Levels 中的 Input Levels 项；垂直轴表示新的亮度值，相当于 Levels 对话框中的 Output Lev-els 项。

② Brightness/Contrast（亮度/对比度）。

③ Brightness/Contrast 命令主要用作调节图像的亮度和对比度。利用它可以对图像的色调范围进行简单的调节。

3）Photoshop 色彩调整——色彩平衡/校正。

① Color Balance（色彩平衡）。Color Balance 命令能进行一般性的色彩校正。它可以改变图像颜色的构成，但不能精确地控制单个颜色成分（单色通道），只能作用于复合颜色通道。

② Selective Color（选色调整）。Selective Color 颜色校正实

际上是通过模拟控制原色中的 CMYK 各种印刷油墨的数量来实现效果的，所以可以在不影响其他原色的情况下修改图像中某种原色中印刷色的数。

4）Photoshop 色彩调整——修改颜色。Desaturation（去除彩色）、Hue/Saturation（色相/饱和度）、Replace Color（替换颜色）等这些命令主要用来对图像中特定的颜色进行修改。

5）Photoshop 色彩调整——特殊调整命令。Channel Mixer（通道混合者）、Invert（反转）、Equalize（相等）、Threshold（阈值）、Posterize（色调分离）、Variations（变更）等这些命令都比较简单，同时也很重要，利用它们往往能方便地实现一些魔术般的创意色彩效果。

31. 怎样进行效果图的输出和打印工作？

效果图的输出一般有以下几种形式：

1）普通的打印机输出。为最常见的效果输出方式，输出的幅面由于打印机的不同而不同，打印的效果也会有所差别。普通打印机有喷墨打印和激光打印的区分，输出时可以根据需要选择不同的打印方式。

2）喷绘的方式。喷绘方式一般适用于较大幅面的输出，或者用于室外宣传，相对于普通的打印机来讲，其输出的分辨率偏低。

3）照片及输出。照片及输出一般是数字文件利用专门的照片输出设备输出到专门的相纸上，这种方式可以获得照片级的输出质量。幅面的控制也是随心所欲。一般用于较高要求的效果图输出场合。

为了得到正确的打印输出效果图，在打印输出的时候一般要打印一个小样出来，然后根据打印的小样的色彩返回电脑校正效果图的色彩。但因输出设备的色彩输出的特性是无法改变的，要求高的效果图输出要多次进行校样修改后才能真正地得到所要的结果。

第6章

快速表现

1. 什么是室内设计快速表现？

快速表现就是利用最熟悉的工具，以最简洁的表现形式在最短的时间内把自己的设计思路形象地表达出来。它的最大的特点就是“快”。快速表现主要用于表现室内设计的主体特征，尤其是结构特征，不适用于表现细节。快速表现本身对表现工具和表现手段没有特别的要求，可以使用自己最熟练的绘画工具和表达方式，最重要的是在有限的时间内让用户对设计者的理念和思路有尽可能多的理解。

快速表现要求设计或表现者具有很深的透视原理知识、娴熟的线条表达能力和准确的色彩表现能力。快速表现图的做法通常是用单色笔，利用透视原理，简洁地勾勒出空间和装饰结构的可视轮廓线条，然后再根据所要表达的气氛和情绪涂上透明的色彩。快速表现图不要求对细部作精细的刻画，对材质和纹理的表现也只限于用图例进行示意性的表达。而对于家具和陈设包括绿化，则应以更简洁甚至抽象的画法进行表达。所以快速表现一般对表达有以下的要求：

1）很好地掌握透视原理。

2）对常见的装饰结构和空间具有一定的默写能力。

3）能够熟练绘制家具和陈设（包括绿植）常见的图例。

4）具有把握设计表现重点的能力。

5）熟练运用色彩的能力。

具备了以上的几项能力，就能得心应手地进行室内设计的快速表现。对于现阶段的快速表现也可以充分利用计算机在三维软件的绘图优势，例如在 AutoCAD 中快速、准确地绘制出空间的轮廓，然后打印在纸上，再用手绘的方法对打印出来的轮廓图进行后期的色彩的处理和渲染，尤其是对于立面效果的快速表现更为简洁方便。甚至后期的处理也可以完全在 Photoshop 软件中进行，这样就可以完全省略了手绘的工序，既准确，又快速，不失为一种好的表现方法。

手绘快速表现方法所采用的工具常见的有铅笔（包括色铅笔）和马克笔。尤其是马克笔，能够很方便地绘制出各种线条，其独特的笔头又很适合面积的表达，同时又能使画面具有色彩，这些特点是它很快成为最常用的快速表现的工具之一，并在长期的实践中形成了一套完整的成熟的技法。

2. 室内设计表现图的意义是什么?

室内设计表现图，也称室内设计效果图或室内设计透视图，是室内设计整体工程图样中的一种。它是通过绘画手段直观而形象地表达设计师的构思意图和设计最终效果的。

（1）效果图的草图阶段　设计师在设计过程中的各个阶段都可能画出一些所需的效果草图，这些草图不仅有平、立面的布置与设计，同时也常常利用具有透视效果的空间界面草图进行立体的构思和造型。这种直观的形象构思是设计师对方案进行自我推敲的一种语言，也是设计师相互之间交流探讨的一种语言，它有利于空间造型的把握和整体设计的进一步深化。它的表现手段讲求精练、简略、快速、生动；表现工具常用钢笔、铅笔、马克笔；表现风格强调个性化。

（2）效果图的定稿阶段　效果图到了定稿阶段要求画面表现的空间、造型、色彩、尺度、质感都应准确、精细，并且有艺术感染力，因此多采用表现力充分、便于深入刻划的绘图工具和手段，比如水彩、水粉、喷笔以及多种技法的混合运用，表现风格则更多地强调社会审美的共性。

3. 绘制室内表现图应遵循的原则是什么?

无论哪种表现图，都应遵循三个基本的原则：真实性、科学性和艺术性。

（1）真实性　就是表现的效果必须符合设计环境的客观真实。如室内空间体量的比例、尺度等，在立体造型、材料质感、灯光色彩、绿化及人物点缀诸方面也都必须符合设计师所设计的效果和气氛。

真实性是效果图的生命线，作设计绝不能脱离实际的尺寸而随心所欲地改变空间的限定；或者完全背离客观的设计内容而主观片面地追求画面的某种“艺术趣味”；或者错误地理解设计意图，表现出的气氛效果与原设计相去甚远。这就要求无论是设计师还是接受委托的绘图人员都必须有一个共识——真实性始终是第一位的。

表现图与其他图样相比更具有说明性，而这种说明性就寓于其真实性中。业主（甲方）大都是从表现图上领略设计构思和装饰完成后效果的。

（2）科学性　为了保证效果图的真实性，避免绘制过程中出现的随意或曲解，必须按照科学的态度对待画面表现上的每一个环节。无论是起稿、做图或者是对光影、色彩的处理，都必须遵从透视学和色彩学的基本规律与规范。当然也不能把严谨的科学态度看作一成不变的教条，当熟练地驾驭了这些科学的规律与法则后，就可以适当地进行一些有意识的艺术夸张性的表现。

比例的判定、构图的均衡、水分干湿程度的把握、绘图材料与工具的选择和使用等也都无不含有科学性。

建筑表现绘画中十分强调的稳定性也属于科学性的范畴。室内表现图中经常出现的界面或梁柱歪斜、家具陈设搁放不平、前后空间矛盾等毛病大多数都是由于没有严格按照透视规律做图或缺少对空间形象变化的准确感受而引起的。因此，我们必须在室内表现做图的训练过程中，将画面形体的稳定性作为一个重要内容严肃对待。

（3）艺术性　表现图既是一种科学性较强的工程施工图，也是一件可成为具有较高艺术品味的绘画艺术作品。一些业主还把表现图当作室内陈设悬挂于墙或陈列于案，这都充分显示了一幅精彩的表现图所具有的艺术魅力。当然，这种艺术魅力必须建立在真实性和科学性的基础之上，也必须建立在造型艺术严格的基本功训练的基础之上。

绘画方面的素描、色彩训练，构图知识，质感、光感的表现，空间气氛的构造，点、线、面构成规律的运用，视觉图形的感受等方法与技巧必然大大地增强表现图的艺术感染力。在真实的前提下合理地适度夸张、概括与取舍也是必要的。罗列所有的细节只能给人以繁杂，不分主次的画面，面面俱到只能给人以平淡。选择最佳的表现角度、最佳的色光配置、最佳的环境气氛，本身就是一种在真实基础上的艺术创造，也是设计自身的进一步深化。

一幅表现图艺术性的强弱，取决于绘画者本人的艺术素养与气质。不同手法、技巧与风格的表现图，展示不同设计者的个性。每个设计者都以自己的灵性、感受去认读所有的设计图样，然后用自己的艺术语言去阐释、表现设计的效果，这就使一般性、程式化并有所制约的设计施工图赋予了感人的艺术魅力，才能使效果表现图变得五彩缤纷、千变万化。

（4）说明性　能明确表示室内外建筑材料的质感、色彩、植物特点、家具风格、灯具位置造型、饰物出处等。

综上所述，一幅优秀的表现图也都应遵循以上三个基本原则。正确地认识和理解三者间相互的作用与关系，在不同情况下有所侧重地发挥它们的效能，对我们学习、绘制设计表现图都是至关重要的。

4. 建筑装饰效果图常用的表现技法有哪些？

在建筑表现图领域主要有以下几种常用技法：

1）手绘：水粉表现技法、颜色铅笔表现技法、水彩表现技法、钢笔淡彩表现技法、透明照相色表现技法、马克笔表现技法。

2）喷绘：喷笔表现技法。

3）电脑：电脑绘画表现技法。

构成建筑装饰效果表现图的基本要素是设计的立意构思、透视造型的准确、明暗色彩、构图布局的完美结合。

1）设计思路。正确地把握设计的立意与构思，深刻地领会设计意图是学习表现图技法的重点。因此，必须把提高自身的专业理论知识和文化艺术修养，培养创造思维能力和深刻的理解能力作为重要的培训目的，贯穿学习的始终。

2）透视造型。设计构思是通过画面艺术形象来体现的。而形象在画面上的位置、大小、比例、方向的表现是建立在科学的透视规律基础上的。因而，必须掌握透视规律，并应用其法则处理好各种形象，使画面的形体结构准确、真实、严谨、稳定。

除了对透视法则的熟知与运用之外，还必须学会用结构分析的方法来对待每个形体内在构成关系和各个形体之间的空间联系。学习对形体结构分析的方法要依赖结构素描的训练。

3）明暗色彩。在透视关系准确的结构上赋予恰当的明暗与色彩，可完整地体现一个具有真实性和艺术性的形体。人们就是从这些色彩与明暗中感受到形体与空间的存在。作为训练的课题，要注重“色彩构成”与“物体色彩空间变化规律”的学习和掌握。

4）构图布局。构图是任何绘画形式都不可缺少的最初表现阶段。所谓的构图就是把众多造形要素在画面上有机的结合起来，并按照设计所需要的主题，合理地安排在画面中适当的位置上，形成既对立又统一的画面，以达到视觉心理上的平衡。

5. 学习手绘表现图的基本方法是什么？

（1）学习透视学和结构素描的基本知识　它是正确表现室内外空间的基础。手绘表现图除了手绘平面图外，都属于透视表现的范畴，表现的基本原则都是模拟人的视角在虚拟的空间中所看到的场景。透视的表现是有一定的科学规律可循的，认真地学好透视学的基本知识是正确表达室内空间的关键因素。材质和色彩的表现都是基于正确的结构表现基础之上的。

（2）学习色彩表现方面的知识　建筑装饰手绘表现图呈现给人们的结果是结构和色彩的综合体现。不论多么复杂的表现图都可归结为结构和色彩这两个方面的因素。与结构相关的是透视学和结构素描的基本知识，与色彩相关的就是色彩学的基本知识。

（3）掌握表现技法　建筑装饰表现图的一个很重要的目的就是把各个界面的材质情况传达给业主或施工人员，所以正确地表现材质是绘制手绘效果图的一个重要的环节。在手绘效果图的表现中，材质是通过界面的纹理和色彩表现的，任何材质都是一样。比如大理石的材质包含大理石的天然纹理和天然色彩，要表现大理石的材质，只要在铺装大理石的街面上画出相应的纹理并涂以适当的色彩就可以了。在色彩表现时要注意光影的变化。

纹理的表现还体现在高光处的表现。手绘的高光表现往往与电脑有很大的区别，电脑表现图是通过仿真的明暗调子的变化实现的；而手绘效果图往往只是以简单的线条图案来表现。因此正确地表现高光也是给手绘效果图增色的一个因素。

（4）临摹大师的作品　临摹别人的作品是最直接和最有效地学习别人的经验、观察及表现的一种方法。临摹的时候要明确自己的学习目的和方向，而不是一味地临摹。可以整体地去临摹，也可以局部地去临摹，着重从形体、空间、表现技法上去学习。如学习塑造形体的时候，最好将临摹作品和物体对照一下，观察分析别人是如何把握和处理形体的大块面及细节上的变化，哪些可以忽略，哪些要深入刻画。

（5）写生　它是检验个人所学美术知识的基本实践方法，多实践可以为自己的绘画打下坚实的造型基础。

在实践的过程中要注意：下笔之前，要对所画的对象感兴趣，这样才能全心投入地去观察；要认真分析所画对象的形体关系，准确地描绘形体结构；画时要注意整体关系上的把握，如明暗、主次等关系，不要被细节所左右，特别是要求快速表现的时候，画时也不要太拘谨。

（6）默写　默写可以增强个人记忆和对物体形体结构的理解，是一种很有必要的训练手段。平时，多画、多练、多记住物体的表现方法，这对现场用手绘跟客户沟通是很有帮助的。

在进行室内外表现的时候，不能去照搬别人的作品或去现场写生。创作的过程就是一个默写的过程，而这种过程不是简单地把某个物件重现出来，而是在默写的过程中进行再度的创造。

6. 手绘的基础有哪些内容？

（1）素描、色彩　绘画是造型艺术的基本种类之一。素描、色彩是构成绘画艺术的两大基础工程。没有绘画这种技能，就谈不上艺术思考和创作。传统的素描主要以明暗原理来表现光作用下物体的明暗变化。所以，学习绘画的人都要经过素描和色彩的学习及训练。

“设计素描”是从传统素描方法提炼出来的一种以结构透视为主的素描方法。它以线为主要表现方式，通过线去表现形体结构。利用对形体结构变化程序的分析，透彻地将理性结构同空间想象的分析有组织地表现出来，从中了解设计创造程序的关系，促进学习者掌握视觉与技巧的准确性，并对设计程序有一个清晰的思路。

而学习运用色彩来表现物象的技能，是另一个重点。学习色彩应从三个阶段去学习：单色写生；复色写生；限色写生。单色写生是指用一种以色相的明度及纯度的变化来进行的写生。复色写生即是我们常说的也是认识最为广泛的色彩写生。而限色写生是色彩写生训练的另一个方面，同时也是一个较为高级的训练过程。它要求从高度概括的立足点上去思考，用有限的几个颜色去描绘对象，表现出丰富的色彩世界。

（2）透视　透视是通过相当复杂的制图求解过程来实现“自然的模仿”的，并通过图形的创作，来传达作者的思想及概念。它是一种重要的表现技术。

（3）构图　构图也称布局。一幅画面的布局，是一个设计过程。画面内的每个角落、每个单位、每块色彩和形体等因素都应让其围绕主题发挥存在价值。好的绘画表现或设计表现的构图是观者视觉及思想的理想导游。人们对作品内容的理解，除了内容与技法之外，往往就取决于对所要表现的媒介选择、形象的组织及整个空间特定的结构。通过实践可知，设计表现在构图的灵活性上是受到来自设计作品本身的限定的。设计表现构图就是在这特定原则的基础上，在有限的平面内，通过一定的画面结构，把设计形象展示给观众，从而取得对设计形象的超前认识，它有助于设计语言的充分表达、交流和研讨。

1）形态构图。所谓“形态”构图，就是指表现绘画中，在限定的二维平面内，通过设计方案所限定的形状、结构，对其进行分析、归纳、选择具有代表性的形态倾向特征，作为设计表现构图发展的理性原则。

2）面积构图。面积构图是指设计表现构图中另一种方法。在实际工作中，主要是凭感觉来决定面积的大小、比例形状和相互之间的关系，寻找出一定的突出主题的秩序构图，来增强作品的表现力。一幅画面中，主要有五种面积关系：

① 主体物同附属物之间的面积关系。

② 主体物同背景之间的面积关系。

③ 主体物体地面之间的面积关系。

④ 质感、体量、肌理、光影之间的面积关系。

⑤ 色彩的面积关系。

一般在一幅画幅中，这些关系是相互作用的，也是设计作品在表现中艺术因素较多的。它们需要表现者认真地去分析、研究、计划和调控。需要注意的是应处理好黑、白、灰三大明度关系，画面的效果才不至于使表现内容出现层次不清、呆板、毫无生气等视觉现象。

3）视点构图。选择合适的视点与角度，是设计表现构图中一个十分有用的制图方法。主要有以下四种方法：

① 物体同视平面形成的角度（视点的水平横向运动观案）。

② 物体同视点的远近（视点的平行纵深运动观察）。

③ 物体同视点的高低（视点的上下立体运动观察）。

④ 物体正面同视平面平行。

4）统筹构图。统筹意为“全息因素”的“设计”过程。这里的全息因素应该是指一切视觉造型语言，甚至包括表现作品完成之后的裁方等。

5）轴测构图。轴测构图是区别于一般透视规律的、表现物体具有三度空间感的轴测投影画法。轴测投影一般可分为平面轴测和等轴测两种主要表现方法。因为它便于构图与作画，画面又能给人以空间感，所以，目前它已成为设计师使用较为普遍的方法之一。

总之，设计表现常用的构图原则，对于某一幅设计表现作品来说，它不应是某一种方式的独立存在，而是众多构图因素的综合。

7. 手绘设计与电脑设计有什么异同？

手绘设计与电脑设计的目的是相同的，都是为进行某种视觉方式的传达，只是两者所采用的手段不同。从思维的角度来看，两者同为设计师展示的创造性思维，没有高低优劣之分。电脑的特点是设计精确、效率高、便于更改，还可以大量复制，操作非常便捷。但在进行某些方面的设计时，难免比较呆板、显得冰冷、缺少生机，不利于进行更好的交流。而手绘设计，通常是作者设计思想初衷的体现，能及时地捕捉作者内心瞬间的思想火花，并且能和作者的创意同步。在设计师创作的探索和实践过程中，手绘可以生动、形象地记录下作者的创作激情，并把激情注入作品之中。因此，手绘的特点是能比较直接地传达作者的设计理念，作品生动、亲切，有一种回归自然的情感因素。例如，在一个包装盒上表现书法字体时，选用电脑字库里的字体总是不能尽如人意，而改用手写的字体，顿时感到有一股生气，效果截然不同。手绘设计的作品有很多偶然性，这也正是手绘的魅力所在。而手绘设计在有些方面却不如电脑。如手绘设计完成一件作品的周期较长，与电脑相比费时间、费力气，而且操作时作者需全神贯注，十分细心，不能出错，也不方便修改，更不能轻易复制。

设计软件的掌握和学习比手绘方式更加便捷。因此，设计初学者对电脑的依赖性比成熟的设计师更强。要想成为一名优秀的手绘设计师，需要历经长期的磨练，不断地学习他人的经验成果，融合各种知识于一体，这样才能心手并举，不断创作出优秀的作品。严格地说，有了好的创意和扎实的手绘基本功，还不能成为优秀的设计师，只有娴熟地掌握设计的各种辅助手段，才能真正迈进设计的大门。

总之，手绘和电脑各有所长，任何片面地认为两种方式可以相互替代的观点都是不妥的，只有清醒地认识到它们的利弊，才可以在不同的情况下采取更加有效的设计方式。

8. 室内表现图的基础训练包括哪些内容?

（1）素描练习　素描是一切造型艺术共同的基本功，也是学习室内表现技巧首要的课题。素描练习可分以下几方面内容：

1）形与结构。认识形象、塑造形象、用形象来说明设计，是我们理解形的根本意义。形的构成关系可以对空间中的实形与虚形，可以对其形状、尺度、方位及光影等诸方面的构成因素进行分析、解剖与判定。

根据感知规律，人们对物象的感受是从表面的形状、色彩和光影开始的。结构素描写生要求画者在观察形体时忽略光影与色彩，从外形的轮廓入手（仅仅是构图框架的需要），寻找影响外形变化的所有力点，寻找外形与体、面有关的结构线，以这些点、线为基准，按照透视变形规律，从内到外、从基面到空间、从模糊到清晰，校正原来的外部轮廓，在反复的观察、比较与分析中，逐步确立三维空间中的立体形态。这类练习最好是从石膏几何体或较透明的简单的玻璃制品入手，然后是室内家具、室内空间及陈设的整体训练。

除写生训练之外，还应多安排一些记忆性的默画和改变视点角度与方位的想象画。为了检验和巩固学习成效，还应结合设计的平、立、侧面图等形式出题，要求快速、准确地绘出想象中的立体与空间形态。

2）明暗与光影。在能较准确地把握形体结构的基础上逐步地加入光影，以简略的明暗关系塑造立体感和空间感。为了明晰的光影效果，须借助较强的光源，并以阴影与透视的原理为指导，更直观、形象地掌握光影造型规律和表现手法。

结构素描的训练不需要在光影的表现方面耗费过多的时间和精力。只要在基本完成后的线框结构图形上加以适当的明暗与光影即可，自然地保留形态的轮廓与结构，画面会显得更为丰富、强烈而生动。对物体与背景的明暗处理，可采取简捷的甚至是程式化的手法，概括地表现立体感觉和层次关系，有助于提高对复杂场面整体的控制能力。

3）质感表现。运用明暗与光影的变化，在一定程度上可以表现物体材料的质地特征。例如，质地坚实、表面光滑的玻璃、釉彩，抛光的金属和石材等对光的接受和反射比较敏感、强烈，其形状边缘较为清晰；而质地松软或表面粗糙的泡沫、棉毛织品、原始木材或砖石则对光的反应比较滞缓，外形也较为柔和。此外还可以借助绘图工具和材料的工艺特点，运用笔触的变化等手法来描绘物体的肌理效果和质感。

结构素描重理性、重分析，有利于设计师对空间形象地把握和表达，具有严格的科学性。但其缺点是表现手法比较单一、明暗层次不够丰富、质感表现不够细腻等。

（2）速写练习　速写，顾名思义是一种快速的写生方法。速写的英文是 shetch，有草图的意思。速写同素描一样，不但是造型艺术的基础，也是一种独立的艺术形式。

对于初学者来说，速写是一项训练造型综合能力的方法，是我们在素描中所提倡的整体意识的应用和发展。速写的综合性，主要受限于速写作画时间的短暂，这种短暂又受限于速写对象的活动特点。因为速写是以运动中的物体为主要描写对象，画者在没有充足的时间进行分析和思考的情况下，必然以一种简约的综合方式来表现。因此对于初学者来说，速写是一种学习用简化形式综合表现运动物体造型的绘画基础课程。

对于绘画创作者来说，速写是感受生活、记录感受的方式。

速写使这些感受和想象形象化、具体化。速写是由造型训练走向造型创作的必然途径。

（3）室内照片的临摹练习　结合表现图使用的需要，在素描训练的后期可以进行一些室内照片的临摹。临摹照片可以更充分地理解室内空间的形状、明暗、光影之间的有机联系，从而提高对画面的对比度的控制能力和整体效果的处理能力。

（4）色彩练习　生活中各种物体都有自己的形状与色彩，人们对色彩的反应最为敏感。色彩感觉是一般审美感觉中最普遍的形式，就一幅表现图而言，色彩处理得当与否往往决定这幅图的成败，从而影响整个设计的命运。

9. 什么是透视图？

透视图即透视投影，是在物体与观者之间，假想有一透明平面，观者对物体各点射出视线，与此平面相交的点相连接，所形成的图形，称为透视图。视线集中于一点即视点。

透视图是在人眼可视的范围内。在透视图上，因投影线不是互相平行集中于视点，所以显示物体的大小，并非真实的大小，有近大远小的特点。形状上，由于角度因素，长方形或正方形常绘成不规则四边形，直角绘成锐角或钝角，四边不相等。圆的形状常显示为椭圆。

透视术语如下：

1）PP（画面）：假设为一透明平面。

2）GP（地面）：建筑物所在的地平面为水平面。

3）GL（地平线）：地面和画面的交线。

4）EP（视点）：人眼所在的点。

5）HP（视平面）：人眼高度所在的水平面。

6）HL（视平线）：视平面和画面的交线。

7）EL（视高）：视点到地面的距离。

8）D（视距）：视点到画面的垂直距离。

9）CV（视中心点）：过视点作画面的垂线，该垂线和视平线的交点。

10）SL（视线）：视点和物体上各点的连线。

11）CL（中心线）：在画面上过视心所作视平线的垂线。

12）SP（立点）：人站立的位置。

13）VP（灭点）：与基面相平行，但不与基线平行的若干条线在无穷远处的会聚点，也称消失点。

14）M（测点）：求透视图中物体尺寸的测量点，也称为测点。

10. 透视图的意义是什么？

设计需要用图来表达构思。在广告艺术、建筑学、室内设计、雕塑设计、装饰设计和工业设计以及其他相关领域里，都是通过表现图将设计者的构思传达给使用者的，也就是通过图画来进行交流的。

对任何一位从事表现艺术设计的人来说，透视图都是最重要的，因为它是一切做图的基础。透视有助于形成真实的想象，而且它是建立在完美的制图基础之上的。

透视图，是把建筑物的平面、立面或室内的展开图，根据设计图资料，画成一幅尚未成实体的画面。将三度空间的形体转换成具有立体感的二度空间画面的绘图技法，并能真实地再现设计师的预想。透视图不但要注意材质感，还要注意对于画面的色面构成、构图等问题。

在建筑、室内设计的表现图中，所表现的空间必须确切，因为对空间表现的失真会给设计者和用户造成错觉，并使各相关部位出现不协调感。

11. 透视的种类有哪些？

（1）一点透视　物体有两组线，一组平行于画面，另一组水平线垂直于画面，聚集于一个消失点，也称平行透视。一点透视表现范围广、纵深感强，适合表现庄重、严肃的室内空间。缺点是比较呆板，与真实效果有一定距离，如图 6-1 所示。

（2）二点透视　物体有一组垂直线与画面平行，其他两组线均与画面成一角度，而每组有一个消失点，共有两个消失点，也称成角透视。二点透视图面效果比较自由、活泼，能比较真实地反映空间。缺点是角度选择不好易产生变形，如图 6-2 所示。

(3) 三点透视 物体的三组线均与画面成一角度，三组线消失于 3 个消失点，也称斜角透视。三点透视多用于高层建筑透视，如图 6-3 所示。

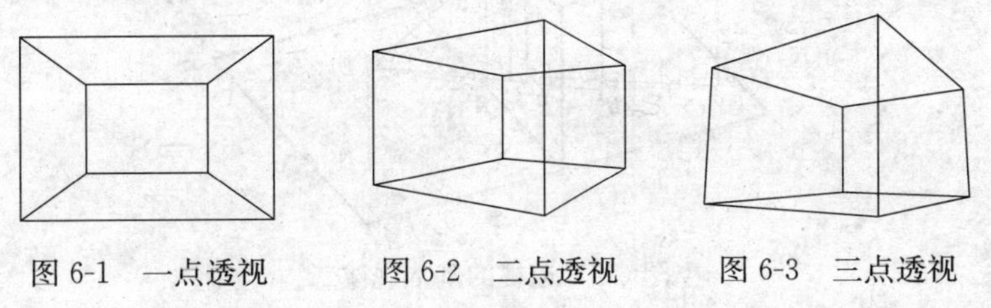

图 6-1 一点透视　　图 6-2 二点透视　　图 6-3 三点透视

12. 透视的基本规律有哪些？

1）凡是和画面平行的直线，透视亦和原直线平行。凡和画面平行、等距的等长直线，透视也等长。如图 $AA'/\!/aa'$，$BB'/\!/bb'$；$AA'=BB'$，$aa'=bb'$，如图 6-4 所示。

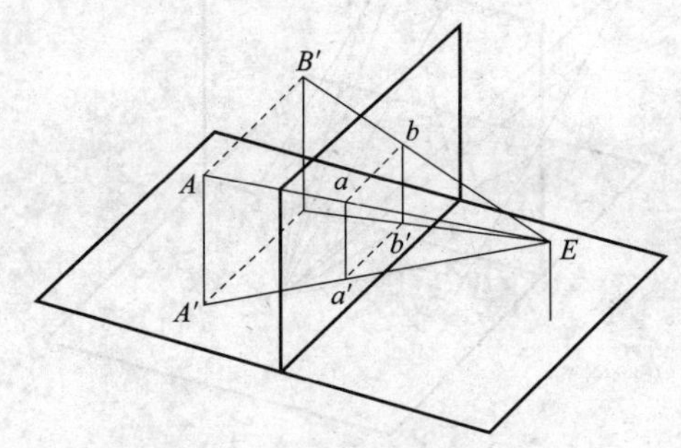

图 6-4 透视的基本规律一

2）凡在画面上的直线的透视长度等于实长。当画面在直线和视点之间时，等长相互平行直线的透视长度距画面远的低于距画面近的，即近高远低现象。当画面在直线和视点之间时，在同一平面上等距，相互平行的直线透视间距，距画面近的宽于距画面远的，即近宽远窄。如图 AA' 的透视等于实长；$cc'<bb'<AA'$；cc' 和 bb' 的间距小于 bb' 和 AA' 的间距，如图 6-5 所示。

3）和画面不平行的直线透视延长后消失于一点。这一点是从视点作与该直线平行的视线和画面的交点——消失点。和画面

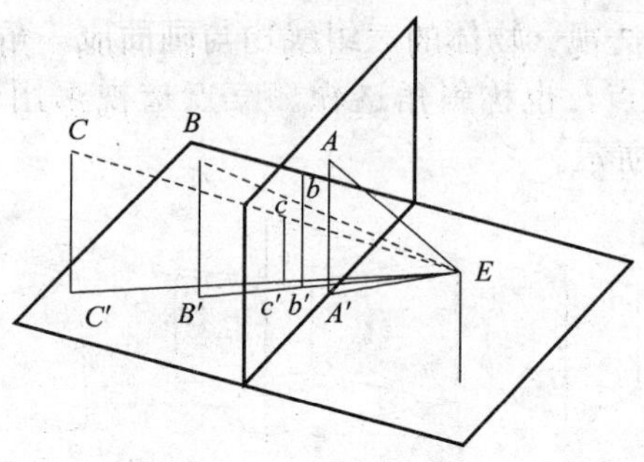

图 6-5 透视的基本规律二

不平行的相互平行直线透视消失到同一点。如图 AB 和 $A'B'$ 延长后夹角 $\theta_3 < \theta_2 < \theta_1$，两直线透视消失于 V 点，$AB /\!/ A'B'$，如图 6-6 所示。

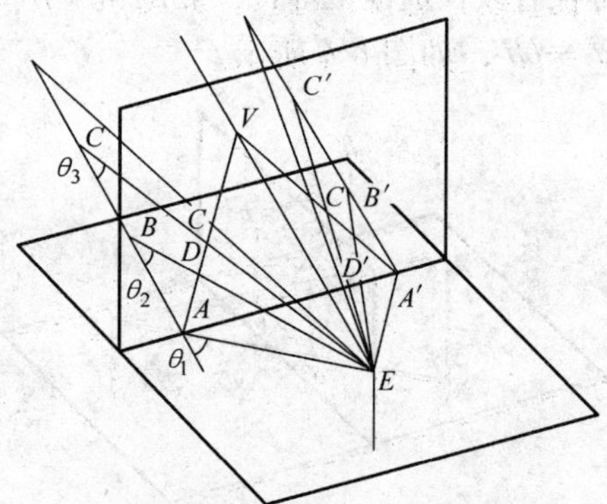

图 6-6 透视的基本规律三

13. 什么是透视的角度?

人类的眼睛并非以一个消失点或两个消失点看东西，有时会没有消失点，有时借用很多消失点看东西。这和照相机的光镜一样，由焦点调整法可知，有时会使前面的东西模糊不清，应该看到的东西却变成盲点。绘画和电影则是通过调整，把视觉上的特征有效地表现出来。透视图也应作适当的调整，否则就会出现失真现象。如图 6-7 所示，用两个消失点 V_1、V_2 的距离作为直径画圆形，越近于圆中心的，越看得自然，越远的越不自然。离开圆形，位于外侧的，则看不出它是正方形还是正六面体。有角透视法，要把对象纳入 V_1、V_2 的内侧来画，若要脱离这种规则，需要作若干的调整。

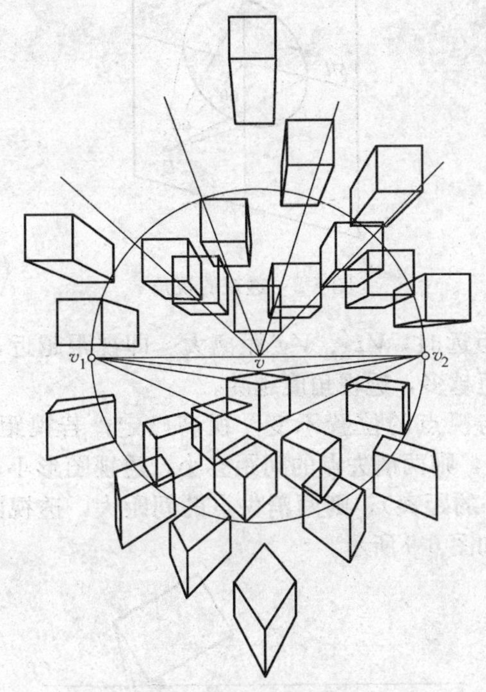

图 6-7 透视的角度

（1）视角 在画透视图时，人的视野可假设为以视点 E 为顶点圆锥体，它和画面垂直相交，其交线是以 CV 为圆心的圆，圆锥顶角的水平，垂直角为 60°，这是正常视野做的图，不会失真。在平面图上，当视角在 60°范围以内时的立方体、球体的透视形象真实，而在此范围以外的立方体、球体则失真变形，如图 6-8 所示。

（2）视距 建筑物与画面的位置不变，视高已定，在室内一点透视图中，当视距近时，画面小；当视距远时，画面大。

在立方体的两点透视中，当视距近时，消失点 Vx、Vy 距离

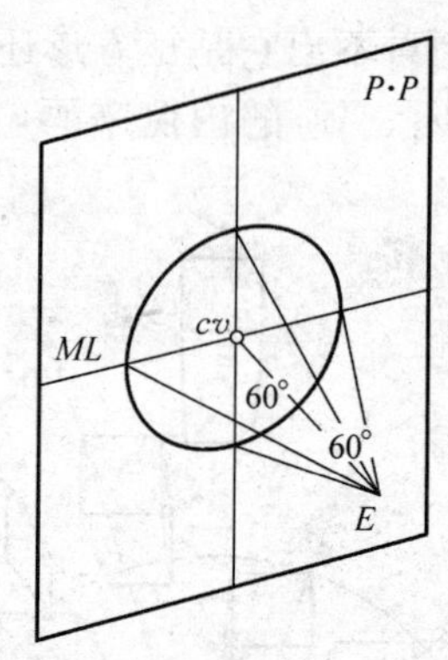

图 6-8 透视的视角

较小；当视距远时，Vx'、Vy'距离大。即视距越近，立方体的两垂直面缩短越多，透视角度越陡。

建筑物与视点的位置不变，视高已定，若视距近（En 和 $P.P$ 的距离），则两消失点的间距亦小，透视图形小；若视距远（En 和 $P'.P'$的距离），则两消失点的间距大，透视图形大，两图形相似，如图 6-9 所示。

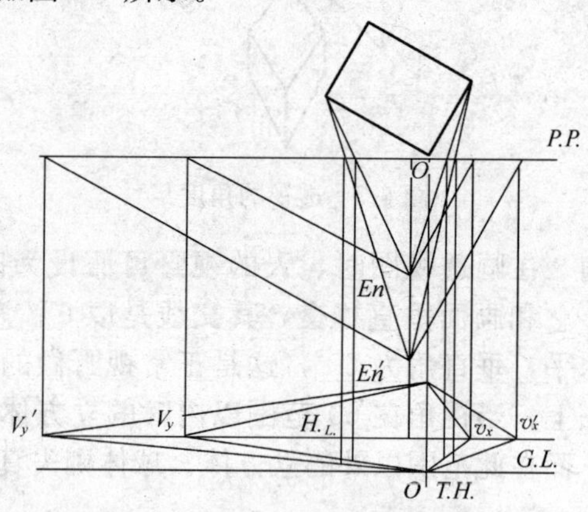

图 6-9 透视的视距

（3）视高 建筑物、画面、视距不变，视点的高低变化使透视图形产生仰视图、平视图和俯视图及鸟瞰图。视高的选择直接影响到透视图的表现形式与效果。

(4) 透视图形角度 画面、视点的位置不变，立方体绕着它和画面相交的一垂边旋转，旋转不同角度所形成的透视图形。如图 6-10，1 和 5 为立方体的一垂面和画面平行，透视只有一个消失点，在画面上的面的透视为实形。2、3 和 4 为立方体的垂面和画面倾斜，透视图有两个消失点。若垂面和画面交角较小时，则透视角度平缓，交角较大时，则透视角度较陡，如图 6-10所示。

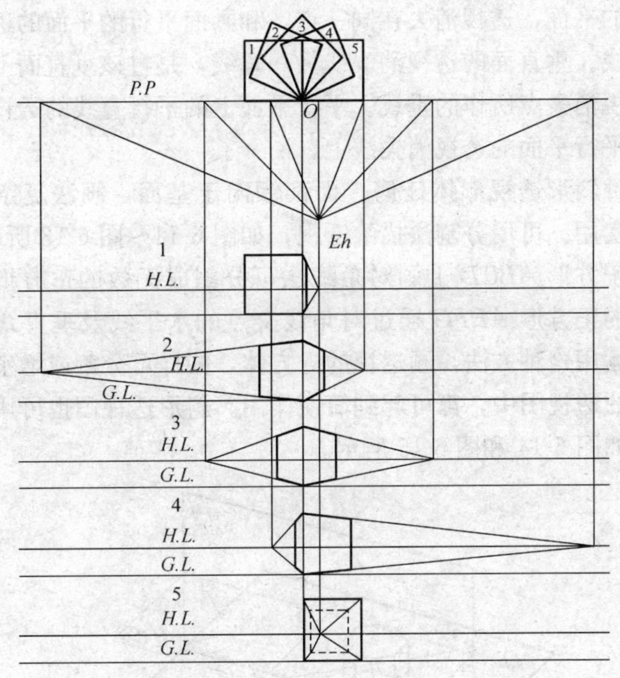

图 6-10 透视图形角度

14. 透视的基本画法有哪些?

透视图的基本画法有如下三种:

(1) 平面投形法。已知平面、立面和视点的位置，求立方体的透视图。

（2）量点法

1）一点求法。已知平面、立面及 En 点位置，求立方体透视。

2）二点求法。已知平面、立面及 En 点的位置，求立方体透视。

（3）灭点法。根据已知平面、立面，求形体透视。

15. 什么是斜形透视？

通过视点的平面和画面的交线是该平面的透视消失线。凡相互平行的平面，透视消失在同一点，和画面平行的平面的透视没有消失线。垂直面的透视消失线为一垂线，是过该垂直面上水平线的透视消失点所作的垂线。平行平面上的平行直线的透视消失点在该平行平面的透视消失线上。

这种斜形透视形体任何一面都倾向于基面，画法复杂且费时，不实用。可用分割法描绘透视，如图 6-11～图 6-13 所示。

用正方形 $ABCD$ 上画对角线法可分割成无数的正方形。其中分割的正方形 $AEFG$ 通过对角线交点的水平线及垂直线的延长上。运用这种方法，画透视的立方体，同样可分割或增殖。在建筑物的透视图中，都可起到简便作用。斜形透视图也可用这种方法，如图 6-14 和图 6-15 所示。

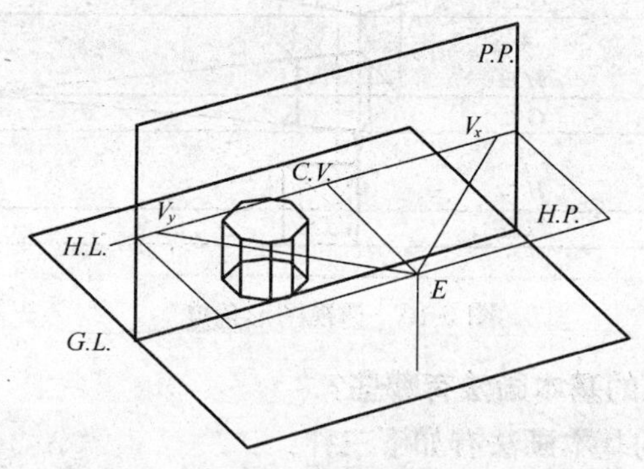

图 6-11 分割法描绘透视（一）

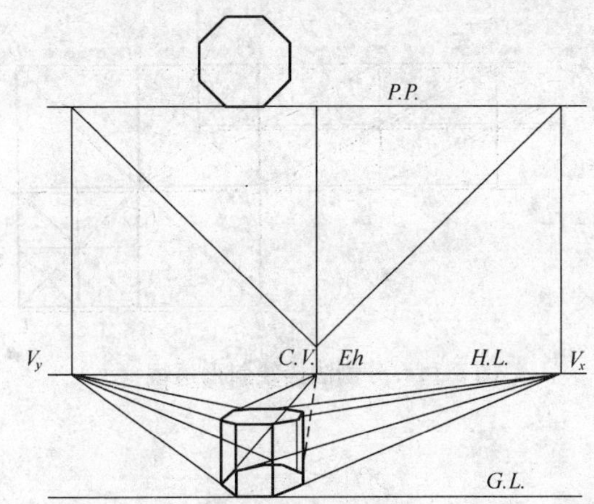

图 6-12 分割法描绘透视（二）

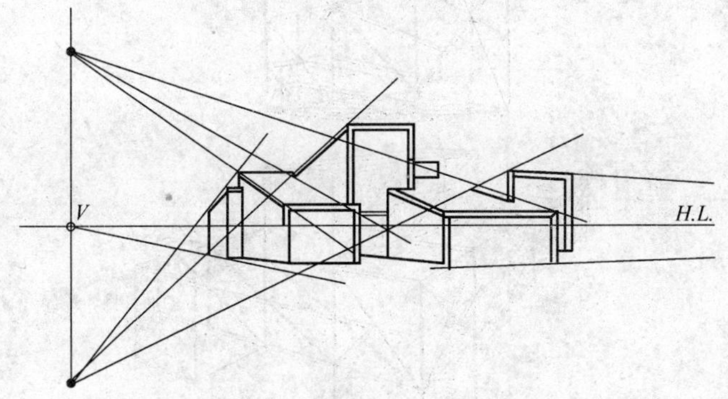

图 6-13 分割法描绘透视（三）

16. 什么是分割和增殖画法?

用正方形 $ABCD$ 上画对角线法可分割成无数的正方形。其中分割的正方形 $AEFG$ 通过对角线交点的水平线及垂直线的延长上，可增殖无数的正方形。

运用这种方法，画透视的立方体，同样可分割或增殖。在建筑物的透视图中，都可起到简便作用。

斜形透视图也可用这种方法，如图 6-14 和图 6-15 所示。

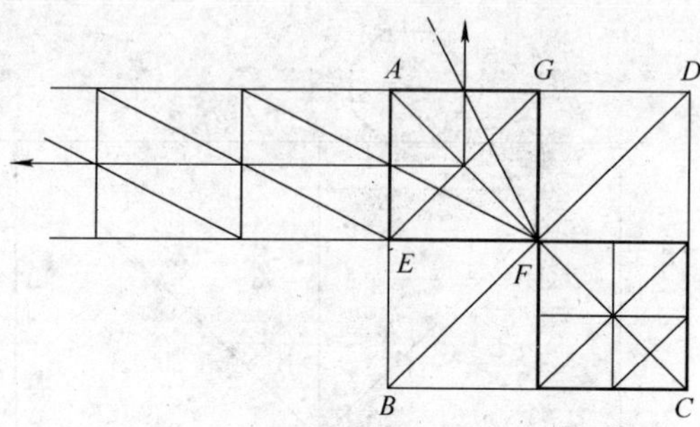

图 6-14 分割法描绘斜形透视（一）

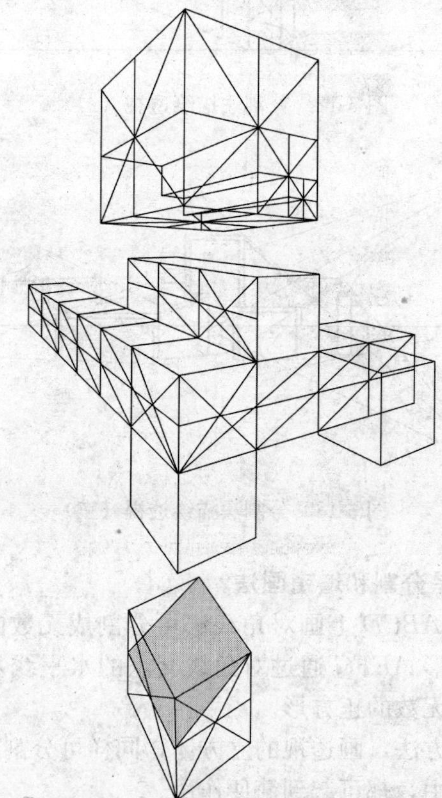

图 6-15 分割法描绘斜形透视（二）

17. 什么是简略图法?

简略图法是指所说的各种方法不一定要按照图法，也能画出透视图。

有角透视有两个消失点，容易使画面过大，不方便；或细微部分受到约束，费力和费时。而运用简略图法情况就不一样了，其实，一般在画透视图时都不是根据图法来画。但都必须懂得正规的图法，而后再简化。

［**例 6-1**］　一栋大厦用有角透视画，首先看设计图，把握建筑性格和应强调的重点，选择适当的角度做图。

做法如下：

1）画最前面的垂直线 $A—B$。

2）作有角度、深度的外型线 $A—C$、$A—D$，此线为透视线，延长有消失点。

3）$A—B$ 按照立面上的格子，等分成 1、2、3、4、5 格。

4）$A—B$ 的高度，由建筑物的高度判断，定 $H.L.$ 线，AD 交点做 V_2 消失点记号，AC 消失 V_1 在纸外。

5）AB 上各点连接 V_2，完成右侧透视线。

6）画出接近 V_1（出纸外）的垂直线 $E—F$。和 $A—B$ 同法等分 $E—F$，等分各点与 V_2 相连。

7）E 和 V_2 连接得 G 点，画垂线 $G—H$，并记出 6、7、8、9、10 和 V_2 连接在 $G—H$ 上的交点，再连接 $A—B$ 上 1、2、3、4、5 各点，即完成 V_1 方向的透视线。

8）利用分割和增殖方法画完透视格子及细小部分。

9）熟练此方法后，可直接画窗格、柱子线条，如图 6-16～图 6-18 所示。

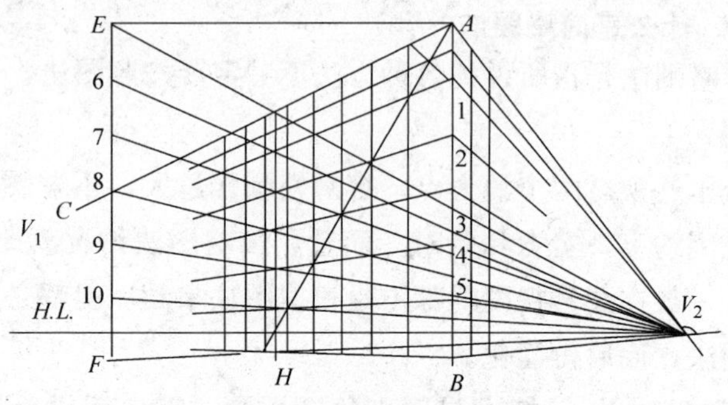

图 6-16 简略图法（一）

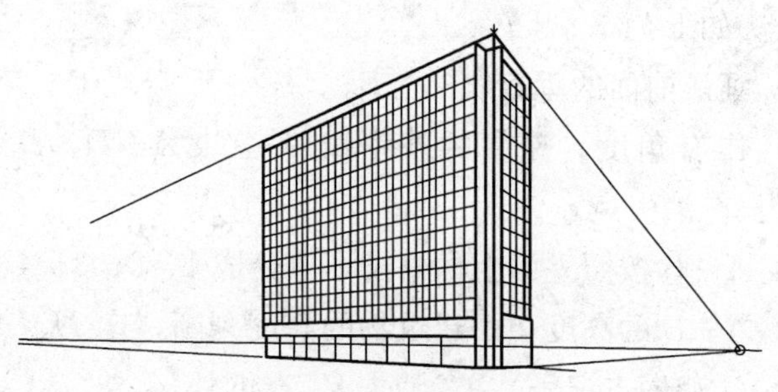

图 6-17 简略图法（二）

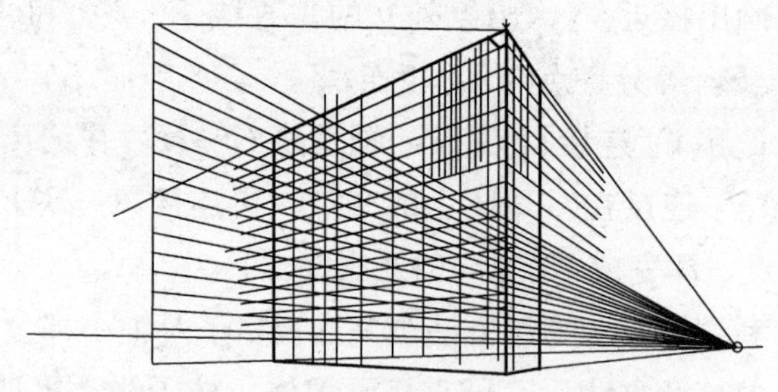

图 6-18 简略图法（三）

18. 如何做室内透视图?

(1) 一点透视法

1) 先按室内的实际比例尺寸确定 $ABCD$。

2）确定视高 $H.L.$，一般设为1.5～1.7m。

3）灭点 VP 及 M 点（量点）根据画面的构图任意定。

4）从 M 点引到 $A—D$ 的尺寸格的连线，在 $A—a$ 上的交点为进深点，作垂线。

5）利用 VP 连接墙壁天井的尺寸分割线。

6）根据平行法的原理求出透视方格，在此基础上求出室内透视。

［例6-2］　根据室内的平面、剖面，求室内透视。

做法如下：

1）先按室内的比例尺寸，求出室内透视格。

2）在透视方格的基础上，画出平面布置透视图。

3）在平面透视的边角点上作垂线，量出实际高度点连接完成室内透视，如图6-19～图6-23所示。

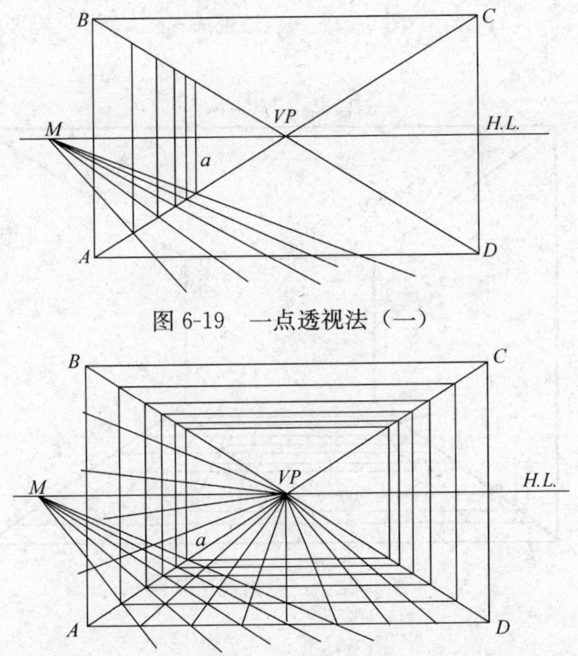

图6-19　一点透视法（一）

图6-20　一点透视法（二）

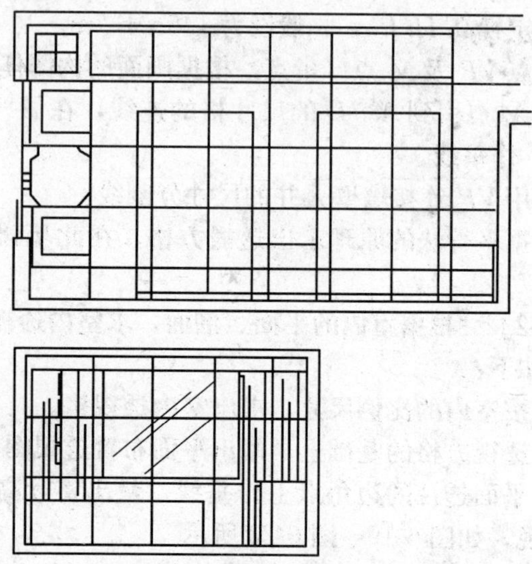

图 6-21　一点透视法（三）

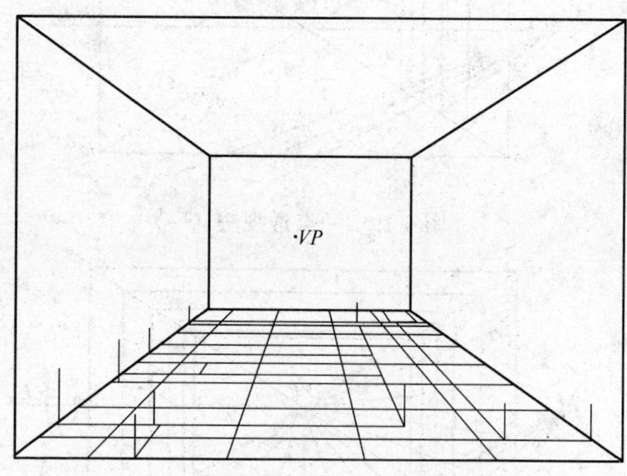

图 6-22　一点透视法（四）

图 6-23　一点透视法（五）

（2）二点透视法

做法略。

19. 怎样画轴测图?

在做图时，将平面图在水平线上，扭转到一定的角度后，把平面图上的各点按同一比例尺寸，向上作设计高度的垂线，然后连接垂直线上端各点，即可求出轴测图。

做法如下：

1）选择 OX、OY、OZ 轴的角度。

2）把平面图 AB、CD 分别与轴 OX、OY 重叠。在 OX 轴上分别量出 OA、AB 的长度，OY 轴上分别量出 OC、CD 的长度，自 A、B 点作平行 OY 的水平线，自 C、D 点作平行 OX 轴的水平线，求出平面图。

3）自平面上各点作垂线，量出 EF、EG 的高度。

4）按立面图的高度，完成各点的高度，求得轴测图，如图 6-24 和图 6-25 所示。

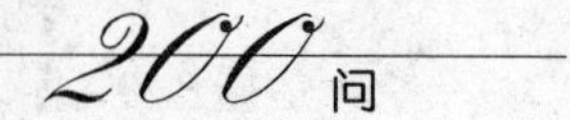

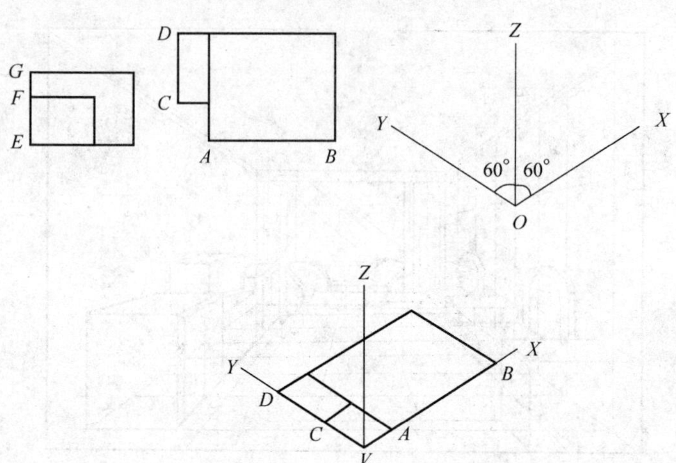

图 6-24 轴测图（一）

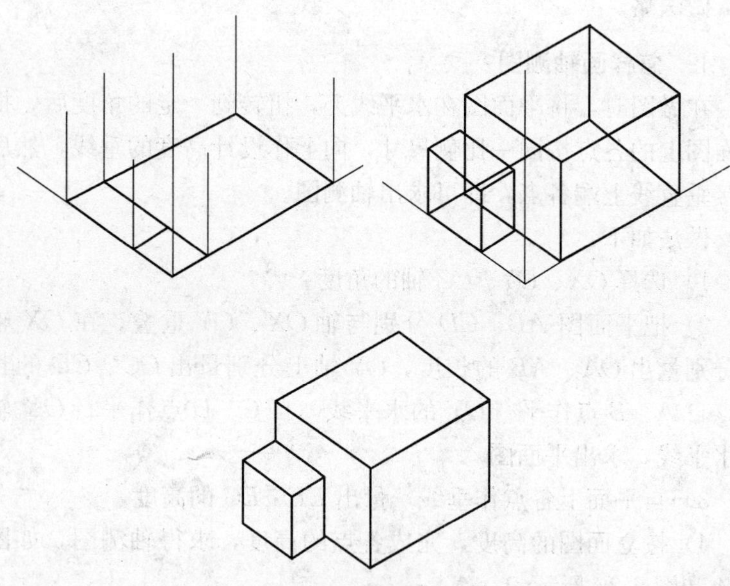

图 6-25 轴测图（二）

20. 透视图绘制时应注意哪些问题?

(1) 建筑透视图

1) 透视图上主要建筑物所占面积通常约为地面的1/3。建筑物的设置，其地面的面积应小于天空的面积，这样才有稳重感。

2) 建筑物左右应留空间，增添配景充实画面。

3) 透视图上天空面积若太大，空白显得太多时，可以绘出较近的树叶填补。

4) 透视图中的前景、建筑物、背景三部分，要用不同明度对比区分，才可使前后有深度感，突出建筑物。

5) 建筑物本身的线条应详细地刻画，其他的可简单绘之。

6) 透视画上可绘出远近不同的树，来增加画面深度及大小比例感。

7) 透视画的配景，如人、物、树木、汽车，可以使画面由呆板转为生动活泼，有深度感，并能清楚识别建筑物的大小、比例，如图6-26和图6-27所示。

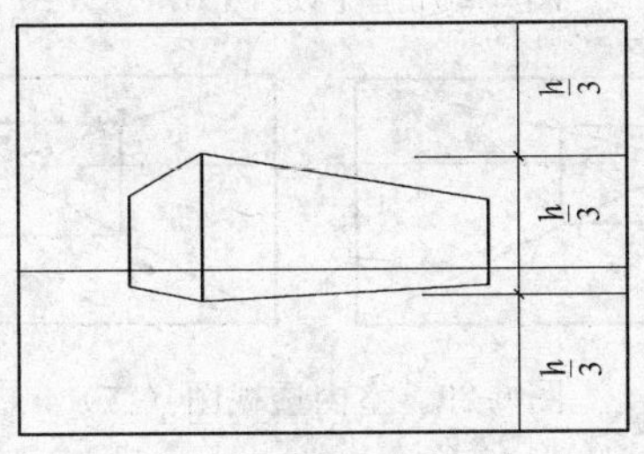

图6-26　建筑透视图（一）

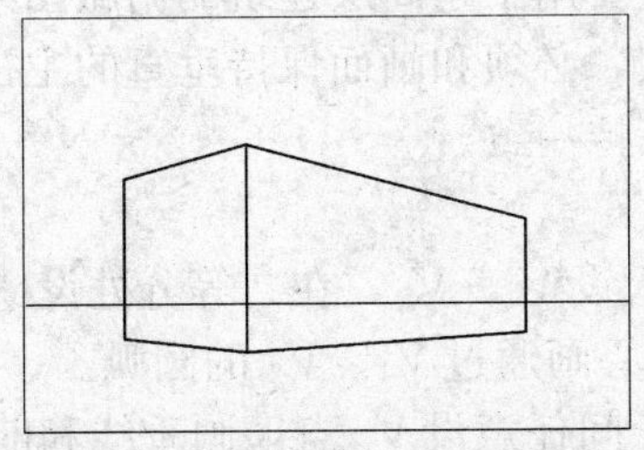

图6-27　建筑透视图（二）

(2) 室内透视图

1) 画透视图时，要考虑室内布局的主次，重点表现的对象，如墙面、顶棚、家具哪些需着重表现，这就需要不同的视高、视距、视角来调整。

2) 室内空间布局处理要得当，避免有的角度拥挤，有的角度空旷，可用绿化、小品适当调整补充画面。

3) 画面的气氛，也可用绿化、陈设、人物等穿插绘画，但要注意比例关系。

4) 画面应有虚实感，要突出主要部分，强调主要部分的色彩、线条，如图 6-28 和图 6-29 所示。

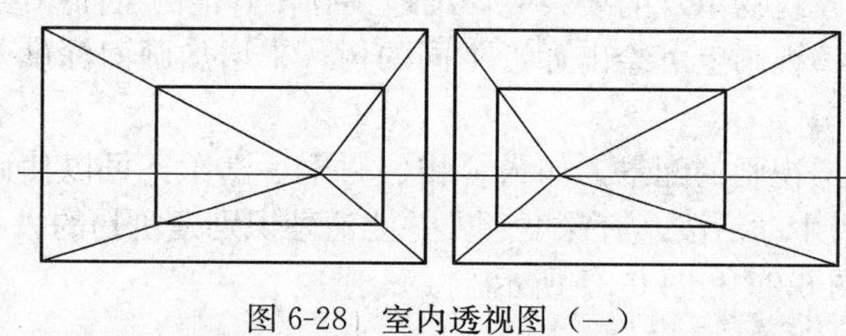

图 6-28 室内透视图（一）

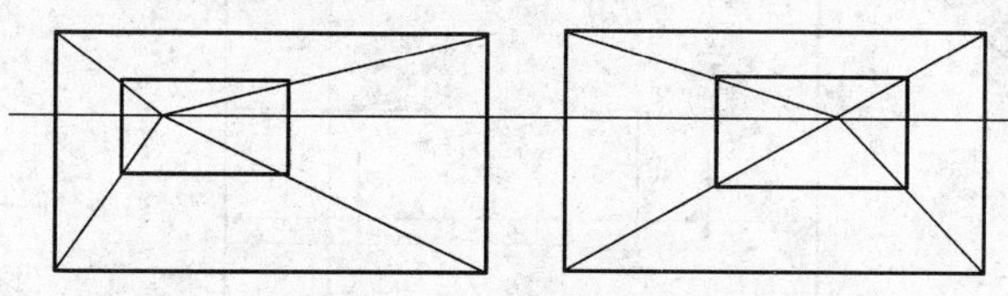

图 6-29 室内透视图（二）

21. 如何画三点透视?

三点透视：主要用于超高层建筑的俯瞰图或仰视图。

第三个消失点，必须和画面保持垂直的主视线，必须使其和视角的二等分线保持一致。

做法一如下：

1) 在 $H.L.$ 上设 V_1—V_2，在二等分处设 X。

2) 以 X 为圆心画通过 V_1、V_2 的圆弧。

3) 在 V_1—V_2 间任意设 V_c 点，画垂线和前圆弧交点为 A。

4) 取 V_c—A 间的任意点 B，由 V_1、V_2 通过 B 延长的透视

线和前圆弧交 Y、Z 点。

5）V_1 和 Z，V_2 和 Y 连结线的延长在 V_2—A 的垂直线上相交，为第三消失点 V_3。

6）V_1—V_3、V_2—V_3 视为 $H.L.$，反复做图可得 C、D 点。

7）由 A 的透视线及 C、D 至各消失点的透视线得 E、F、G 完成透视，如图 6-30 所示。

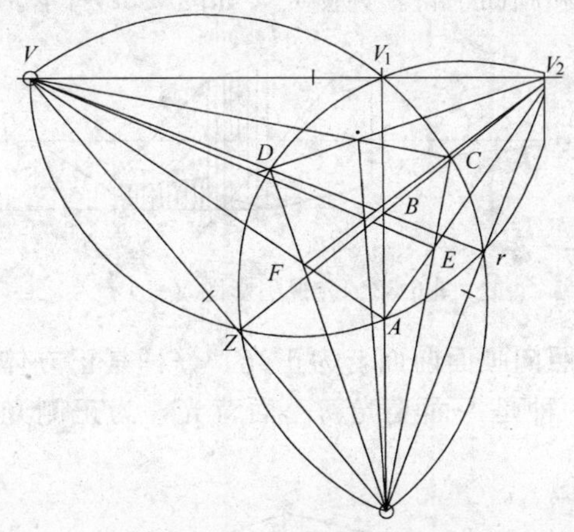

图 6-30　三点透视法（一）

做法二如下：

1）在有角透视图上作正六面体，画对角线。

2）以任意倾斜的一个边角交点 X 作为基点，求出透视，如图 6-31 所示。

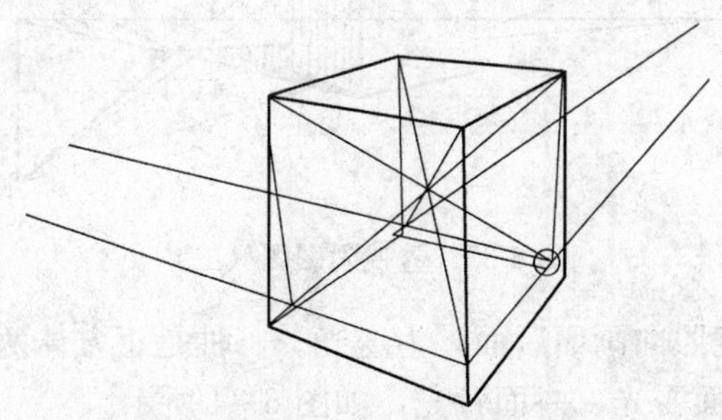

图 6-31　三点透视法（二）

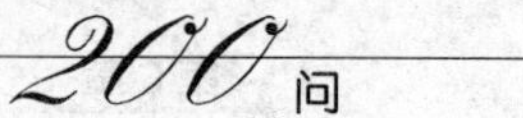

22. 如何画阴影？

为使建筑透视图更具有立体感，阴影的处理是一种有效的方法。物体背光部分称为阴，光线被物体挡住不能前行，而在其他面上造成的阴影部分称为影。

随着日光的不同方位移动，透视阴影图有以下三种：

1）光线和画面平行，为侧光，如图 6-32 所示。

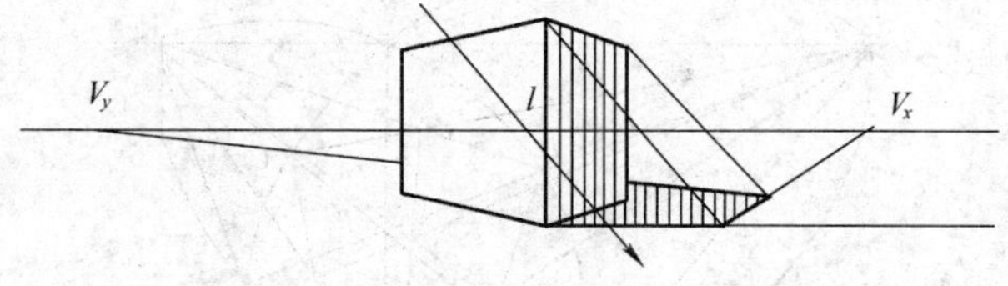

图 6-32 透视阴影图（一）

2）阳光照向画面前面，为正光。一种是正方体两面都受光的正光；另一种是一面受光、一面背光，为正侧光，如图 6-33 所示。

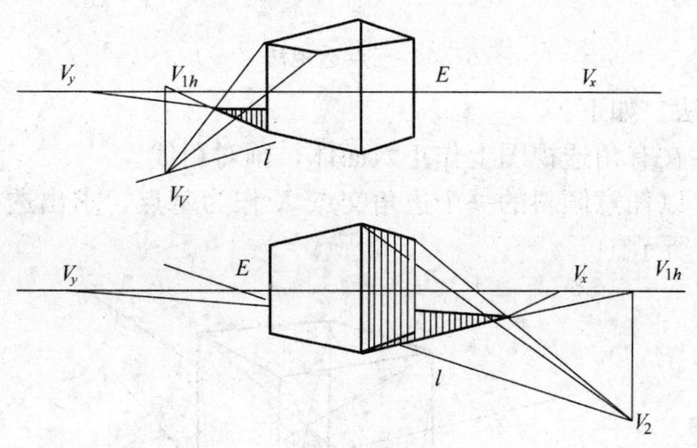

图 6-33 透视阴影图（二）

3）阳光照向画面后面，为逆光。一种是正方体两面都背光；另一种是一面受光、一面背光，如图 6-34 所示。

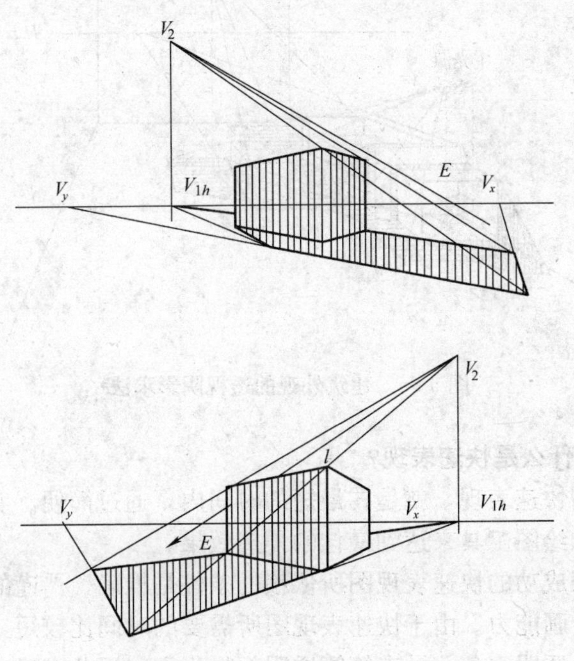

图 6-34　透视阴影图（三）

除了在太阳的平行光线下形成的透视阴影之外，在室内灯光下也要形成透视阴影。而室内灯光下所形成的阴影图是比较复杂的，不容易掌握，因为室内灯光布局比较散，对于多光源就要进行着重分析。选择主光源，即选择对制图最有利的光源，强调一个光源，削弱其他光源。物体对光线的阻碍而产生的影仍应遵循平面图中家具平面图的相同透视法则，即各线收敛于灭点或用以构成家具的点。

建筑外观的阴影求法如图 6-35 所示。

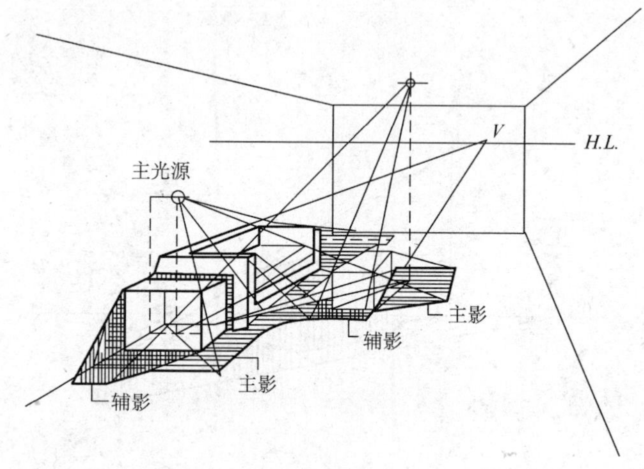

图 6-35　建筑外观的透视阴影求法

23. 什么是快速表现?

所谓快速表现，就是在最短的时间内，通过简便、实用的绘图方法和绘图工具来达到最佳的预想效果。

一张成功的快速表现图所依赖的条件是准确、严谨的透视和较强的绘画能力。由于快速表现图所需要的时间比较短，在着色上又多以透明水色、马克笔等透明颜料为主，因此准确、生动的透视便显得格外重要。

目前比较流行的一种快速表现方法是：画好透视后，在透视稿的基础上用钢笔或签字笔加重线条，然后着淡色。钢笔和签字笔所勾画的线条，其坚实感和力度感很强，细部刻划和线脚的转折都能做到精细、准确，这也是它与水粉等画法相比的优势所在。快速表现图与长期作业的效果图相比缺乏一些深度，因而恰到好处的局部点缀可起到画龙点睛的作用。

24. 手绘效果图的步骤是什么?

（1）设计构思　设计构思是绘图的前提，没有成熟的思想不可能画出好的室内表现图。手绘不同于电脑效果图绘制，采用电脑绘制的效果图可能在绘图过程中进行修改，而手绘过程中如果设计的思路出现错误，一般是难以修改的，所以只有在绘图前对整个设计构思甚至表现细节心中有数，才能在绘图的时候做到一气呵成。

（2）草稿的绘制　在设计构思成熟后，用铅笔起稿，把每一部分结构都表现到位。草稿的绘制重点主要是空间结构的定位，在这个阶段要解决以下几个关键的问题：

1）构图。确定画面的形式和视角，结合所要表现的主题，做到重点突出、画面布局合理。

2）轮廓。构图定下来之后的工作，就是用铅笔勾勒大轮廓的草稿，其过程就是空间及装饰结构定位的过程，在这个过程中对空间的透视概念把握不太准的话，可按照透视学的基本原理来进行汇制；而熟练的话可凭多年的经验和长期积累形成的空间感直接绘出空间的轮廓（界面的交界线）。

空间和大的结构轮廓的绘制可以采用辅助工具（尺）来进行，除此以外的物体可以采用手绘的方式，这样能够增加图面的灵气。

3）配饰。草图阶段对于配饰的处理，可采用大轮廓的方法。首先要把摆设、植物以及其他配饰的大体位置画出来，以便于下一步细化。

（3）阴影的绘制　界面的轮廓定下来之后，就要考虑光照的情况。把灯光照射下的各个物体的阴影以及与周围物体之间的关系绘制出来，使整个画面的空间层次活跃起来，增加画面的体积感和立体感。阴影的绘制不必画得过于精细，只要把空间的关系表现出来即可。

（4）细节的刻画　轮廓和阴影的关系找好之后，要反复地进行校对，之后就可以进行细节的刻画了。细节刻画内容一般包括：

1）材质肌理的表现，根据不同材质的不同表现特征把材质质感和肌理表现出来（表面纹理）。

2）某些轮廓内的细部结构，例如装饰结构、家具、绿化植物、灯具等一切可以表现的物体。

在用黑勾线笔描绘前，要清楚哪一部分应作为重点来表现，然后从这一部分着手刻画，同时把物体的受光部、暗部的质感表现出来。

（5）清理画面　在黑白稿绘制的过程中会留下很多多余的线条，应在绘制完成时对画稿进行清理，去掉多余的线条，使画面变得干净利落，为下一步上色做好准备。

（6）上色过程　上色过程是手绘最后阶段的工作。在进行着色前，一定要考虑好效果图的整体色彩倾向，把握色彩的主次关系，做到心中有数。

要根据表现方式的不同或使用工具的不同特点进行有步骤地着色，主要应考虑色彩的覆盖性能，水彩和马克笔上色一般应先深后浅，而彩铅或水粉则相对比较灵活。上色时除了要考虑材质本身的颜色外，一定要注意色彩随着灯光的变化以及环境光的照射等影响。

（7）润色　绘制的最后一步就是润色工作。润色包括检查界面衔接处的过渡是否妥当、从整体的角度检查各项工作的合理性、高光处和光源的提亮处理、再加上一些能够使画面变得鲜活又不影响画面表达内容的装饰要素、最后签上自己的名字。如果需要，还可以对画面采取一些保护措施，比如喷上保护液等。

（8）装裱　装裱工作本身不属于绘制的内容，然而手绘效果图装裱的好坏也直接影响着最终效果图的整体效果。

25. 绘制室内表现图常用的纸有哪些？

纸的选择应随做图的形式来确定，绘图时必须熟悉各种纸的性能。

1）素描纸纸质较好，表面略粗，易画铅笔线，耐擦，稍吸水，宜作较深入的素描练习和彩铅表现图。

2）水彩纸正面纹理较粗，蓄水力强，反面稍细，也可利用。耐擦，用途广泛，宜作精致描绘的表现图。

3）水粉纸较水彩纸薄，纸面略粗，吸色稳定，不宜多擦。

4）绘图样纸质较厚，结实耐擦，表面较光，不适宜水彩，但适宜水粉，用于钢笔淡彩及马克笔、彩铅笔、喷笔作画。

5）铜版纸白亮光滑，吸水性差，不适宜铅笔，但适宜钢笔、针管笔、马克笔作画。

6）马克笔纸多为进口，纸质厚实，光挺。

7）色纸色彩丰富、品种齐全，多为进口纸，国内少数大城市有售，价格偏高，多数为中性低纯度颜色，可根据画面内容选择适合的颜色基调。

8）卡纸、书面纸、牛皮纸多为工业用纸，熟悉其性能后也能成为进口色纸代用品。

9）描图样半透明，常作复制、晒图用，宜用针管笔和马克笔，遇水收缩起皱。

10）宣纸有生、熟之分。生宣纸吸水性强，宜作国画的写意作品；熟宣纸耐水，可反复加色渲染，常用于国画的工笔画，宜软笔，忌硬笔，如需硬笔画线时应裱托，否则易破。

26. 绘制室内表现图常用的笔有哪些？

1）绘制室内表现图常用 H、B 以及 HB 系列的铅笔，H 系列为硬铅、B 系列为软铅、HB 则为中性铅笔。在绘制表现图时，常用中软铅笔起稿，亦深亦浅，便于擦改。炭笔可归此类，其色黑深沉，宜作素描表现。

2）钢笔、签字笔、针管笔、沾水钢笔等均属一类，笔趣变化集中于笔尖，宜书宜画，方便快捷，是设计师进行速写、勾勒草图和快速表现的常用工具。

3）水彩笔、水粉笔、油画笔等笔形近似。水彩笔以羊毛毫为主，柔软，蓄水量大；油画笔多用猪鬃、狼毫制成，富于弹性，蓄水量较少；水粉画笔性能介于两者之间，羊毛、狼毫掺半，柔中带刚。

4）排刷、底纹笔常用于打底和大面积上色，亦可用来裱纸。

5）描笔、衣纹笔、叶筋笔、红毛笔等中国画笔常用于勾线条和细部上色。

6）喷笔须配合空气压缩机或压缩空气罐使用，口径为0.2～0.8mm，价格较高，常备两支即可，与针管笔一样，用后要及时清洗，避免堵塞。

7）彩色铅笔用法同一般铅笔，但颜色较为透明，国产彩铅蜡质较重，有排水性。进口彩铅中有一种水溶性笔，涂色后用水抹即有水彩味，宜在较厚、较粗的纸上作画。

8）马克笔多为进口，色彩丰富，多达百余种系列，分水性、油性两类。油性马克笔易挥发，用后要将笔头套紧，不宜久存，可用甲苯涂改，宜选用表面较为光滑的纸作画。

9）泡沫尖水彩笔国产的较多，且价格便宜，但颜色种类有限，缺少灰色系列，多为儿童使用。作画时可将鲜色退去，自配灰色系列重新加入，也能获得较为满意的效果。

10）色粉笔较一般粉笔细腻，颜色种类较多，大多数偏浅、偏灰，多与粗纸结合，宜薄施粉色，厚涂易落，画完需用固定剂喷罩面，以便保存。

11）油画棒、蜡笔等均有排水性，巧妙利用便可出特殊效果，也可用于局部的提色、点缀。

27. 绘制室内表现图常用的颜料有哪些？

除了部分与笔同体的颜料，常用的颜料都需借助笔与调和剂来完成。

1）水彩颜料一般为铅锌管装，现也有塑料管装，便于携带，色彩艳丽，具有透明性，以水调和，其色度与纯度和水的加入量有关，水愈多，色愈浅。

2）透明幻灯（照相）水色分干片与小瓶装两种，色彩特别鲜艳、透明，浓度高，色性活跃，渗透性强，调色需谨慎。

3）水粉颜料使用普遍，除管装外瓶装也很多（宜选浓缩型），颜料中大多数都含粉质，故厚画时具有覆盖性，薄画则显半透明状，颜色干、湿时其深浅有所变化。

4）丙烯颜料有专用的调和乳剂，调水也可。薄画时有水彩味，厚画时类似水粉，颜色干、湿时变化不大，不易翻色，调色板上颜色容易结皮，不溶于水。

5）喷笔画颜料是专用的进口颜料，质高价昂，可用一般水彩、水粉颜料替代。量大时在调色碟内沉淀后可用，以减少堵塞。

28. 绘制室内表现图常用的辅助绘画工具有哪些？

绘制室内表现图常用的辅助工具有三角尺、丁字尺、曲线板、蛇尺、模版、靠尺、直线笔（鸭嘴笔）、纸擦笔、调色盒、调色碟、剪刀、刻纸刀、橡皮擦、胶带纸、胶水、电吹风等。

以上物品大都能买着，只有靠尺需要自制：选两块薄木条，长约40cm左右，外口边刨平、刨直，其中稍窄的一块退后1cm左右，用胶固定，两面翻转均可使用。

29. 铅笔画（包括彩色铅笔画）技法有哪些？

铅笔在绘画中是一种接触最早、使用最普遍的工具，其绘画技法大家也很熟悉。这里着重介绍如何在室内表现图中依据对象的形状、质地等特征有规律地组织、排列铅笔线条，以及如何利用其他辅助工具创造出理想的效果。

画表现图前，必须意在笔先，要对物体的各个面和用笔方向、明暗深浅等事先有一个基本规划。在做图过程中，虽然明暗对比是从弱到强逐步加深，但步骤也不宜过多，2～3遍即可。一般选用4B软铅作图，尽量少用橡皮擦。

铅笔线条分徒手线和工具线两类。徒手线生动，用力微妙，可表现复杂而柔软的物体；工具线则规则、单纯，宜表现大的块面和平整、光滑的物体。

涂色时为了保持用笔的力度感、轻快性又不破坏图形轮廓的整齐，可利用直尺、曲线尺和大姆指进行遮挡，必要时也可刻出纸样来遮挡。图样上已画过的软铅铅粉容易被摩擦，需要保护，要学会利用手指撑住手掌画线，或利用纸片遮挡已画过的地方。

水溶性彩色铅笔可发挥溶水的特点，用水涂色取得浸润感，也可用手指或纸擦笔抹出柔和的效果。

30. 马克笔画（包括仿马克笔画）**技法有哪些?**

近年来，马克笔以其色彩丰富、着色简便、风格豪放和成图迅速等特点，受到设计师的普遍喜爱。马克笔分扁头和圆头两种。扁头正面与侧面上色宽窄不一，运笔时可发挥其特点形成自己特有的风格。

马克笔上色后不易修改，故一般应先浅后深，浅色系列透明度较高，宜与黑色（或深色）的钢笔画或其他线描图配合上色。作快速表现时也不必用色将画面铺满，有重点地进行局部上色能使画面显得更为轻快、生动。马克笔同色叠加显得颜色更深，多次叠加则无明显效果，还容易弄脏颜色。

马克笔的运笔排线也分徒手与工具两类，应根据不同场景与物体形态、质地以及表现风格的不同来选用。

水性马克笔修改时可用毛笔蘸清水洗淡，但难以彻底洗净；油性马克笔则可用笔或棉球头蘸甲苯洗去或洗淡。

马克笔的笔法、趣味令人喜爱，但其价格昂贵。作为练习或对效果的追求，可利用油画笔和水粉笔蘸上水彩颜料，画在稍有吸水的白卡纸上，也能获得马克笔的效果。要注意利用靠尺来运笔，并保持运笔方向的一致性。油画笔笔毛方整，但蓄水量小，水粉笔蓄水量稍大但笔毛较软，可将笔尖压平，用锋利剪刀剪去尖稍的细毛，其效果较佳。

31. 钢笔画（包括针管笔画）**技法有哪些?**

钢笔、针管笔都是画线的理想工具，发挥各种形状的笔尖的特点，可以达到类似中国传统白描的效果，如钉头鼠尾、钢线游丝等，其画风严谨、细腻、单纯、雅致，也常作为彩铅笔、马克笔画或淡彩画的轮廓描绘。

钢笔画常利用线的排列与组织塑造形体的明暗，追求虚实变化的空间效果；也可针对不同质地采用相应的线型组织，以区别刚、柔、粗、细；还可按照空间界面转折和形象结构关系来组织方向与疏密上的变化，以达到画面表现上的层次感、空间感、质感、量感以及形式上的节奏感、韵律感。

32. 水彩画（包括透明水色画）技法有哪些?

水彩渲染是建筑画中的一种传统技法，同时也是一种使用较为普遍的教学训练手段。

水彩画要求底稿准确、清晰，忌用橡皮擦伤纸面，而且十分讲究纸笔含水量的多少，即画面色彩的浓淡、空间的虚实、笔触的趣味等都有赖于对水分的把握。

水彩画上色程序一般是由浅到深、由远及近，亮部与高光处要预先留出。大面积的空间界面涂色时，颜料调配宜多不宜少，色相总趋势要基本准确，反差过大的颜色多次重复容易变脏。

水彩渲染常用退晕、叠加与平涂三种技法。

1）退晕法：先将图板倾斜，首笔平涂后，趁湿在下方用水或加色使之逐渐变浅或变深，形成渐弱和渐强的效果。退晕过程多环形运笔，色块底部有较多积水、积色，需将笔挤干，再轻触纸面逐渐收去。

2）叠加法：将图板平置，然后将需染色的部位按明暗光影分界，用同一浓淡的色平涂，留浅画深，干透再画，逐层叠加，可取得同一色彩不同层面变化的效果。

3）平涂法：图板略有斜度，大面积水平运笔，小面积可垂直运笔，趁湿衔接笔触，可取得均匀整洁的效果。

水彩画技巧中的沉淀、水渍等效果对质感的表现也是可取的。

目前在室内表现图中，钢笔淡彩的效果图较为普遍，它是将水彩技法与钢笔技法相结合，发挥各自优势，具有简捷、明快、生动的艺术效果。

33. 水粉画技法有哪些?

水粉表现大致分干、湿（或厚、薄）两种技法。在实践中，两种技法也经常综合使用，它们的特点如下：

（1）湿画法　湿的概念一是指图样上的有水分、二是指用笔调合颜料时含水较多。湿画法适宜于大面积铺刷底色和快速表现，对空间界面的明暗过渡和曲面形体微妙转折的表现很有效，在绘图时多采用类似水彩画的某些技法。

湿画法在表现物体暗部色彩的丰富性与透明感以及画面幻变、动感和朦胧气氛方面，也有其独到之处。湿画时颜色较薄，铅笔底稿图形依然可见，便于深入刻画，还可利用薄画颜色的半透明性产生类似叠加法的效果。但须注意多次叠加后底色容易泛起，产生粉、脏、灰的感觉。一旦出现以上情况，可将不满意的颜色用笔蘸水洗去，干后再重画，重画的颜色应稍厚，要有一定的覆盖性。

（2）干画法　并非不用水，只是水分较少、颜色较厚而已。其画面色泽饱和、明快，笔触强烈、肯定，形象描绘具体、深入，更富于绘画特征。如果处理不当，笔触过于凌乱，也会破坏画面的空间感和整体感。

水粉颜色厚画，色彩强烈，有较好的覆盖力，但以玫瑰红或紫罗兰为底色的部分不易覆盖，可将其彻底洗净后再重新上色，否则其红紫的底色总会泛上来。

无论薄画、厚画，水粉颜色的深浅都存在干湿变化较大的现象。一般情况下，深和鲜的颜色干透后会感觉浅和灰一些。在进行局部的修改和画面调整时，可用清水将局部四周润湿，再作比较和调整。

在室内表现图实践中，往往是干湿、厚薄综合运用。从有利于修改调整、有利于深入表现的绘图程序来看，宜薄勿厚是可取的。具体讲：大面积宜薄，局部可厚；远景宜薄，前景可厚；准备使用鸭嘴笔压线的地方宜薄，局部亮度、艳度高的地方可厚。从上色的秩序看，宜先薄画再加厚。

水粉表现与水彩表现一样，都须将图裱在图板上，铅笔轮廓线可稍深一些。用大号底纹笔刷出画面的基本色调，这种基调可平涂也可上下退晕或左右退晕，体现出光色的变化；也可有意刷出笔触来，以体现某些物体的肌理效果和地面倒影的感觉。基调刷色完成后即可区分室内五个空间界面的大致关系，以色彩的冷暖明暗来体现室内的空间与景深。然后再画室内物体的阴影及背光部分，这部分颜色较深但又不可过死，要注意反光及环境色的表现。接着画受光的立面，立面色彩明暗的变化受多种光的照射而有所区别，强调与画面基调的对比与协调的处理。完成主体内容的表现后才是各种小型的陈设、绿地以及人物的点缀，这些景物对创造理想的环境气氛十分重要，它们也是活跃画面色彩、调整画面均衡的手段。最后整理画面，可用白色亮线强调凸形的转折，用较深的类似色线修整过于粗糙的地方，这种规矩线多用鸭嘴笔、彩铅笔或细尖马克笔完成。

灯光效果的处理可用较干的颜色作枯笔画，也可借助喷、弹等手段获得。

34. 色粉笔画技法有哪些？

色粉笔画使用方便、色彩淡雅、对比柔和、格调温馨，对于卧室、客厅、书房等的表现以及室内墙面明暗的退晕和局部灯光的处理等均能发挥优势。

色粉笔粉质细腻，色彩也较为丰富，不足之处是缺少深色，可配合木炭铅笔或马克笔作画。尤其是以深灰色色纸为基调，更能显现出粉彩的魅力。

色粉笔画做图程序是：先用木炭铅笔或马克笔在色纸上画出室内设计的素描效果图，明暗、体积均须充分，暗部深色一定要画够。然后在受光面着色，类似彩色铅笔，可作局部遮挡，一次上色粉不宜过厚，对于大面积变化可用手指或布头抹匀，精细部位则最好使用尖状的纸擦笔擦抹，这样既可处理好色彩的退晕变化，又能增强色粉在纸上的附着力。画面大效果出来后只须在暗部提一点反光即可。勿须将粉色上得太多、太宽，要善于利用色纸的底色，所以最好事先按设计内容、气氛选择合适的色纸。

画完成后最好用固定液（定型剂）对画面喷罩，便于保存。

35. 喷笔画技法有哪些?

喷笔画又叫喷绘，其优点在于：擅长表现大面积色彩的均匀变化。曲面、球体明暗过渡自然，可表现光滑的地面及其倒影，对玻璃、金属、皮革的质感表现也得心应手尤其是对灯光的表现；在模仿真实空间和朦胧景色方面是其他画种难以比拟的。

喷绘时颜料务必搅匀，如遇较大的颗粒，不要倒入颜料斗内，以免堵笔。喷出颜料在纸上呈半透明状，铅笔底稿线多能看见，所以要求底稿线条轮廓准确，不要有废线。

喷绘技法与画笔技法完全不同，它是通过气泵的压力将笔内的颜色喷射到画面上，喷出的雾状颗粒呈圆形辐射，其造型主要是依靠遮盖后的余留形状。喷绘专用的遮盖膜也多为进口，粘性适度，不损画面。此膜透明，可贴在需要遮挡的部分，用刻刀轻依图形轻刻，注意用力均匀，刻透膜而不伤画纸。大面积遮挡膜也可利用较厚的纸，一种方法是依图形复制后刻出具体形状，另一种方法是预先制作一批不同角度、曲度的纸块，选择适合的形状进行组合遮挡。这两种方法比较经济快捷，适宜于对比较单纯的图形进行遮挡，同时还须准备一些较重、较薄、形状多样的金属块把遮挡纸边缘压紧，以避免移位和喷色的挤入。

喷笔画制作的过程很少一喷到底的，大多数情况是喷绘结合。对于一些物体的细部和花草、人物的表现也可借助其他画笔来描绘。

喷绘画面的程序类似于水墨（水彩）渲染的步骤：

1）先浅后深，留浅喷深，先喷大面，后绘细节。

2）色彩处理力求单纯，在统一中找变化，不宜在变化中求统一。

3）多注重画面大色块的对比与调和，少注意单体的冷暖变化。

4）强调中央主体内容的明暗对比，削弱周围空间界面及配景的黑白反差。

画面经过数次喷色和调整，基本的空间及形象确立后就需要对各种物体的细部和室内陈设、绿化等进行刻画。一般说来，物体转折处的高光和灯光处理也都放在最后阶段进行。高光不要一律白色，应与物体固有的色相和在空间里的远近以及与光源的距离相适合。

喷笔画的修改必须谨慎。大面积修改最好用小排笔沿图形轮廓线洗去重喷，局部修改也宜先洗净后另喷颜色。一般来说，洗过的地方会留下痕迹，故重新喷色都宜将颜料调稠一点，一遍干透后再喷二遍。局部修改亦可不洗，直接在原形上用笔改色，改后再用喷笔喷接相邻的色彩。

36. 如何表现砖石？

石材一般分平滑光洁的和烧毛粗糙的。平滑光洁的石材偶有高光，直接反射灯光、倒影，在表现时一般用钢笔画一些不规则的纹理和倒影，以表现光洁砖石的真实感。另一种较粗糙的是经过盐酸处理的石材，在大面积石材装饰中，可产生哑光效果，这种烧毛石材一般用点绘法来表现其粗糙哑光的效果。

（1）石材纹理与颜色　抛光石材质地坚硬、表面光滑，色彩沉着、稳重，纹理自然变化呈龟裂状或乱树杈状，深浅交错，有的还有芝麻点花纹。

（2）砖石墙的表现

1）红砖墙涂刷红砖底色不可太匀，并有意保留斜射光影笔触，用鸭嘴笔按顺丁排列画出砖缝深色阴影线，然后在缝线下方和侧方画受光亮线，最后可在砖面上散点一些凹点，表示泥土制品的糙犷感。

2）卵石墙以黑灰色为主，再配以其他色彩的灰色，强调卵石砌入墙体后椭圆形的立体感。高光、反光及阴影的刻画必不可少，光影线应随卵石凸出而起伏。

3）条石墙的外形较为方整，略显残缺，石质粗糙而带有凿痕，色彩分青灰、红灰、黄灰等色，石缝不必太整齐，可用狼毫描笔颤抖勾画。

4）砌石片墙以自然石片堆砌，砌灰不露，石片之间缝隙尤为明显，宽窄不等，石片端头参差尖锐。根据以上特点用笔应粗犷，不规则。

5）五彩石片墙比自然石片稍规则，大多经加工选形后砌筑，形状、大小、长短、横竖组合，错落有致。上色时，需注意色彩有所变化。石片之间分凸凹勾缝两类，凸缝影子在缝灰之下，凹缝影子在缝灰之上。利用花岗石（大理石）的边角废料贴石片墙的表现方法与五彩石片墙基本相似。

6）釉面砖墙是一种机械化生产的装饰材料，其尺寸、色彩均比较规范。表现时需注意整体色彩的单纯，墙面可用整齐的笔触画出光影效果，用鸭嘴笔表现凹缝较为得当，近景刻划可拉出高光亮线。

37. 如何进行木材的表现？

室内装饰中木材使用最为普遍。其加工容易，纹理自然而细腻，与油漆结合可产生不同深浅、不同光泽的色彩效果。

（1）纹理与颜色　表现图中的木纹刻画要带有象征性，需注意以下几点：

1）树结状以一个树结开头，沿树结作螺旋放射状线条，线条从头至尾不间断。

2）平板状线条弯曲折变而流畅，排列疏密变化节奏感强，在适当的地方作抖线描写。木材的颜色因染色、油漆可发生异变，根据多数情况的归纳大致分成偏黑褐色（如核桃木、紫檀木）、偏枣红（红木、柚木）、偏黄褐（樟木、柚木）、偏乳白（橡木，银杏木）等颜色。

（2）木板墙的表现

1）企口板墙的表现。轮廓线靠直尺画出，画木板底色也可利用直尺留出部分高光；用马克笔调棕色画出木纹，并对部分木板颜色加重，打破单调感；画出各板线下边的深影，以加强立体感，再用直尺拉出由实渐虚的光影线，把横向的板条贯连起来增强整体性。

2）原木板墙的表现。徒手勾画轮廓线，并略有起伏，上底色时注意半曲面体的受、背光的明暗深浅；点缀树结，加重明暗交界线和木条下的阴影线，并衬出反光；强调木头前端的弧形木纹，随原木曲面起伏拉出光影线，这种原木板墙颇具原始情趣，刻划用笔宜粗犷、大方、潇洒。

38. 如何表现金属材质？

1）不锈钢表面感光和反映色彩均十分明显，仅在受光与反射光之间略显本色（各类中性灰色），抛光金属几乎全部反映环境色彩。为了显示本身形体的存在，做图时可适当地表现其自身的基本色相（如灰白、金黄）以及形体的明暗。

2）金属材料的基本形状为平板、球体、圆管与方管，受各种光源影响，受光面明暗的强弱反差极大，并具有闪烁变幻的动感，刻画用笔不可太死，退晕笔触和枯笔快擦有一定的效果。背光面的反光也极为明显，特别要注意物体转折处，明暗交界线和高光的夸张处理。

3）金属材质大多坚实光挺，为了表现其硬度，最好借助靠尺（快捷地拉出）的笔触，对曲面球面形状的用笔也要求果断、流畅。

4）抛光金属柱体上的灯光反映及环景在柱体上的影像变形有其自身的特点，平时练习要加强观察与分析，找出上下左右景物的变形规律。

39. 如何表现玻璃与镜面？

玻璃与镜面都属于同一基本材质，只是镜面加了水银涂层后呈照影效果。其表面特征则有透明与不透明的差别，对光的反映也都十分敏感和平整光滑。

室内效果图中的玻璃与镜面的表现用笔比较接近，主要差别是在光与影的描绘上。室内空间中上述两种材料的表现效果有以下内容：

1）玻璃墙可按室外景物直接画好，然后在无形的玻璃墙面上依直尺画出几道白灰色的笔触，破掉部分室外景象，以示玻璃的存在。

2）墙上的镜面直接反映所朝向的室内空间景物，两者之间的形状、色彩均保持透视关系上的对称性，对镜面上的景物也适当地作光影线表现。水粉画宜后加光影斜线的笔触，水彩、马克笔则应事先留出或用笔洗出。

3）顶棚镜面组成，光影的排列按透视消失线和镜片之间的分格线作垂直笔触，以显示小块镜面之间的微差，各镜面反映的形与色彩有适当差别（即微小的错位）。其反映的形象呈倒影关系、上下对称。

4）镜面与玻璃墙上的光影线应随空间形体的转折而变换倾斜方向和角度，并要有宽窄、长短，以及虚实的节奏变化，同时也要注意保持所反映景物的相对完整性。

40. 怎样表现皮革（沙发与座椅）材质？

室内大量的沙发、椅垫、靠背为皮革制品，面质紧密、柔软，有光泽，表现时根据不同的造型、松紧程度运用笔触。

41. 如何表现餐桌与地毯？

（1）餐桌　餐桌大体分方、圆两种形状，一般都要铺设桌布，桌布的表现着力在转折皱纹。方桌桌布褶皱多集中于四角，呈放射状斜向下垂，圆桌桌布的褶皱沿圆周边缘分散自然下垂。用彩色铅笔和马克笔分别表现，强调用笔画线的方向与形体转折保持一致。

（2）地毯　地毯质地大多松软，有一定厚度感，对凸凹的花纹和边缘的绒毛可用短促、颤抖的点状笔触表现。

地毯分满铺与局部铺设两种。满铺作为整体的地面衬托所有的家具、陈设，在画面上起着十分重要的衬景作用。刻画的重点是顶光照射的亮部与家具下面落影的对比。局部铺设是指在室内地面的空间划分中起地域限定作用或者专门设置于沙发中间、茶几下和过道上的地毯。两种铺设表现的重点是各类地毯的质地和图案，图案的刻画不必太细，但图形的透视变化却要求务必准确，否则会影响整幅画面的空间与稳定。

42. 如何表现窗帘的材质?

居室表现中窗帘是不可缺少的组成部分，它常处在画幅的显眼位置，对居室的格调、情趣起着十分重要的作用。

1）荷叶边式帘。因其边缘褶皱有如荷叶状而得名。上边横条表现的要点是布料收褶的起伏形状，帘幕斜垂及腰束处要交待清楚。水彩表现按退晕效果留出高光，逐步加深暗部，最后画阴影衬出反光，加重下部颜色以表现光照强弱的变化。

2）帘幔式帘。这种布幔是将各段布的两端头缩紧，形成一连串的中间下垂呈半圆形状。作画步骤是先用浅色铺出上浅下深的基调，随后用中明度颜色画半圆形状的不受光面，再用较深的颜色画明暗转折和影子，随即反光显现。最后调整上下明暗变化，对布幔上部突出的半圆形受光面用白色提出高光，增强顶光照射的感觉。

3）悬挂式帘。这是一种灵活性强、制作简便的布帘装饰。横杆中间结束，两头上搭并使尖角下垂，轻松自然。着色步骤类似水彩，先浅后深，整体刻画一气呵成，可靠住直尺用彩铅笔画出褶皱的拱曲效果。

4）用水粉表现下垂式帘幕这是室内最为普遍的一种形式。在窗帘盒内设导轨，悬挂的帘幕自然下垂，面料多为有份量的丝、麻织品。用水粉表现的步骤是：首先铺上明下暗的帘幕基调，再利用靠尺竖向画出帘幕上的褶皱，趁第一道中间色未干时接着画第二道暗部里的阴影和圆筒状褶皱上的阴暗交界线，然后在受光面上提高光，并画出随帘幕褶皱起伏的灯光影子，最后画压在帘幕上的窗帘盒的边缘亮线即完成。如果要在帘幕上刻画花纹时，可在已画好的帘幕上随褶皱起伏描绘图案，图案不必完整，色度需随转折而变化明暗。

5）用马克笔表现下垂式布帘的画法是：先用马克笔或钢笔勾画形象，用浅色画半受光面和暗面，留出高光，再用深色画褶皱的影子和重点的明暗交界线。用笔须果断，不要拘泥于微细之处。

6）白色纱帘。白色纱帘在居室中显得华贵高雅，它不影响光的进入，可给室外景物增添一层朦胧的诗意。其画法是：在按实景完成的画面上先画几笔竖向的深灰色（纱帘的暗影），然后不均匀地、间隔性地用白色拉竖条笔触，颜色可干一点，出现一些枯笔味的飞白，对后景似遮非遮，最后对有花饰的地方和首尾之处加以刻画，体现白纱的形体。

43. 如何表现灯具及光影？

几乎所有的室内表现图都离不开灯光的刻画。灯具的样式及其表现效果的好坏直接影响整个室内设计的格调、档次。特别是吊灯、顶灯往往都是处于画面特别显眼的位置，舞厅、卡拉OK厅的各色光束是创造环境氛围必不可少的条件。卧室或书房里的局部光源更能体现小环境的温馨与静谧。

灯光的表现主要借助于明暗对比，重点灯光的背景可有意处理得更深一些。灯具本身刻画不必过于精细，因为灯具大多处于背光，要利用自身的暗来衬托光的亮度。

光与影相辅相成，影的形态要随空间界面的折转而折转，影的形象要与物体外形相吻合。一般情况下，正顶光的影子直落；侧顶光的影子斜落，舞厅里多组射光的影子向四周扩散，斜而长，呈放射状。

发光源的光感处理除了靠较深的背景衬托外，还可借助喷笔的特殊功效进行点喷（用牙刷进行局部喷弹也有近似效果），还可在光源处厚点白色并向四方画十字形发射线。

44. 如何表现室内绿化、陈设、小品和人物？

为了获得大自然的生机，可将室外生长的绿叶植物与花草引入室内。在设计中它们是主体中的点缀和陪衬，在画面构图上起着平衡画面空间重力的作用。比如在画面近角偌大的一个沙发靠背旁，或在一根感觉过分夸张的大柱子侧边，伸出2～3支扇状的蒲葵或婀娜多姿的凤尾竹，既增添了室内的自然情趣，又起到了压角、收头、松动画面的效果。

室内陈设小品主要是指壁上饰物，如书画、壁挂、时钟等；案头摆设如花瓶、古董、鱼缸、水杯等，这些东西都可显示设计的情趣，在渲染室内环境方面起画龙点睛的作用。具体处理上应简单明了，着笔不多又能体现其质感和韵味，要在静物写生基本功练习的基础上，强调概括表现的能力。

某些室内表现图需点缀人物以显示室内环境的规模、功能与气氛，比如舞厅设计表现图。画面中央往往比较空旷，加入跳舞的人后气氛立即活跃，并增强了画面构图中心的份量。又如店面设计中的入口，内外点上几个进出的人，两边的人又都朝入口走来，会使业主看了产生一种满足感。

人物只起点缀的作用，不可画得过多，以免喧宾夺主，遮掩了设计的主体造型。一般在中、远景地方画上一些与场景相适应的人物，讲究比例的准确，不必刻画面部和服装细节。而近景必须画人时要有利于画面构图，虽然可能刻画面部，但不必有太多的表情，服饰及色彩也不必过分鲜艳，以免喧宾夺主。

同类书推荐

《风格家居——中式欧式篇》

杜玉铎　王　蕊　编著

本书收集了大量中式和欧式风格的优秀家装设计图片，这些图片中的居室均选自优秀室内设计师的最新作品，具有很强的实效性和实用性。本书针对一些优秀的设计方案进行了认真的剖析，相信会对一些从事装饰设计的专业人员，以及高等院校室内设计专业师生的学习和参考起到指导作用。更会成为广大装饰业主家庭装饰不可或缺的良师益友。

ISBN 978-7-111-23157-8　出版年月：2008.1

定价：24.00 元

《风格家居——时尚简约篇》

杜玉铎　王　蕊　编著

本书收集了大量时尚和简约风格的优秀家装设计图片，这些图片中的居室均选自优秀室内设计师的最新作品，具有很强的实效性和实用性。本书针对一些优秀的设计方案进行了认真的剖析，相信会对一些从事装饰设计的专业人员，以及高等院校室内设计专业师生的学习和参考起到指导作用。更会成为广大装饰业主家庭装饰不可或缺的良师益友。

ISBN 978-7-111-23158-5　出版年月：2008.1

定价：24.00 元

《时尚家居装饰装修宝典》

陈　溥　陈　晴　编著

本书从理论与实际结合的角度，本着以人为本的原则，强调功能第一，装饰美化服从功能的原则，阐明了室内装饰设计的概念、内容与基本原则，室内装饰的风格与个性，室内装修的各种要素。本书文字流畅，图文并茂，是为室内装饰装修提供艺术和技术指导的书籍，具有较强的实用参考价值与艺术欣赏价值。

ISBN 978-7-111-20552-4　出版年月：2007.2

定价：58.00 元

同类书推荐

《儿童娱乐空间》　　张书鸿　曹素平　译

本书分为设计一个游乐场和娱乐空间两个部分，分别从儿童行为特征、心理特征、生理特征和环境概念等多方面阐述儿童娱乐空间的设计方法和设计理念，具有很高的理论指导意义。本书收集了世界各地具有一定代表性的儿童娱乐空间图例，对我国建筑和环境设计师而言有很高的参考价值。

ISBN 978-7-111-22103-6　出版年月：2007.9

定价：98.00 元

《我的田园梦想》　　廖　彦　主编

《我的田园梦想》是"我秀我家"系列图书中的一本，本书共收录了 16 个精彩案例，这些案例风格或粗犷、或精致、或恬淡、或浓烈，无一不反应了现代都市人在钢筋混凝土的"包围"中，对大自然的向往与渴望。

ISBN 978-7-111-21405-2　出版年月：2007.7

定价：29.00 元

《我的宜家主义》　　廖　彦　主编

《我的宜家主义》是"我秀我家"系列图书中的一本，本书共收录了 16 个精彩案例，这些案例，每个案例由主人亲自讲述他们心中宜家是什么样子。在这里宜家可以是样板 IKEA，可以是后现代或 LOFT，可以是中式与简约的混搭，也可以是什么都不是，而只是自己心中想要的那个家。

ISBN 978-7-111-22350-4　出版年月：2008.1

定价：29.00 元

同类书推荐

《巧手饰家——个性家居用品制作》

李　华　李　楠　编著

DIY 对于一直以来都关注并热衷于家居创意生活的时尚人士来说，早就已经不是什么新鲜词汇了。然而，就像不断变换的时尚潮流一样，DIY 也需要不断地注入新的内容和乐趣。

ISBN 978-7-111-21601-8　出版年月：2007.7

定价：19.00 元

《布艺装饰家》　王美云　安　妮　编著

本书包括许多不同方面的家居小饰品制作方法，以图文并茂的形式，将创意灵感呈现在大家面前。每件作品都有详尽的指导，并附以精美图片，细致地讲解每件家居用品的制作全过程，喜爱家居用品 DIY 的读者一看就懂、一学就会。

ISBN 978-7-111-22814-1　出版年月：2008.1

定价：24.00 元

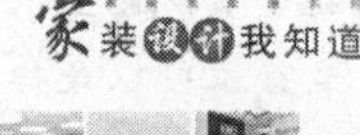

《家装设计我知道》　华　颖　编著

本书从设计的角度深入浅出地对家装设计进行了较为全面的介绍，让广大读者能够适当掌握必要的家装设计知识，使自己装饰过程中与家装公司的设计师能够进行有效的沟通，同时避免由于专业知识缺乏，导致家装设计中出现不当之处，影响最后的装饰效果。

ISBN 978-7-111-23279-7　出版年月：2008.1

定价：28.00 元

同类书推荐

家装材料我知道

《家装材料我知道》　　王　勇　编著

本书对基础材料、门窗地板、装饰板材、人造石材、陶瓷墙地砖、装饰玻璃、装饰壁纸、油漆涂料以及装饰织物等家装中所涉及到的各种主要材料一一进行了介绍，让读者在了解各种材料基本性能的基础上，作出准确合理的选择。

ISBN 978-7-111-23324-4　出版年月：2008.2

定价：28.00 元

《新锐设计·家装精选案例》

中国建筑与设计师网　编

本书汇集了多种户型的家装设计案例数十套，均为各装饰公司及设计师的近期优秀作品，展示了当今国内家装领域的较高水平及新的发展趋势。案例以精美的实景拍摄图片为主并配有必要的文字说明，对空间整体布局和细节做了全方位的展示，力求使读者更透彻地了解设计意念，以便在实践中灵活自如地应用。

ISBN 978-7-111-23506-4　出版年月：2008.3

定价：78.00 元

读者调查问卷

亲爱的读者：

感谢您对机械工业出版社建筑分社的厚爱和支持，并再次对您填写并寄出（或传真或Email）下面的读者调查问卷表示由衷地感谢！

请邮寄到：北京市百万庄大街 22 号机械工业出版社　建筑分社　收　邮编：100037

传真：010—68994437

Email：zhangjing8991@126.com

读者调查问卷

<table>
<tr><td colspan="2">姓　名</td><td></td><td>性　别</td><td>□男　□女</td><td>年　龄</td><td></td></tr>
<tr><td rowspan="4">有效联系方式</td><td colspan="2">通信地址</td><td colspan="2"></td><td>邮政编码</td><td></td></tr>
<tr><td rowspan="3">电话</td><td>手机/小灵通</td><td></td><td rowspan="3">网络</td><td>Email</td><td></td></tr>
<tr><td>住宅</td><td></td><td>qq/MSN</td><td></td></tr>
<tr><td>办公室</td><td></td><td>其他即时方式</td><td></td></tr>
<tr><td colspan="2">现从事专业</td><td></td><td>从事现专业时间</td><td></td><td>所学专业</td><td></td></tr>
<tr><td colspan="2">现有职称</td><td colspan="5">□建筑师　□监理工程师　□土木工程师　□结构工程师　□建造师
□咨询工程师　□房地产估价师　□城市规划师　□设备监理师
□造价工程师　□公用设备工程师　□电气工程师　□安全工程师
□房地产经纪人　□化工工程师　□其他______</td></tr>
<tr><td colspan="2">教育程度</td><td colspan="5">□初中以下　□技校/中专/职高/高中　□大专　□本科　□硕士及以上</td></tr>
<tr><td colspan="2">个人平均月收入（元）</td><td colspan="5">□1000 以下　□1000～2000　□2000～3000　□3000～5000
□5000～8000　□8000～12000　□12000 以上</td></tr>
<tr><td colspan="2">购书名称</td><td colspan="5"></td></tr>
<tr><td colspan="2">本书购买途径</td><td colspan="5">□书店　□网上书店　□邮购　□上门推销　□其他________</td></tr>
<tr><td colspan="2">促使您决定购买直接原因</td><td colspan="5">□内容　□书名　□封面　□现场人员推荐　□报纸/期刊广告
□电视/网络广告　□同事/同行/朋友推荐　□其他________</td></tr>
<tr><td colspan="5">您愿意收到与您职业/专业相关图书的信息</td><td colspan="2">□愿意　□不愿意</td></tr>
<tr><td colspan="7">您有何建议？
____
____</td></tr>
</table>

注：1. 可选择项目用笔在□划“√”即可。

2. 对信息填写完整的读者，我们将努力为您的职业发展提供更多量身定做的贴心服务（如提供相关职业图书信息，机械工业出版社及其合作伙伴的信息或礼品等）。